JN295311

ガラスの技術史

黒川高明

アグネ技術センター

はじめに

　ガラスは人類が初めて創りだした素材です。人類が創造した最古の人工素材は、天然素材では得られない透明で美しい輝きを放ち、化学的に安定であるため、工芸品や生活必需品に必要不可欠な素材として身近で広く使われ、人類の文明に恩恵を与えてきました。ガラスを製造する技術は、その初期の偶発的な発見から始まり、人類のいくつもの経験と知恵とを積上げ受け継がれて発展してきました。
　この書物はガラス製造の歴史を、時代とともにその技術の発展に貢献した先駆者たちの足跡に触れ、さらに近代科学における諸発見の影響を受けてどのように進歩発展してきたかなど、広範囲にわたって記しました。

　今から5000年ほど前にメソポタミアで、宝石の模造品としてガラスがつくられました。その後3500年ほど前にメソポタミアとエジプトで耐火物の芯にガラスを巻き付けてつくるコアメソッドのガラス容器がつくられ、2000年ほど前にはシリアでパイプの先端に溶けたガラスを巻き取って息で膨らます吹きガラスが発明されました。ローマ時代になってガラスは大きく繁栄し、リュグルゴス・カップ、ポートランド・ヴァースに代表される多くのガラスが卓越した技能でつくられました。中世には美しい色彩のイスラムガラスや大聖堂のステンドグラスが、ルネッサンス期には精緻なヴェネツィアングラスがつくられました。このようにしてガラスは人類に美の世界をもたらしました。

　17世紀の科学革命の時代になって、光学ガラスの改良開発が行われました。これにより顕微鏡や望遠鏡が改良され、人類は極微の世界を発見し、宇宙を知ることができるようになり人知は大きく広まりました。
　18世紀後半から始まった産業革命の進展とともに、ガラスの大量生産がはじまり、19世紀中頃から一般の建物に窓ガラスが使われるようになりました。19世紀後半には連続して溶融できるタンク窯が発明されて、

ガラスが大量に供給できるようになり、20世紀初頭には技術的完成度の高い板ガラスの自動成形が実用化され、われわれの居住空間の快適性が飛躍的に向上しました。

20世紀に入ると前世紀末に発明された電球が大量につくられるようになり、人類は闇から解放され、明るい夜間を過ごせるようになりました。1950年代からのテレビジョンの普及にともない、居ながらにして世界の映像を見ることができるようになりました。これらの発明は単なるガラス製品の発明にとどまらず、人々の生活そのものに変革をもたらし、さらに物の見方や考え方、哲学を変えるほどの大きなインパクトを与えました。

このようにガラスが社会に大きなインパクトを与えることができたのは、先人の弛まざる努力の積重ねによる技術の発展によるものですが、その透明性、熱的・化学的安定性、成形性、耐摩傷性などに極めて優れた素材であるからです。このような優れた特性を持つ材料は今のところほかにはありませんので、これからの科学によってガラスの持つ特性をさらに引き出して発展していく未来材料として期待されます。

本書は、第1・2章で古代から20世紀初頭までの歴史を、第3・4章ではガラス組成と窯炉と耐火物の変遷について記し、第5章では経験と勘に頼っていたガラス製造が、近代的な科学的な製造に脱却した原動力になった光学ガラスの発展について記しました。さらに第6・7章では日常最も多く使われている板ガラスと瓶ガラスが、何時頃からどのようにつくられたか、近世以降の自動化・機械化はどのように進められてきたかを記しました。最終の第8章では、ガラスが近代産業に脱皮した経過と、戦後大きな規模に発展したブラウン管ガラス、繊維ガラス、光ファイバーの開発の歴史と、ガラス産業の将来について記しました。

ガラス製造の歴史について、関係する書籍、文献、特許など多くの文献を参考にして本書をまとめました。またインター・ネットのホームページからも有益な情報を得ました。これらを巻末の参考文献にまとめ記載しました。

また本書では、ガラスの発展に尽くしたニュートン、ファラデー、ストークス、アッベなどの科学者をはじめ、製造や技術の発展に貢献した多くの人々について記載しました。これらの人たちの人名（フルネーム）を巻末の人名索引にまとめました。

　この書が、ガラスに興味をお持ちの研究家、工芸家、愛好家、技術者の方々のご参考になれば幸いです。

平成17年4月29日
黒川　高明

目次

はじめに

第1章　古代から近世 1
- 1.1　ガラスの起源　2
- 1.2　古代ガラスの製造　5
- 1.3　コアガラス容器の発明　7
- 1.4　ローマンガラス　10
  - 1.4.1　ガラス吹きの発明　10
  - 1.4.2　ガラス発展の理由　13
  - 1.4.3　ローマンガラスの傑作　15
- 1.5　ササンガラス　18
- 1.6　イスラムガラス　20
- 1.7　ヴァルトグラス　24
- 1.8　ヴェネツィアングラス　26
- 1.9　イギリスのガラス製造　31
- 1.10　クリズリング　34
- 1.11　鉛クリスタルの開発　37
- 1.12　ドイツとボヘミアのガラス製造　42
- 1.13　ガラス工業の変貌　45

第2章　19世紀および20世紀初期 49
- 2.1　ソーダの合成　51
  - 2.1.1　ルブラン法　51
  - 2.1.2　ソルベー法　54
- 2.2　蓄熱式溶融炉　56
- 2.3　ガラス製造の機械化　58
  - 2.3.1　プレスガラス　59
  - 2.3.2　電球用バルブ　62
  - 2.3.3　ガラス管　68

| 2.4 | 工芸ガラス　71 |

第3章　ガラス組成　75
3.1	アルカリ石灰ガラス　77
3.1.1	植物灰　79
3.1.2	アルカリ石灰ガラスの処方　81
3.1.3	石灰の役割　87
3.1.4	耐久性　88
3.2	色ガラス　92
3.2.1	エジプト18王朝期のガラス組成　93
3.2.2	リュクルゴス・カップ　95
3.3	鉛ガラス　96
3.4	硼珪酸ガラス　98
3.5	化学の進歩　103

第4章　窯炉と耐火物　107
4.1	耐火物　108
4.2	ルツボ　112
4.3	最初の窯炉　114
4.3.1	南部の窯　116
4.3.2	北部の窯　119
4.4	石炭燃焼窯　122
4.5	木材燃焼窯の発展　125
4.6	直接燃焼窯の改良　127
4.7	熱の本性　128
4.8	シーメンス兄弟の開発　131
4.9	タンク炉　137
4.10	現代の耐火物　141
4.11	石油燃焼　145
4.12	各種溶融窯炉　146

4.12.1	換熱式窯炉	*146*
4.12.2	ユニットメルター	*147*
4.12.3	電気溶融炉	*148*

第5章　光学ガラス　151

5.1	初期のレンズ	*152*
5.2	望遠鏡と顕微鏡用レンズ	*155*
5.3	レンズ固有の欠陥	*158*
5.4	光学ガラス製造法の開発　ギナン、フラウンホーファー	*166*
5.5	ファラデー、ハーコートの光学ガラス研究	*169*
5.6	ボンタンとチャンスの協力	*174*
5.7	光学機器工業の発展	*176*
5.8	アッベ、ショット、ツァイス	*178*
5.9	光学ガラス新範囲	*180*
5.10	顕微鏡の改良	*183*
5.11	第一次世界大戦中の光学ガラス	*185*
5.12	稀土類と弗化物ガラス	*188*
5.13	光学ガラスの溶融	*190*
5.14	わが国の光学ガラス	*193*

第6章　板ガラス　197

6.1	初期の窓ガラス	*198*
6.2	ステンドグラス	*200*
6.3	クラウン法	*205*
6.4	円筒法	*207*
6.5	中世の森林ガラス工場	*210*
6.6	厚板ガラスの鋳込み法	*213*
6.7	イギリスの板ガラス産業	*219*
6.8	大型円筒法	*222*
6.9	鋳込み法の改良	*226*

6.10	ラバース式円筒吹き機	*227*
6.11	機械引上げ法　フルコール法、コルバーン法、*PPG*法	*230*
6.12	鋳込み法の機械化	*234*
6.12.1	ベッセマーの試験	*234*
6.12.2	ビシェルー法	*235*
6.12.3	フォード・プロセス	*236*
6.12.4	連続粗摺りと仕上げ磨き機械	*237*
6.12.5	両面粗摺りと仕上げ磨き機械	*238*
6.13	フロート法	*239*
6.14	エレクトロ・フロート法	*242*
6.15	薄板ガラス	*242*
6.15.1	スロット・ダウンドロー法	*243*
6.15.2	フュージョン法	*244*
6.15.3	薄板フロート法	*245*

第7章　容器ガラス　247

7.1	古代の容器ガラス	*248*
7.2	各種の手吹き容器	*251*
7.2.1	ワイン瓶の開発	*252*
7.2.2	ビール瓶	*255*
7.2.3	清涼飲料用瓶	*258*
7.2.4	牛乳瓶	*260*
7.2.5	食料品用容器	*261*
7.2.6	薬品、香水、化粧品用ガラス	*263*
7.3	19世紀中期の機械化	*264*
7.4	プレス・アンド・ブロー	*267*
7.5	ブロー・アンド・ブロー	*268*
7.6	半自動製瓶機の開発：*1890年〜1918年間*	*272*
7.7	オーエンズ機	*274*
7.8	自動供給装置	*279*

7.8.1	ホーマー・ブルーク供給装置	279
7.8.2	ペイラーの重力供給装置	281
7.8.2.1	ポンテ・フィーダー	281
7.8.2.2	パドル・フィーダー	282
7.8.2.3	パドル・ニードル・フィーダー	284
7.8.2.4	ハートフォード・シングル・フィーダー	285
7.9	IS機（Individual section machine）	287
7.10	現在の容器製造	289
7.10.1	ガラス瓶	289
7.10.2	ペットボトル	291
7.10.3	紙容器	292
7.10.4	缶容器	293

第8章　20世紀のガラス工業の発展と将来　295

8.1	ガラス研究所	296
8.2	X線回折による構造解明	299
8.3	ブラウン管	303
8.4	ガラス繊維	305
8.4.1	長繊維ガラス	306
8.4.2	短繊維ガラス	307
8.4.3	光ファイバー	310
8.5	ガラス事業の将来	315

参考文献　321
図版出典一覧　327
あとがき　328
事項索引　331
人名索引　337

第1章　古代から近世

　ガラスは今から5000年ほど前に人類が初めてつくった物質です。その優れた性質から現在まで絶えることなく、つくり続けられてきました。今日ではガラスなしでの生活を考えることはできません。住宅を風雨から守り明かりを入れる窓ガラス、夜を明るくする電球や蛍光灯などの照明ガラス、食生活に潤いをもたらすガラス食器、大量に使われているビールやワインなどの容器、余暇を楽しくさせてくれるテレビ・ビデオ・カメラ等に使われるガラスなど、かぞえあげればきりがありません。近年になって、新しい用途に応じて新しい機能を持ったさまざまなガラスが開発されてきました。

　現在わが国では、年間約500万トンのガラスがつくられています。1人当り約38kgになります。その大半の約80％のガラスは、瓶ガラスや板ガラスなどの古代からのつくられてきた伝統的なソーダ石灰ガラスです。

　多くの物質は高温で溶けて液体になり、冷却されると一定の温度で結晶体となります。しかしある種の物質は結晶することなく粘性を増しながらついには固体となります。このような非結晶性の凝固物はガラス状態（glassy state）にあるといい、このような状態にある物質をガラスといいます。ガラスは液体と同じように方向性がなく透明であり、固体というよりも過冷却された液体と考えられます。ASTM（アメリカ材料試験協会）は、「ガラスとは結晶することなく硬い状態になるまで冷却された溶融無機物である」と定義しています。

　多くつくられているソーダ石灰ガラスの一般的な組成は、おおむね75％のシリカと10％のライムと15％のソーダとでできています。シリカの溶融点は1723℃で、このような高温を得ることは非常に難しいので、融剤としてソーダを添加します。これにより溶融点は850℃へと低下して、溶融の難しさは大幅に緩和されます。このシリカとソーダだけからできたガラスは、水ガラスといわれて水に溶けやすいため、これにライムを添加して不溶性で耐久性のあるガラスにします。

ガラスに使われる成分は限られていますが、その成分と割合の組み合わせでさまざまな性質を持ったガラスをつくることができます。多くの重要なタイプのガラスは、化学工学の発展とともに発明されました。例えば光学レンズのための稀土類元素を使った特殊ガラス、ソーダの代わりに硼酸を融剤とした耐熱ガラス、バリウムやストロンチウムを入れたブラウン管ガラス、街路照明用の水銀灯に使用される全くソーダを含まない新ガラス、多くの応用品を生み出した繊維ガラスなどです。

　この書物はガラス製造の歴史を、時代とともにその技術の発展に貢献した先駆者たちの足跡に触れ、さらに近代科学における諸発見の影響を受けてどのように進歩発展してきたかなど、広範囲にわたって述べています。この本の大部分は近代科学が繁栄し技術の革新があった、19世紀からの200年間に関係したものです。しかし、ガラスは古代から絶えることなく発展してきました。この第1章では古代から紀元1800年頃までの歴史を簡潔に記します。

1.1　ガラスの起源

　人類は石器時代に、火山岩の一種である黒曜石を、斧頭、小刀、穿孔器、矢じり、槍などに使用していました。黒曜石は火山の噴火で地上に噴出した流紋岩質または石英安山岩質の溶岩（マグマ）が急速に冷却してできた天然ガラスです。ガラスの特性である鋭利な劈開面（へきかい）を持つため、狩猟用具として生活のために、これがガラスであることも分からずに広く使われていました。
　人類が初めて創りだしたガラスは、人類の文明の発展と共に進化していきました。
　ガラスがつくられるようになったのは、約5000年前からです。紀元前3000年頃西アジアで青銅器がつくられるようになった時期と同じ頃です。最初のガラスは、ラピスラズリやトルコ石を模倣した青色ガラスや、金を正確に模倣した黄色ガラス等の不透明な色ガラスでした。これらは宝石の

第1章 古代から近世

模造品、護符、ビーズ、シール等の飾りや象眼(ぞうがん)に加工されました。これらはメソポタミアとエジプトでつくられました。どちらが先かは種々議論がありますが、初めて農耕を行い、銅を精錬し、立派な彩色土器をつくったアナトリアで初めてつくられ、北部シリアを経てメソポタミア、エジプトへガラスの製法が伝わったと思われます。

　古代人がどのようにしてガラスをつくったかはさだかではありませんが、ガラスの起源について二つの説があります。一つは銅精錬のとき溶融炉の中に、銅と別の青い物体すなわちガラスができたとする説で、他の一つは釉薬から独立発達したとする説です。

銅の精錬説
　紀元前6000年頃から使っていた自然銅が枯渇した紀元前3500年頃から、銅の精錬が始まりました。比較的簡単な酸化銅鉱、炭酸銅鉱の燃焼還元法で行われました。

　酸化銅としては、赤色をした赤銅鉱(キュウプライト)、炭酸銅としては美しい緑色の孔雀石(マラカイト)と藍青色の藍銅鉱(アズライト)です。これらの鉱石のうち良質のものはそのまま装飾品になり、また粉砕して顔料として使われました。たとえば古代エジプトでは、孔雀石の細粉を水で溶いて、男性も女性も眼を保護し眼病の感染を防ぐため、眼に緑の縁取りをする習慣がありました。

　最初の頃の窯はごく小さく、矢じりのような小道具をつくるだけのものでした。その後次第に木炭と鉱石とを交互に積み重ねる型の炉に発展していきました。銅の精錬には、銅の融点の1082℃以上の1100℃程度の温度が必要です。この温度に耐える耐火粘土は、珪酸とアルミナが主成分です。当時の燃料はすべて木材で、この燃焼によって窯壁から溶け出した珪酸分と、燃料の灰と鉱石中の銅以外の成分が混合・反応し合って鉱滓となり、この中に原ガラス状のものが自然発生的にできました。これを注意深く追求してガラスを生み出したと考える説です。

　ガラス状の鉱滓が付着した銅ビーズが、トルコ高原のチャタル・ヒュユク遺跡の紀元前6300〜5500年頃の地層から出土しています。なお、チャ

タル・ヒュユクは大きな集落（13ヘクタール）で、洗練された装飾をもつ神殿、人工遺物の豊富さと高品質性、冶金術の発達などで知られています。さまざまな様式の彩色土器が出土し、紀元前8400年頃の地層からはヨーロッパ最古の土器が出土しています。

　その他、銅精錬にともなう原ガラスは、ハンガリーのティサポルガル、チェコスロバキアのニトラなどの初期の遺跡や、時代は少し後の西周時代（紀元前1000年頃）の中国陝西省や河南省の墳墓からも出土しています。

　銅の精錬を行った所は、銅鉱脈のあるシナイ、シリア、バルチスタン、アフガニスタン、トランスコーカサス、タウルス山脈地帯、キプロス、マケドニア、イベリア、中部ヨーロッパで、古くからの精錬の跡が発掘されています。

　その後、銅の使用増大により酸化銅鉱、炭酸銅鉱が枯渇し、より大量にある硫化銅鉱を精錬する方法が、アナトリアで紀元前1500年頃開発されました。ちょうどこの時期、オリエントでコアガラス技法が開発され、大量にコアガラス容器がつくりだされました。

　硫化銅鉱は一般に鉄その他の不純物を含んでいるので、その処理はいっそう複雑です。古代の冶金法としては、硫化銅鉱から完全に銅を析出するために、木炭で焙焼、溶錬し、送風で溶錬するいくつもの連続的な工程を繰り返していました。

　このような銅を精錬する技術が、ガラスをつくるのに応用されたのではないかと考えられます。

釉薬説

　人類は文明のできる以前（1万年以上前）から土器をつくっていました。土器をもたない民族はいないといってよいほどです。今のところ世界最古の土器は、佐世保市の郊外にある泉福寺洞穴から出土した、約10,800年前と推定される豆粒文土器です。しかし、土器にガラス質の釉薬をかけて陶器をつくり出したのは、オリエントと中国の二つの地域だけです。最古の施釉品は、エジプト最初の定着農耕文化のバダリ期（紀元前5000～4500年）につくられたステアタイトの数珠玉にかけられたもので、ナイル川中

流のバダリで出土しています。この釉薬は、アルカリ石灰ガラスで、その後のエジプト、メソポタミアの古代ガラスとよく似た組成です。

中国ではそれよりずっと後の殷(商)の時代(紀元前1500年頃)頃になって釉薬が開発され陶磁器の歴史がはじまりました。施釉器としてエジプトで大規模に使われたのは、第三王朝(紀元前2700-2600年頃)のジェセル王の階段ピラミッド(紀元前2700年頃、サッカーラーにあった)の地下通廊内部のタイルです。粉末にした石英の練りものを焼成し、エジプトで開発されたアルカリ釉を施釉した、美しい青色のファイアンスのタイル(約6×3cm)が地下回廊の壁面装飾に用いられていました。タイルの図を図1.1に示します。

その後、ファイアンス製品は発展し、第12王朝(紀元前1991-1786年頃)には完成され、多数出土しています。

ファイアンスはその後長年にわたり容器類、小像、護符、棺、家具などの大きなもの、象眼や小さな装飾にも愛用されました。

いろいろな物質に施釉したアルカリ石灰ガラスの釉が、独立してガラスになったと考えられるのが二つ目の説です。

いずれの説にしても、紀元前1500年頃から青銅の精錬技術の発展とともに、ガラス製造技術も発展して行きました。

図1.1　階段ピラミッドのタイル

1.2 古代ガラスの製造

ガラスをつくるには、今日のように原料を高温(ソーダ石灰ガラスの場合約1500℃前後)で溶融して、直接良質のガラスをつくることはできませんでした。高温にする燃焼方法もなく、高温に耐えるガラス溶融窯の耐火物もありませんでした。そこでガラスを、三つのステップでつくっていま

した。

　第一のステップは、シリカ砂とアルカリとを約750℃前後で煆焼し、固体反応を起こさせ、塊をつくり、これを冷却し粉砕して、フリットをつくります。フリット化は紀元前18世紀頃から18世紀までの3500年以上もの間、ガラス製造上必要な工程でした。

　第二のステップで、このフリットとカレットを高温で溶かし、原ガラスをつくります。この高温を得るためには燃料として大量の木材を必要としますし、その基本としては窯、フイゴ等の高温技術が不可欠です。

　第三のステップで原ガラスを溶かし、希望する色のガラスになるように着色剤を加え、最終製品をつくります。一例として銅または酸化銅を添加し、酸化雰囲気で加熱（煙なし燃焼）して青ガラスを、還元雰囲気で加熱して赤ガラスを得ていました。その他、コバルト、アンチモン、マンガン等を使用し、貴石をまねた種々の色ガラスをつくっていました。この方法は、近代耐火物の開発、窯炉構造の進歩した19世紀まで、古代から引き続き行われてきました。

　この三つのステップすべてが、古代メソポタミアと古代エジプトで行われていたのでしょうか。ともに燃料になる木材の少ない土地です。この二つのガラス製造地は、大量の燃料が必要な第一、第二のステップを経てつくられた原ガラスを輸入し、第三ステップの最終溶融だけを行い、古代オリエントガラスをつくりました。紀元前1500年頃の原ガラス製造の中心地はシリアでした。

　シリアは豊富な森林、ガラスに適した砂、容易に入手できるソーダ、早くから開けた文明、勤勉で知識の高い民族により、永くガラス製造の第一人者として栄え続けました。特にガラスの大発展のもとになった紀元前1500年頃のコアガラス容器の発明と、紀元前50年頃の吹きガラスの発明もシリアで行われました。

　ガラス製造工程を、原ガラスをつくるglass meltingと最終製品をつくるglass makingに分ける見方があります。素晴らしいコアガラスをつくったエジプトではglass meltingは全くなく、輸入に頼っていましたし、またメソポタミアでも原ガラスを意味するヅクーガラスの処方は、粘土板に記載

第1章 古代から近世

されていませんので輸入されていたものと考えられます。

同じことが青銅器と、後の鉄器についてもいえます。エジプトで優れた青銅器がつくられましたが、鉱石から精錬された銅の鋳塊は、冶金発生地アナトリアから運ばれていました。後には、古代での銅製造の一大生産地のキプロスから、銅の鋳塊を輸入していました。

なお1991年から翌年にかけて実施されたテル・エル・アマルナのガラス製造窯の再発掘をもとに行なわれた復元実験から、エジプトでも原ガラスをつくっていたとニコルソン（1995）、ジャクソン（1998）、レーレン（2000）らが発表しています。

1.3 コアガラス容器の発明

容器ガラスは、いわゆるコアガラス技法で初めてつくられました。これはガラス製造の長い歴史の中での最初の大きな発明（技術的ブレークスルー）でした。この技法は紀元前1500年より少し前の西アジアから始まり、少し遅れてエジプトで大きく成長し完成しました。古代エジプト王国の最盛期の新王国時代第18王朝（1570-1345BC）の開始からまもなくです。この時代は東地中海地方で青銅器が最も栄えた時期で、高度の文明を持つほとんどの地で青銅器がつくられました。特にエジプトでは青銅器の最盛期を迎えました。これはフイゴ（最古のフイゴの記録はトトメス3世の墓標に記された革袋型）が使われはじめ、より高温で速く精錬できるようになったからです。ガラス容器が初めてできたのも、このフイゴによる燃焼法の開発があったことによると考えられます。

エジプトでのガラスの製造は、トトメス3世（1502-1448BC）の軍隊が、紀元前

図1.2　トトメス3世の壺

1482年に、パレスチナとシリアを攻略した際にアジア系の職人をエジプトに連れてきてから始まったと考えられています。この時点になってようやく素材としてのガラスのもたらす可能性が知られるようになり、ガラス容器製造技術が開発されました。しかしながらガラスは依然として希少価値のある高価なものであり、貴金属、象牙、その他の奢侈な品と併用されることが多かったのです。完全な保存状態で今日に伝わる最古のガラス容器は、大英博物館所蔵のトトメス3世の紋章入りの壺（高さ8.1cm）です（図1.2）。トルコ・ブルーの素地に紺の波状文様がつけられています。

エジプトで開発された容器いわゆる「コアガラス容器」は、砂芯法（サンド・コア・テクニック）でつくられた小さな容器でした。コア・テクニックは、まず金属の棒に藁を巻き付けそれに泥状の粘土を塗って芯をつくり、この芯を溶融したガラスに浸すか、芯に軟らかくなったガラスの紐を巻き付けるかして、ガラスで覆います。次いでこの表面を再加熱し、マーベリングし滑らかにします。コアガラス特有の装飾模様は、ガラスの薄いテープまたはリボンを表面に巻き付け、それを引き掻いてつくります。固化成型後、内型の粘土芯を取り出して容器をつくる方法です。

後に紀元前50年頃吹きガラスが発明されるまでの約1500年間は、容器をつくるには、この方法が主流でした。メソポタミアではこれより先立ってコア・テクニックによるガラス容器ができていたと考えられます。

エジプトとメソポタミアのガラス製造は、リビアと小アジアの人々がエジプトに脅威を与え始めた紀元前1200年頃まで繁栄しました。

紀元前1200年頃から古代オリエントの暗黒時代がはじまりました。東地中海に起った大規模な武装難民集団「海の民」の侵略により、当時栄えていたヒッタイト王国は滅亡、エジプトも衰退し、以後異民族の王の支配下におかれました。ヒッタイト王国の崩壊により、国家秘密だった鋼製造の技術が周辺諸国に広がり、古代オリエントは鉄器時代に入っていきました。

ヒッタイトとエジプトの衰退により全オリエントの文化の水準は全般的に低くなり、商工業は大幅に低迷しました。奢侈品を製造する産業は、特にひどく衰退しました。

第1章　古代から近世

　こうして紀元前1200年から紀元前750年にまたがる遺跡から、ガラスが発見されることはほとんどなくなりました。
　しかしビーズや小さな装飾品は、この後も引き続きつくられました。シリア人はガラス製造の活動を続けるのに特に重要な役割を果たしました。紀元前8世紀頃にガラスが復興した時、シリアとメソポタミアはガラス製造の二つの中心地になりました。二つの地の工業はフェニキアの影響を受け、フェニキア人によって指導されていました。フェニキア人は現在のレバノン海岸に沿って住んでいるシリア人であり、彼らは海外貿易で生活の糧を得ていました。古代世界にいろいろの品物を取り扱っている中でガラスの製品にも手を広げました。ガラス製造の中心地はキプロス、ロードスで、その地からギリシャを含む遠い西方の地域へと発展しました。イタリア半島のガラス工業は少なくとも紀元前9世紀から始まりました。
　紀元前4世紀後半のアレキサンダー大王（356-323BC）遠征の後、メソポタミアのガラス製造は衰退に向かいました。しかしシリアの工場は、彼らの特徴ある製品、単純な、型押しの、さまざまな単一色の碗等の製造で繁栄しました。
　紀元前330年頃にアレキサンダー大王によってアレキサンドリアが建設されると、そこにガラス工場がつくられ、エジプトが再びガラス製造の中心地として知られるようになりました。アレキサンドリアは広い地域からガラス職人をよびよせ、すばらしいガラス製品をギリシャやイタリアまでも輸出しました。ヘレニズム技巧は、紀元前1世紀頃にアレキサンドリア人によってイタリア半島に持ち込まれ、またシリア人も紀元の初めの頃北イタリアにガラス工場を設立しました。
　コア・テクニックの他にミレフィオリ（千の花の意）法として知られている方法もあり、広口コップや浅い皿をつくるのに用いられました。内面を碗状にした外型の内面に単色か多色のガラス棒の切断片を花模様のように並べて置いて、少量の接着剤とともにゆるく固定します。碗状の内型を入れ切断片が互いに位置がずれないようにします。この状態で加熱して切断片を溶着します。内型と外側の型が外され、容器の表面は、人目をひくモザイク効果（色ガラス棒の断面がガラス表面に表れる）が生じるように

滑らかに研磨されます。

　紀元前2世紀から紀元前1世紀に東地中海沿岸でつくられたミレフィオリ鉢（口径14.1cm）を図1.3に示します（大英博物館所蔵）。このような方法でつくられた水薬瓶、軟膏瓶、香水瓶は古代ギリシャとローマで広く用いられました。そしてミレフィオリ法の歴史は化粧品工業と密接に結び付けられています。この方法は西アジアで開発され、モザイク製品で有名になったアレキサンドリアのガラス工場に、アジアの職人達によって伝えられました。

図1.3　ミレフィオリ鉢

1.4　ローマンガラス

　ヘレニズム期に発展したガラス工業は、ガラス製造の歴史を通じて最も偉大な発明を行いました。紀元前50年頃にシリアで発明された吹き竿によるガラス吹きです。しかし完全に工業的に実用になったのは、50年以上後のローマ帝国時代です。紀元1世紀中にローマ帝国のガラス工業は確立され、大量生産ができる体制がイタリアを中心にでき上がり、大発展しました。

1.4.1　ガラス吹きの発明

　コアガラス容器をつくるため、溶融ルツボからガラスを巻き取るのに鉄の棒を使用していました。作業しやすくするためとガラスの温度を下げないために、軽い中空のパイプが使われるようになり、これから宙吹きに発展しました。吹き竿の発明の前に、とも竿法（ガラスパイプで吹きガラスを吹く方法で、今日でも小さな特殊の電球バルブや江戸風鈴などを吹き成

形する場合に使われています）で小さなボトルをつくっていたようです。旧エルサレム市内のユダヤ人地区のごみ捨て場から、小さな茶色のボトルを製造していた工房の不良品が、他のものに混じって発見されました。これらの遺品は、紀元前40年頃に敷かれた舗道の基礎として埋めこまれていて、よく調べたところチューブブロー品であったことが分かりました。ガラスチューブの一方の端を熱しながら閉じ、他の端から熱いうちに空気を吹き込み膨らませて、小さなボトルをつくっていたようです。

　しかしながら鉄の竿を使うことによって、いろいろな形、大きさのテーブルウェアや貯蔵用ボトルを、他の如何なる技法で行うよりも容易に早くつくることができるようになりました。このガラス吹き技法は、ガラス工業に完全な変革をもたらしました。この技法に匹敵するものも、これを超えるものもありません。手作業でのガラスつくりでは、今日でもいまだにこの技法が使われています。ただ近代に入り、19世紀中頃から動力による機械吹きが始まりましたが、吹き成形の原理は全く変わりはありません。

　鉄の竿がどのようにして発明されたか、いつ頃からあったかは、はっきりしません。西方では鋳鉄の前に鋼が発明されたことから、かなり早い時期にsteel pipeがあったと思われます。鉄は銅や青銅と異なり腐食しやすいため、遺跡から発見されることはごくまれです。今のところ発掘された一番古い鉄竿は4世紀のもので、南西スペインのメリダで発見されています。メリダはグァディアーナ川右岸に位置するローマ遺跡の街です。その名はローマ時代のエメリタ・アウグスタに由来します。サラマンカからイタリアへの銀の輸送の中間地点として、アウグストゥス帝（在位27BC-AD14）とティベリウス帝（在位14-37）の時代に大きくなったローマ帝国の最も重要な都市の一つです。ケルンと同様にローマングラスの一大生産地でした。発見された吹き竿はいくつかの厚さの異なる鉄を溶接してつくられ、両端はやや広がった楔形をしていて、最も短いものは43cmでした。北ヨーロッパ中世のガラス工場の絵図によると、断熱のため吹き竿の半分は、木の柄でできていました。

　ガラスの製造についての幾つかの記述がありますが、吹き竿の製法に関しては記されていません。有名なテオフィルスの著書『さまざまの技能に

ついて(諸芸断簡)』には吹き竿の寸法(長さ2肘88.8cm、太さ1親指2.54cm)のみが記載されています。

　今日では鉄のパイプは機械によってつくられますが、20世紀初頭までガラスをつくる吹き竿は、錬鉄の細長いストリップから鍛冶屋により手づくりでつくられていました。厚さ約3mm、長さ約76mmで管の径に適した幅のストリップの一端を保持し、円形の断面になるように丸めます。こうしてつくった短い2本の管の中に硬いマンドレルを差し込みハンマリングして仮接続し、次いで接続部を加熱溶接します。吹き竿はこれらの短い管をつなぎ合わせてつくられます。仕上がったパイプは一方の端を加熱して木のブロックに押し付け、他方を親指で塞ぎ、接続部の漏れの有無を試験しました。

　ローマ帝国は、ガラス製造の中心地シリア、エジプトを掌中に収めると、シリア、アレキサンドリアのガラス職人をイタリアやローマ属州のヨーロッパへ移動させ、それぞれの地でガラスを製造させました。

　ローマ人は、ガラス容器を金や銀の容器より好んで使っていました。ガラスは他の物質と異なり、油や液体を浸透せず、洗浄や再利用が簡単であり、なによりも透明で中身を確かめることができるため、貯蔵用容器、蔵骨器、テーブルウェア、窓ガラスに使われました。

　吹き竿により多種の形の吹きガラス容器がつくられ、あまり時を経ずして吹きによる平板窓ガラスがつくられました。

　アレキサンドリア人は、ローマ市場に高価なモザイクの型押し容器や、有名なポートランド・ヴァースのようなカメオ浮彫り製品をつくり、一方シリア人は、吹きガラスを中心に、日用品を大量に生産しました。

　紀元1世紀中にはガラスの生産地はアルプスをこえ、北方と西方へと広がりました。ローマ帝政時代400年のガラス製造は、アルプスの障壁を越え急速にローヌ川とソーヌ川流域を遡り、ライン川をくだって、ついに紀元2世紀にはケルンとトリエールを中心とする地域に、ガラス製造の一大センターが確立しました。西北方へも伝播して、現在のベルギー、フランス国境にあたるミューズ川、サンブル川、オアズ川の流域に定着しました。

第1章　古代から近世

さらにイギリスに渡りコルチェスター、ウォリントン、ノリッジのケイスターやその他の地にもガラス製造が行われました。一方スペインではローマ時代だけでなく、その以前からガラスがつくられていました。

このようにローマ帝国時代に、急速に北西ヨーロッパにガラス工場が設立され、大きく発展した主な理由を上げます。

1.4.2　ガラス発展の理由

第一は、ガラス産業がローマで枯渇してきた森林を求めて移動したことです。

ローマ帝国は、ガラス産業だけでなく鉄、銅、陶器産業が、燃料用に大量の木材を必要としていました。一方地中海交易に、また制海権維持のために多量の船舶を必要とし、良質の大形木材確保のため、北方の森林地帯に着目しました。ガラス製造業は、紀元1世紀までイタリアが主な生産地帯でしたが、木材の慢性不足にあえいでいました。すでにガラスを再利用する市場が、活況を呈するようになりました。生活に窮したローマ人は、壊れたガラスを探し求め、カレット業者はこれらの使用済みガラスを、土地のガラス工場に売りさばいていました。それはガラス製造の第一工程のフリット製造を省略でき、かなりの省エネルギーになるからです。またこの時期すでに環境問題も起き、ガラス工場は排煙防止のため、ローマ市条例によって、市街地から郊外に移転させられました。

第二は、ガラス工業が国家事業の一つとして推進されたことです。

ローマは、大帝国を統御する強力な中央集権制を行い、近隣を征服しながら領土を拡大していきました。征服後には統治を完全にするため、その地方を貫通する道路を建設し、商業、鉱工業を興し、イタリア本土との直結網を確立しました。工業は国家により独占的に計画・管理され、賃金と人的資源の唯一の供給源でした。ローマは工業の発展を推進し、採鉱、冶金、ガラス、陶器、染料と織物、油脂、食塩、ソーダ、鹵砂（ろしゃ）、カリ明礬（みょうばん）、香料、革製品等各種工業の発展を推進しました。

第三は、ガラスの使用が植民地政策の一環として実施されたことです。

ローマ帝国は、属州支配のためローマ人をはじめ南部ヨーロッパ人及び

地中海人を北部ヨーロッパに派遣しました。これらのローマ帝国の軍人が楽に住める住居を用意し、退役軍人が仕事を持ち定着できるコロニアを建てて、備えを固めることを政策としました。ローマ帝国が北西ヨーロッパ（ドイツ、フランス、オランダ、イギリス）を支配した時期は、ヨーロッパは寒冷期（氷河が発達し、氷河面積は現在の2倍もあり、海面は現在より2.5m低かった）でした。寒さを防ぐため住居には、暖房システム（地下に炉を設け燃料を燃やし、発生する熱いガスを家の二重壁と天井の間の空間に導き暖房する）が付き、窓には南部ヨーロッパや東地中海海岸都市にはない窓ガラスが使われていました。属州の北西ヨーロッパのローマ軍駐屯地の居住跡から、窓ガラスの破片が多数発掘されています。

　第四は、原料（特にアルカリ）の確保ができたからです。

　ガラス工業が成り立つために最も重要な条件は、アルカリ原料を確保することです。ローマ帝国はエジプト・プトレマイオス王朝時代に専売にしていたナトロン（天然ソーダ）をそのまま引き継ぎ、ローマンガラスの主要原料とすることができました。ナトロンはアレキサンドリアから船に荷積され、イタリア半島のガラス工場はじめ属州のガラス工場に運ばれ、ガラス製造に使われました。

ローマ帝国時代のシリア、アレキサンドリアをはじめ属州のガラス工場でつくられたガラスは、その組成は非常によく似たものになっています。そのため、どこの工場でつくられたかは、ガラス組成からは区別できません。さらに、ローマ帝国滅亡後のフランク王国時代のガラスも、全く同じ組成です。しかし中世にこの交易ルートが、ヴァイキングとイスラームに断たれてから、ナトロンガラスのソーダ石灰ガラスは、北ヨーロッパでは消滅し、カリ石灰ガラスであるヴァルトグラスに変わりました。

　ローマのガラスは、交易によってローマ帝国領域をこえた遠方までおよんでいます。アフガニスタンのベグラム（古代"カピサ"）やサハラ砂漠の奥地、スコットランド、スカンディナビア、北ドイツでの多数の出土例から、ローマ帝国周囲の蛮族のあいだでガラスが好評で、とくにカット・ガラスや絵つけガラスを含む上等品が喜ばれたことをあらわしています。後期につくられたローマンガラスは、東方の親工場と西方の工場との技術レ

ベルの格差がなくなり、東地中海製か西ヨーロッパ製かの区別は非常にむずかしくなりました。ローマ時代はガラス製造が盛んで、ガラスを交易の重要品目としていました。これらの一部は遠く北方シルクロードを経て韓国の慶州、日本にも渡来しています。

1.4.3 ローマンガラスの傑作

ローマ帝国時代、広いローマ領域各地で大量にガラスがつくられ、それ以前は高価な貴重品で貴人にしか使用できなかったガラスが、一般人が容易に入手できる日用品になりました。大量につくられたものは、窓ガラスや、ビン、蔵骨器でした。

この時代は特に加工技法が非常に進み、今日でも再現不可能なほどのポートランド・ヴァース、ケージ・カップ等に代表される超高度な製品をつくりだしました。ローマ時代につくられた代表的なガラスについて述べます。

カメオカット

濃い青、紫、緑のガラス容器の上に不透明な乳白ガラス層を被せ、この層を削り取って浮き彫り文様を表します。このカッティング技法は、ローマ時代の最も共通的な装飾技法で、素晴らしい透かし彫りや、硬い石加工を行う石工職人と同じ手法が、ガラス加工に応用されました。代表的に有名なポートランド・ヴァースは、濃いコバルト・ブルーのアンフォラ（首が細長く底がとがった両手付の壺）に不透明な乳白ガラス層を被せ、古代神話の図柄を削り出した素晴らしい作品です。紀元1世紀の前半にアレキサンドリアの職人によってつくられました。大英博物館所蔵のこの壺（高さ24.5cm）を図1.4に示します。

カメオカットについて、最近(1997)ドイツのリールケから、ローマのカメオは

図1.4　ポートランド壺

貼り付けであるとの異論が出されています。

ケージ・カップ（ディアトレッタ）

ケージ・カップはガラス加工職人によってつくり出されたローマンガラスの粋です。3世紀後半から4世紀にかけてつくられたガラス器が、ケルンとその周辺で多く発見されています。

傑作はケージ・カップあるいは"ディアトレッタ"とよばれる一連の器です。肉厚の吹きガラスブランクに、透かし細工のデザインが創造されるように彫り出され、最小のブリッジで後ろの壁と結び付いています。ケルンやその周辺で発見される大半のケージ・カップには、器体周辺に円文を組み合わせ網目文様と、口縁にギリシャ語・ラテン語の文字が彫られています。この加工は一つを仕上げるのに50年を要し、一人または一家族一生の仕事でした。

4世紀頃北西ヨーロッパでつくられた完全な形をしたケージ・カップ（高さ12cm）を図1.5に示します（ミラノ市考古学博物館所蔵）。

図1.5　ケージ・カップ

リュクルゴス・カップ

色調の変化を生み出すには二つの方法があります。一つはポートランド・ヴァースで代表される被せガラスで、他の一つは特殊な発色剤を含んだガラスです。

ケージ・カップで最も有名なリュクルゴス・カップは、後者の例です。紀元4世紀頃ライン地方でつくられました。ギリシャ神話のリュクルゴスにちなんだ人物像を彫ったこのカップは、バッチに金と銀の超微粉を加えることによって、透過光では濃い紫紅色、反射光では緑がかった金色を呈します。いわゆるリュクルゴス効果といわれるもので、大変高度な技法によってつくられたガラスです。大英博物館所蔵のリュクルゴス・カップ

図1.6 リュクルゴス・カップ

(高さ16.5cm)を図1.6に示します。リュクルゴス効果については3.2.2で述べます。

　これらのケージ・カップについても、リールケは最近(2001)その製法について貼りつけであるとの異論をとなえています。

　約500年間のローマンガラス期のガラス製造は、主にシリアやエジプトから導入された技術と、西北ヨーロッパへ移住させられた職人、技術者と、豊富な森林燃料と、エジプトから安定供給された天然ソーダによって、広く西北ヨーロッパで続けられました。これは安定した通商ルートをローマ帝国が維持したことを意味するものです。特に天然ソーダはガラス製造の重要な鍵です。この天然ソーダを主原料としてつくられたナトロンガラスは、ローマ時代を中心に、紀元前8世紀より9世紀まで約1500年にわたってヨーロッパや地中海沿岸諸国でつくり続けられました。

　繁栄したローマのガラス工業は、4世紀を最盛期として、東西ローマ帝国の分裂、北方よりのゲルマン民族のイタリア侵入により衰退に向かいました。ついに紀元476年に西ローマ帝国が滅亡し、ヨーロッパからローマ軍が撤退すると、ドイツ低地帯、ゴール(フランス)などの地方は、一般にフランク人として知られるゲルマン民族の支配するところとなりました。ローマ人が去った結果、多くのガラス職人が南ヨーロッパ(ポー川流

域、アルタール）や東地中海に戻り、エナメル彩、金彩、エングレービングなどといった洗練されたガラス製造、つまり一般のガラス工場とは別の工房でつくられていた装飾技術（ディアトレッタ）の多くが消滅しました。しかしながらローマの伝統は、東方ではササンガラス、イスラムガラスへと引き継がれ、1000年近く進歩発展を続けました。北西ヨーロッパのガラス製造は、一定の地域に集中した大きな産業にならず、小規模な工場で続けられ、何世紀も後に発展した中世のガラス製造の基礎として残りました。

1.5 ササンガラス

　ササンガラスがつくられた頃、西方ではローマンガラスの最盛期でした。ササン朝ペルシャでもこの影響を受けてガラスがつくられていたため、多くの学者はササンガラスを後に栄えたイスラムガラスの中に位置付けています。

　わが国では正倉院の幾つかのガラス御物がササン朝ペルシャからの渡来品であることから、特に「ササンガラス」として関心を持たれていました。またそのガラス組成は、ローマンガラスやイスラムガラスと全く異にしています。

　ササン朝ペルシャは、メソポタミアを中心に栄えたパルティア朝（249BC-AD224）が、ローマとの抗争や内部の王位継承争いなどで衰えた時、イラン西南部のパルス（現ファルス）地方出身のアルダシール1世が、226年にパルティア帝国を滅ぼして創建したイランの王朝です。651年アラビア人に滅ぼされるまで存続したササン朝は、ゾロアスター教の理念を基盤とする神政国家の性格を持っていました。また支配した時代を通じて、官僚機構に裏打ちされた確固たる中央集権制度と、東西に対抗する最強の軍事力を持っていました。前のパルティアと同様に、アジアとヨーロッパの中間に介在し、その文化は優れており、東西の諸国に多くの影響を与え、政治制度などは、滅亡後も長く東洋国家に継承されました。

　アルダシール1世（在位226-241）は、チグリス河畔のクテシフォンを新

都と定めました。以後代々の帝王によって拡張経営され、対岸のセレウケアと共にその繁栄は、当時の世界の中心として外国人の目を奪うものでした。

　ササン朝の文化の基礎をなしたのは、ギリシャの科学でした。これを仲介したのは、イランに移住したネストリウス派のキリスト教徒とユダヤ教徒です。ネストリウス（生没年不詳、428年アトティオキアより招かれたコンスタンティノープルの大司教）は、イエスおよび聖母マリアの神聖説（325年ニケーヤ宗教会議で決定）に異をもち、イエスは人であって同時に神聖であり、聖母マリアは神でないという説を唱えました。431年にこの説は、エフェソス公会議において異端と宣告されました。

　ササンガラスは、ササン朝ペルシャが生み出した独特のガラスです。ササン朝初期の時代はまだローマンガラスが盛んにローマ帝国内でつくられており、交易によりこれらのガラスを使用していました。中期以降西ローマ帝国の衰退とともに、ガラスの中心地はシリアとエジプトに集中し、繁栄し続けました。

　メソポタミアとペルシャのガラス工業は、ローマ及びシリアのガラス職人の確保によって行われました。シリアのガラス職人の多くは、ネストリウス派でした。ササン朝はこのネストリウス派職人を積極的に保護してガラス職人を確保し、これにより美しいファセットカット・ガラスがつくられました。

　なお、ネストリウスの教えは中国に伝わり、中国では景教と呼ばれました。またササン朝の国教であるゾロアスター教も中国に伝わり、祆教と呼ばれました。

　ササンガラスの特徴は、ファセットカットです。この方法は、回転ホィールに硬い研磨剤を掛けながら研磨する方法で、ローマ時代から行われていました。

　ササンガラスは厚手の半球型の碗の外表面に、緻密にファセットカットを施し蜂の巣状の紋様をつくりだしています。この装飾紋様がササンガラスの主流です。また直線的な切り込みをいれた菱形紋様のファセットカットも行われました。

　図1.7は有名な正倉院御物の白琉璃碗（口径12cm、高さ8.5cm）で、6

世紀頃ペルシャでつくられ、シルクロードを経てわが国に渡来しました。同じものが安閑天皇陵古墳からも出土しました。

　シルクロードを通じてかなりのササンガラスが中国やわが国など東アジア圏にも流入していて、当時の交易の実態を知ることができます。

　7世紀半ばササン朝の滅亡とともにその王族の一部は、唐へ逃れ再起を計りましたが果たせませんでした。しかしこの時、唐に多大な文化をもたらし、漢時代を最後に途絶えていたガラスが、この時代にイランの職人によって復活して、盛んにつくられるようになりました。

図1.7　正倉院御物の白琉璃碗

1.6　イスラムガラス

　イスラムは建国とともに、ローマンガラスの東の中心地であったシリア、エジプトを支配下に治め、ガラスの製造を続けました。一方ササン朝時代繁栄していたササンのガラス工業は、アラブの侵略によって打撃を受け衰退しました。

　特徴あるイスラムの装飾的な様式が現れるのに100年の歳月を要しました。シリアを本拠とするウマイヤ朝時代に、実用的なガラスがつくられましたが、装飾的なガラス製作の技術は、アッバース朝時代に文化の開化とともに発展しました。8世紀までに西アジアと南地中海が政治的に統一されると、領土はひとりの統治者が治めることとなり、決定的なイスラム趣味が、ガラスおよびその他の製品に見られるようになりました。

　イスラムガラスは、製造面からみると三つの時代に分けられます。第一は8〜11世紀のウマイヤ、アッバース朝時代で、ガラス製造の中心地はイスラムの中心のシリア、エジプト、ペルシャ、メソポタミアです。第二は

12～15世紀ファーティマ、アイユーブ、マムルーク朝時代で、ガラスの製造はシリアとエジプトに集中していました。第三は17～19世紀オスマン朝時代で、西方との接触によりその影響を受け、ガラスの製造はペルシャ、トルコで行われました。

　イスラムは、シリアから優れた技能を持つガラス職人を引き継ぎました。シリアのガラス工業は、古代オリエントの時代から絶えることなく続けられ、カット・グラスとともに、コーミングした羽状文様、貼付装飾のある器を製作していました。イスラムに下ってすぐに、日常用のガラスだけがつくられましたが、後に新しい技術をとり入れました。

　8世紀初期のスペインへの回教徒の侵入と、スペイン人のカリフによる南フランスの統治は、この地方のガラス製品に強烈なムーア・イスラムの影響を生む結果となり、現在までほとんど変わらずに残っています。スペインでは近東から輸入されるガラスもありましたが、11世紀までにアンダルシアで、おそくとも13世紀までにはマラガ、アルメリーア、ムルシアでもつくられるようになりました。こうしたガラスはイスラム色が濃いものですが、スペイン的な特徴として残りました。

　イスラムガラスの大きな特徴は、ガラス表面への装飾技法です。イスラムのガラス職人は、色彩豊かな装飾を施す三つの技法をマスターしていました。三つの技法とは、ラスターリング、ステイニング、エナメリングです。イスラムガラスは時代とともに、この順に技法の中心は移り、優れた製品をつくりました。

ラスター彩

　イスラムにおいて盛んに行われた加飾技法は、ラスター彩です。この技法は、ビザンティン後期あるいはイスラム初期の時代にエジプトのカイロではじめて行われ、9世紀にはペルシャでも行われました。似たような技法が錫釉陶器用に、メソポタミアでも発達しました。コールド・ペインティングでもなくエナメル彩でもない虹色に輝くラスター彩は、ガラスに顔料の薄い膜を焼きつけることによってつくられました。

　当時の正確な技法は明らかでありませんが、硫黄と銀、銅、金等の金属

酸化物を酸(酢)に溶かし、油性の媒材を用いて冷たいガラスの上に塗り、火勢を弱めた還元炉(煙の多い)で焼いて、一酸化炭素の作用で金属的なラスター(光沢)を引き出しました。

　ラスターには、無色ラスターと有色ラスターがあり、金属が錫、鉛、亜鉛のときは無色ラスターになります。この他の金属は有色ラスターになります。すなわち鉄は赤褐色、マンガンは紫色、銅は青色、銀は黄色、金は赤色を呈します。なかでも銀と硫黄の化合物は、ラスター彩の最も簡単な方法です。ガラスのラスター装飾は、触ってもほとんどそのあとを感じることはありませんが、この被膜の耐摩耗性はあまり強くないので、繰り返し摩擦を受ける所には、それなりの注意を払う必要があります。

　この技法によって多様な効果が生み出せることは、フスタート(642-969の間、エジプトにおけるイスラムの首都)から出土した無数の破片から明らかです。

　フスタートから完全な姿で出土した器は、記銘から770～880年と年代づけられています。しかしこの魅力的な装飾技法は、比較的短期間用いられただけで、12世紀にはより色彩豊かなエナメル彩や金彩の技術が用いられるようになりました。

　図1.8に9世紀頃エジプトでつくられたラスター彩装飾杯(高さ21.0cm)を示します(中近東文化センター所蔵)。上から鳥文、区切りせん2本、唐草文、区切りせん2本、文字文、区切りせん2本のラスター彩装飾が施されています。

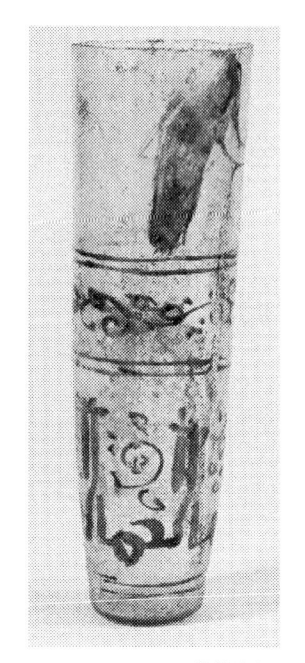

図1.8　ラスター彩装飾杯

ステイニング

　ステイニングは、ガラスに着色する意味で、銀または銅の金属イオンをガラス内部に入れ込んで着色する方法です。耐摩耗性、耐化学性の強い着色ですが、実際につくられるのは、イオンの置換が容易な銀と銅です。金、

白金などは置換ができません。つくり方としては、銀は塩化銀、銅は硫化銅を粘土または黄土などと微粉にし、少量の水を加え泥状にしてガラスに塗ります。これを還元雰囲気で、ガラスの軟化点（ガラスが自重で変形する温度で、ソーダ石灰ガラスでは595〜615℃）で15〜20分焼くと、銀は黄色に、銅は赤色に発色します。黄色を出すシルバーステイニングは、イスラムガラスの色彩を豊かにしました。この技法は中世ヨーロッパのステンドグラス（初期のステンドグラスは黄色のない、青と赤色が主体の単純なものでした）に導入されました。また後の19世紀にシルバーステイニングとカッパーステイニングが、ボヘミアでガラス装飾に盛んに使われました。

エナメル彩

　エナメリングは、ガラスに彩色剤を塗布し、500〜600℃に加熱し、これを溶融状態にし、溶着させる方法です。彩色剤は金属酸化物で着色した色ガラスの粉末、または顔料と低融点のガラスの混合物を微粉化したものを、テレピン油などの油類で練り合わせ絵具状にしたものです。

　イスラムガラスは13,14世紀のアイユーブ朝、マムルーク朝シリアで目を見張るようなエナメル彩、金彩製品が絶頂期に達しました。シリアのガラス職人は、エナメル彩の技術は独自に発展させたようで、金彩技術はエジプトから学んだようです。またいずれの技術も1171年ファーティマ朝が滅亡した時に、エジプトを離れた職人が伝えました。ラスター彩の伝統から派生したとも考えられます。シリアの製品は近東でもてはやされるようになり、エナメル彩金彩ガラスはメソポタミアと同時に、遠く離れたロシア、中国、スウェーデン、イングランドまで達しました。この時代シリアの他の地で唯一金彩、エナメル彩製品をつくったのはエジプトで、いわゆるフスタットグループと呼ばれており、1270年から1340年頃と年代づけられています。

　図1.9に、シリアでつくられた代表的なガラスを示します。当時大いに流行った独特のモスクランプの一つで、14世紀につくられたエナメル金彩モスクランプ（高さ33cm）です（大英博物館所蔵）。

　北シリアにおいて全盛をきわめたエナメル彩ガラスの生産は、14世紀末

(1393) のチムールによるダマスカス占拠以後廃たれました。多くの優秀なガラス職人が、ヴェネツィアなどの西方に逃れ、ガラス製造の技法はイスラムからヨーロッパへと受け継がれました。

この時以降もシリアとエジプトのガラス工場は引き続き稼働しましたが、これらの地方の需要を満たす日用品程度のガラスしかつくられませんでした。これ以降近東では、高級なガラスはほとんど製作されることはなくなり、高級ガラス製品は、ヴェネツィアなどヨーロッパからの輸入に頼ることになりました。

図1.9 モスクランプ

15世紀後半にはヴェネツィアが、オスマントルコ趣味の高級品ガラスをコンスタンティノープルに輸出し、16世紀にはヴェネツィア製のモスクランプを輸出しました。17世紀後半にはボヘミアンガラスが、オスマントルコの市場に入るようになりました。

このようにイスラムのガラスはその輝きを失い、代わってかつてオリエントから手ほどきを受けたヨーロッパ諸国にガラスの重点が移りました。

1.7　ヴァルトグラス

ローマ滅亡後、ローマの高度なガラス製造技法は東方へ引継がれましたが、北ヨーロッパでは簡素なフランクガラスがケルンとトリールを中心につくられました。後期ラテン語のグレズゥム (glesum) という言葉が透明な、輝くような物質に対するゲルマン語として最初に使われたのはトリールでした。これが我々のガラスという言葉になったのです。

このフランクガラスはエジプトの天然ソーダを使い、ローマングラスと全く同じ組成でつくられました。しかしカロリング時代(751-987)後半に

なるとエジプトの天然ソーダの輸入が途絶えました。

その原因の一つは、ヴァイキングの活動による交易ルートの破壊によるものと、もう一つはイスラム内部の政治的な変化か、天然ソーダ（ナトロン）産地の生産状況の変化により、エジプトからの天然ソーダの輸入が困難になったことです。同じ時期の9世紀半ばにイスラムガラスにも大きな変化がありました。すなわち長年つくられてきた天然ソーダを使用したガラスから、カリ、マグネシア分の多い植物灰（海草や砂漠の植物の灰）のガラスに変わりました。

ソーダの入手が困難になったことからヨーロッパのガラス職人達は、天然ソーダの代りとして羊歯、ブナ、その他の森林植物から採取した地方産の灰（カリ）を使うようになりました。彼等は植物灰が、ガラス混合物のなかでソーダと同じ働きをし、ガラスの溶融温度を下げる融剤の役割を果たすことを発見しました。そして新しい植物灰を原料に使った高ライムのカリ石灰ガラスで、いろいろなガラス製品をつくりました。ガラス工場はヴォージュ（Vosges）やボヘミア（Bohemia）のような森林地域のいたる所に設立されました。10世紀以降このカリガラスは、中央ヨーロッパの特有のものとなりました。

その中での代表的なものは、中世ヨーロッパで盛んに建てられたゴシック様式の大聖堂を彩ったステンドグラスや窓ガラスです（6.2参照）。

また鋳型による装飾と貼付装飾をもつガラス器や、便器、調剤用薬壺、ビーカー、窓ガラスのような簡単な実用品が大量につくられました。

このガラスは、北西ヨーロッパの森林地帯で、森林の木材を燃料にその灰を原料にしてつくられたことから、森林ガラス（英語でForest glass、独語でWaldglas）または羊歯ガラス（仏語でVerre de Fougère）と呼ばれます。本書ではこのガラスを最も大量に、長期間つくっていたドイツ、ボヘミア等のドイツ語圏に因んでヴァルトグラスと総称します。

実用ガラスはさまざまな色調のもの、たとえばナチュラル・グリーンやコハク色がありますが、それは主として原料に含まれる鉄など不純物によるものです。単純な、質の悪いヴァルトグラスの生原料は、酸化鉄を含む茶色の砂と、ブナの灰でした。ブナの灰も化学的にはマンガンなどの金属

酸化物を含むため、つくられたガラスは緑や青に着色され、バラツキの大きいものでした。

　当時の代表的なガラス製品は、比較的薄手になり繊細さを増してきます。青色の突起付ガラスや繊条細工、畝織文様なども特徴的です。12世紀～14世紀の飲用グラスは透明の緑か青またはたまに無色の素材に手の滑り止めをかねた突起などの飾りを付けたものが多かったのです。

　16世紀頃からはドイツを中心にレーマー杯が盛んにつくられました。ライン川、モーゼル川流域でつくられた白ワインを飲むための器としてつかわれ、オランダに広まりました。現在でもこの器形は白ワイン用として好まれています。

　図1.10にサントリー美術館所蔵のダイアモンド・ポイント彫りレーマー杯（高さ17cm.口径7.8cm）を示します。

　ヴァルトグラスは、9世紀頃から19世紀までほぼ1000年以上も北西ヨーロッパで、窓ガラス、瓶ガラスをはじめ多くの日用ガラスとして大量につくられました。

　19世紀になるとソーダの合成法が完成し、安価な高純度のソーダが入手できるようになり、実用ガラスはカリ石灰ガラスからソーダ石灰ガラスにもどり、カリ石灰ガラスのヴァルトグラスは消滅していきました。

図1.10　レーマー杯

1.8　ヴェネツィアングラス

　紀元の初め頃、イタリア各地にガラス工場がつくられ、最大の生産地はカンパニア（ナポリ近傍の海岸地帯）でした。この地のガラス工業が栄えたのは、原料の珪砂がCaOを適量含んでガラス製造に適していたことと、シリア、エジプトとの交易が盛んで、最も重要なガラス原料のソーダが容易に入手できたこと、また腕の良いガラス職人をシリア、エジプトから移

住させることができたためです。2世紀からは先に述べたように、ローマングラスは北ヨーロッパ各地でつくられるようになりました。アキレイアの遺跡からは、この地で製造されたと思われる特徴あるガラス器が多数発掘されています。

　ヴェネツィアの位置する北イタリアのポー川流域のロンバルジア平原は、肥沃な豊かな土地で、地中海ヨーロッパの最も人口の多い地帯です。ガラスの製造がこの地域の各地で行われていました。

　中世後期の北西ヨーロッパではヴァルトグラスがつくられ、ヴェネツィアでローマ時代からの伝統的なガラスがつくられていました。1291年ヴェネツィアはガラス工場を、市街地での火災の危険からと煤煙を避けるため、ムラノ島に集中移転させました。この時期ヴェネツィアは、ジェノヴァに制海権を奪われ苦しい中でしたが、工場再配置を進めていました。たとえば皮革工場は、悪臭を出すため1271年ジュデッカ島に集められ、羊毛の加工工場は非衛生で環境を悪くするので市街の西端に集められました。有名な輸出品のレースはブラノ島に移され、また墓はサン・ミケーレ島に集められました。ムラノ島へ集中移転したガラス工場は、強力なギルドを設立し、ガラス組成の開発や新しいデザインの製作を行い、製造の秘密を厳密に守り、ガラス製造の一大中心地に成長していきました。

　都市国家ヴェネツィアは海洋国家であり広く交易を行い、進んだイスラムやビザンティンの文化を十分に知ることができました。いつ頃からガラスの製造を始めたかは明確ではありませんが、982年の瓶ガラス職人に関する記録が残っています。ガラスとしては容器や日用品がつくられていましたが、特にイスラムとの交易からアラビアの科学と接触をもつ機会が多く、その影響で理化学用のガラスもつくられていました。

　アラビアの科学の影響を受けて、1280年頃には老眼補正用の凸レンズを用いた眼鏡がつくられ、14世紀初頭には錫アマルガム法によるガラス鏡がつくられました。錫アマルガム法は1317年の発明といわれていますが、ガラス鏡はこの時期以降400年にわたりヴェネツィアの最も重要な製品としてつくられ、ヨーロッパに輸出されました。このようにヴェネツィアのガラス工業は、13, 14世紀にその基礎ができあがりました。

11世紀末から13世紀末にかけての数回におよぶ十字軍遠征は、最大の目標の聖地回復はなりませんでしたが、高度のビザンツ、イスラム文化とじかに接触し、西ヨーロッパに多大な刺激を与えました。十字軍戦士の往復した軍路が平和的な商業路になり、東方の産物が西ヨーロッパに流入し、十字軍最大の利得者ヴェネツィアをはじめイタリアの諸都市の繁栄が、西ヨーロッパの経済発展を促しました。

　1204年のコンスタンティノープルの掠奪と、それに続くヴェネツィアへの芸術品などの移送や、通商関係から、シリア（主にダマスカスとアレッポ）のエナメルガラスの伝統が、ヴェネツィアへ持ち込まれました。現在、シリア・フランク・ガラスとして知られているこれらの地から渡来したエナメル彩ガラスは、ヨーロッパでは大いに尊ばれ、神秘的な力を秘めるものとして、伝来の秘宝とされました。

　15世紀半ばに、ヴェネツィアのエナメルガラスが急激に発展しました。これは1400年のチムールによるダマスカスの占領の結果、ガラス職人がサマルカンドへ連れ去られましたが、一部は西方ヴェネツィアへ移ってきたことと、1453年にコンスタンティノープルが最終的にトルコの手におちた時、腕の良い職人がヴェネツィアへ移住したことによります。この頃、初めて良質の芸術的なガラスが、つくられるようになりました。

　この時期、ガラスの透明度を上げるため、バッチに副原料が加えられました。副原料なしでは生原料の中の不純物である主に鉄分が、緑がかった褐色又は透明度の低いガラスの原因となりました。ヴェネツィアの職人は軟マンガン鉱パイロリューサイトを"燃焼中の洗浄剤"として使いました。パイロリューサイトは鉄を酸化し、ガラスの色を改良するマンガンを含有しています。鉄の酸化によってマンガンそのものは還元されます。還元されたマンガンは無色となりますが、酸化では濃い紫色になります。マンガンはごく最近まで消色剤として使用されました。しかしこのガラスは日光に長いこと露光されるとマンガンが酸化され、紫色に変色した幾つかの古い窓ガラスが、特にベルギーやオランダで見られます。

　16世紀の前半までに消色剤としてマンガンを使用したヴェネツィアのガラス職人達は、"クリスタッロ"として知られている水晶のように澄んだガ

ラスをつくることができました。この今までにない無色透明の水晶に似たガラス"クリスタッロ"を開発したのは、アンジェロ・バロヴィエル（1460年没）といわれています。彼の名が最初に公文書に記載されたのは1424年ですが、1457年に他のガラス職人ニコロ・マゼットと共にムラノの行政官からクリスタッロに関する最も有利な特権を与えられました。このクリスタッロは、ヴェネツィアの主要ガラスとしてつくられました。18世紀まで最高級の鏡として愛用されたガラスは、このクリスタッロです。

図1.11は、17世紀頃つくられたこの素材の透明感を活かしたシンプルな造形をした玉足ゴブレット（高さ14.5cm）です（箱根ガラスの森美術館所蔵）。

ヴェネツィアの名声は16世紀に頂点に達し、いくつもの優れたガラスをつくりだしました。

1520～1540年にエナメル彩ガラス、1527年にレースガラス、1549年にダイアモンド・エングレービング、1569年にアイスグラスがつくられ始めました。

ヴェネツィアングラスは、ヴェネツィアの北方約1.5kmのラグーンの中にある小島

図1.11 玉足ゴブレット

でつくられていました。このムラノ島が当時世界最大のガラス製造地として栄えていたのは、次の五つの条件を満たしていたからです。

1. **燃料の確保**：ガラスをつくるには大量の燃料が必要です。1kgのガラスをつくるのに20kgから50kgの木材が必要です。ヴェネツィアは、アドリア海対岸のダルマチアから大量の燃料用木材や薪を輸入していました。
2. **原料の確保**：主要原料のシリカサンドとアルカリの確保が、ガラス製造の大きな鍵です。特にアルカリは、ガラスそのものの性質と、溶融性を左右するので重要です。中世イタリアのガラス製造には、種々のタイプの灰が使われていましたが、ヴェネツィアではレヴァント（東地中海沿

岸)の灰が使われました。14世紀初頭に政府は、高級品質のヴェネツィアングラスをつくるには、レヴァント灰を使用することを決定し、他の灰の使用を特別な場合を除き厳密に禁止しました。またレヴァント灰を独占的に輸入し、断固たる保護貿易主義をとり、一切の再輸出を禁止しました。レヴァント灰は、海岸や不毛な塩分の多い土地に生える植物から得られ、ソーダと石灰を含んでいて、ガラス職人に好まれました。シリカサンドは、1280年代にレヴァントの海岸砂を輸入していました。その後、ヴェローナ近郊の珪岩や、ヴェネツィアの砂が使われていましたが、クリスタッロには、パドヴァの南東でポー川に合流する、アルプスからのティチーノ川の川床の珪岩が使われました。ガラスの溶融に不可欠の耐火ルツボ用の粘土は、遠くコンスタンティノープルからのものと、アレッサンドリアの北15kmにあるヴァレンツァからのものが使われていました。

3. **ガラス職人の確保**：ガラスの製造には、長年の経験にうらづけされた優れた技量・技能が必要です。さらに厳重に守られている技術ノウハウを有する親方の下でしかガラスはつくれませんので、この確保が重要な鍵となります。ヴェネツィアは優秀なレヴァントのガラス職人を大量に受入れ、ガラス製造の基盤を築き上げました。独占体制保持のため、親方や熟練工の海外への流出を厳重に禁止し、違反者を厳罰に処する政策を取りました。

4. **市場の確保**：ガラス製品を販売して市場を確保するには、販売力の強化と、市場に合う新しいガラスを生み出す力が必要です。ヴェネツィアは上に述べましたように、他にないクリスッタロ、レースガラス等をつくりだし東西に輸出していました。特に鏡やシャンデリアは長年にわたってガラスの基幹事業としてヨーロッパの市場を確保していました。

5. **外部要因**：ガラス産業の発展には強力なパトロンの力が不可欠です。ヴェネツィアや近世のヨーロッパでは、ガラスを愛するパトロンの後押しがありました。

このようにヴェネツィアは五つの条件を満たし、優れた総督の支配のも

と強力な海軍力により支えられた交易をベースに、優れた製品をつくりガラス産業が栄えました。

ムラノに起ったガラス製作の驚異的現象は、すぐにヨーロッパ中に広がりました。ルネッサンスの影響がおよんだ地のガラス工場は、新たに増大した高級ガラスの需要に応えました。16世紀までに北西ヨーロッパの代表的なガラス生産地は、ヴェネツィア様式（façon de Venise）でガラスをつくるようになり、ヴェネツィア製と、他の都市でつくったものとの区別がつかなくなりました。

1490年、技術の秘密を漏らしたガラス職人に対する報復措置、また他国で働いたのちヴェネツィアに帰ろうとするものに対する罰則が定められました。こうした脅しにもかかわらず職人たちは、技術提供のためヴェネツィアを離れました。初めはアルタールのようなイタリア国内のガラス製造地へ、そして次はアルプスを越えてチロル、ドイツ北海沿岸の低地帯へ、さらにイギリスまで行き種々の技法を伝えました。

17世紀になると、国際的な様式を主導してきたヴェネツィアのヨーロッパのガラス工場におよぼす影響力が弱まり、ガラス製作にさまざまな国民的様式が現れるようになりました。製造されるガラスの組成も変わってきました。その時まで3000年以上続いたソーダ石灰ガラスから、質の優れているボヘミアンカリクリスタルとイングリッシュ鉛クリスタルが相次いで1675年頃開発されました。また、窓ガラス、鏡の大量製造がフランスで成功し、ガラス工業の中心が南ヨーロッパから北ヨーロッパへと移りました。1797年のナポレオンによるヴェネツィア共和国消滅とともにヴェネツィアングラスも終息しました。

1.9 イギリスのガラス製造

イギリスでは、中世からフランスやドイツのガラス職人の援助を受け、ウィールドを中心にヴァルトグラスがつくられていました。しかしフランスやドイツに比べ規模は小さく、大変遅れをとっていました。

16世紀になるとガラス工業の新しい動きがありました。1567年にロン

ドンに住んでいたアントワープの商人ジェン・カレが、エリザベス1世(在位1558-1603)からイギリスにおける窓ガラス製造についての21年間の許可を取得しました。多くの海外のガラス職人がイギリスで働くのを好んだし、彼らは独占的な商品開発にも成功しました。独占権の許諾の条件はイギリスにおいて外国人によってつくられるすべてのタイプのガラスが、輸入されていたガラスより少なくとも同じぐらい良質で安いことを保証することと、約束事として上に述べられた期間が終るまでにイギリスの職人が、外人職人と同じような良いものがつくれるように教え込まねばならないことでした。

　カレはウィールドに、当時ガラス製造の一大生産地であるロレーヌとノルマンディからのガラス職人を中心にした企業グループを設立しました。彼らは良い品質の板ガラスをつくり、カレとの契約期間中うまく働きました。円筒法ガラスに加えてクラウン法ガラスもつくられました。クラウンガラスは吹きバルブを広げる方法でつくられました。すなわち、吹き竿の反対側にポンテ竿をつけ、そこで吹き竿側を切りはなし、ポンテ竿を回転させバルブの開いた端を平な円板に広げます(6章参照)。この形状とポンテマークがついた円板、すなわち"クラウン"のために小さな平板にしか切断できません。しかし、これらは製造中他のいかなる物質とも接触することがないため、非常に輝いた表面をしています。このファイアーポリッシュされたガラスは、窓ガラスには円筒法ガラスよりも一層適していました。外国のガラス職人はある量の色ガラスをつくり、製造することを引き受けました。

　カレとの9年契約でロレーヌからきたガラス職人のポウル・ティザックは、木材から石炭への転換に重要な役割を果たしました。彼は石炭を用いることに完全に成功した最初のガラス職人であり、彼と彼の同僚は有名なスタワーブリッジにガラス工業を創立しました。

　外国の影響は、窓ガラス製造以外におよびました。"ムラノでよくつくられているような"飲料用ガラスの製造のために、1575年に21年間の免許が、ヴェネツィアのガラス職人ヤコボ・ヴェルツェリーニ(活動期1574-1606)に認可されました。ただちにロンドンのブロード・ストリートに飲

用ガラスの製造所を設立し、ガラスの製造に着手しました。イギリスの職人は高級なヴェネツィアンクリスタルの製造に関する秘密を学ぶことと、彼ら自身でそれをつくることに非常に熱心でした。ヴェルツェリーニの製作とされるこの時期のガラスはごくわずかしか残っていませんが、それらは非常に進んだ技法のもので、ヴェネツィアングラスとしてソーダ石灰ガラスでつくられていました。

このようにして16世紀末にはイギリスのガラス産業は大きく成長してきました。しかしイギリス政府は、ガラス職人たちが木材を燃料に使用していることにより、貴重な森林が消滅してゆくことに警戒を抱くようになりました。木材は、海軍の軍艦造船のため必要であり、これにより国の防衛と繁栄に活力を与えることができます。製鉄工場とガラス工場は、共に新しい燃料を見いだすことが必要でした。

17世紀の初めに石炭による燃焼の試験が行われ、1610年に国王とウィリアム・スリンゲスビィ（1562-1624）との間で一つの契約が結ばれました。それはもし木材の代わりに石炭が燃料として使用できる方法を見出したら、石炭を燃焼する炉について、あらゆる工業での使用の独占権をスリンゲスビィに与えるということでした。

スリンゲスビィは、彼の炉を鉄の製錬に使用するつもりでした。鉄の精錬とガラス溶融のための炉の開発は密接に関連していましたが、ガラス工業の方が先に成功しました。石炭は鉄の溶解に使用される前に、金属を弱くする硫黄を石炭から除去するため、まずコークスにしなければなりません。コークスで鉄鉱石を精錬することに最初に成功した人物は、シャロプシャーのアブラハム・ダービー1世（1677-1717）で、スリンゲスビィが独占権を与えられてから100年近く後の1708年のことです。

1615年ジェームス1世（在位1603-25）は、ガラスの輸入の禁止、ガラス炉の燃焼に木材を用いることの禁止と、石炭の使用の命令を出し、これに従うものにガラス製造の特権が与えられました。この命令により従来森林地帯にあったガラス工場が、石炭産地であり、ルツボをつくるための耐火粘土のすぐれた産地でもあるスタワーブリッジで、発展する契機となりました。

1618年に企業グループの一員であるロバート・マンセル卿（1573-1656）

は、38年間のガラスの独占権の全権利を購入し、工業の発展の主導的な立場になりました。彼はイングランドとスコットランドに石炭燃料のガラス炉を設置し、ガラス職人は石炭産地の近くに定着するようになりました。最も重要な工場は、スタワーブリッジのティネサイド近郊と南スコットランドでした。彼はヴェネティアンスタイルのガラスをつくるためにロンドンにブロードストリート・ガラス工場を開設しました。

彼の他の大きな貢献は、1621年頃からの大量のバリラの輸入でした。バリラはソーダを大量に含有しているスペインの植物灰で、ガラス職人や石鹸製造者に大量に使用され輸出されていました。バリラからつくられたガラスは、他の植物灰からつくられたものより品質が良いと判定され、バリラの交易は17世紀初めのスペインとの戦争の終結の後発展しました。ガラス溶融に石炭が広く採用されたことにより、森林資源が節約され、国の多くの場所で窓ガラスや瓶ガラス工場が設立され、地域社会に多大の利益をもたらしました。

1.10 クリズリング

古代からガラス職人がガラス生地について追い求めてきたものは、自由に思いどおりの色のガラスをつくることと、水のような無色透明のガラスをつくることでした。ヴェネツィアンクリスタッロを追い求めて、安定剤の少ないクリズリングを生じるガラスが近世につくられました。

ガラスは金属などに比べて、化学的に非常に安定な材料です。しかし長年大気中に放置されたガラスは、大気中の水分とCO_2, SO_2ガスにより、また地中に置かれたガラスは、地中の水分と溶解物により、化学的作用を受けてその表面が変化します。この現象を風化（ウェザリングweathering）と呼んでいます。古代のガラスを見ますと、風化作用を受け表面が厚い硬皮で覆われたもの（crusting）や、美しい虹彩が生じているもの（iridescence）が多くあります。一方17から19世紀にかけてつくられた近代ガラスの中に、この硬皮や虹彩とは異なった、表面にひびわれ（crizzling）が生じているガラスがあります。

第1章 古代から近世

　クリズリングを起こしたガラスの表面は、非常に細かいひびわれがあることから、透明性を失い輝きのないものになっています。顕微鏡で見ると網目状の小さなクラックがあり、大気による化学作用がひどい場合には、多くの小片に剥離します。湿度の高い所では、ガラス表面はじくじくしている（weeping）、または汗をかいている（sweating）状態となります。このガラスを完全に乾燥させると、クラックは薄片に剥離し、表面は砂糖のような不透明な面になり、遂には崩壊します。

　図1.12に酷いクリズリングを生じた17世紀につくられたヴェネツィアのワイングラス（高さ18.4cm）を示します（ヴィクトリア・アルバート美術館所蔵）。ルネッサンス以降、ヨーロッパの社会基盤の拡大とともに、ガラスの需要が増大し、新規の製造工場の設置が試みられるようになってきました。これらの参入が計られるようになった一つの大きな要因は、15世紀からのガラス製造についての書物が数多く出版され、ガラスの製造法が明らかになってきたためです。たとえば、

図1.12　クリズリングしたヴェネツィアングラス

　ジョン・マンデヴィル卿（14世紀）：『ジョン・マンデヴィル卿の旅行』
　ペーダー・マンソン（1524）：『ガラスの技術』
　ヴァノッチオ・ビリングッチオ（1540）：『火工術』
　ゲオルギウス・アグリコラ（1556）：『鉱山学』
　アントニオ・ネリ（1612）：『ガラスの技術』

　特に1612年ネリが出版した、教科書的な『ガラスの技術』L'Arte Vetrariaは、ガラス製造について生原料の調製について初めて系統的に述べたもので、多くの色ガラスや無色透明ガラスの処方と溶融の指示が記載されています。この書物はヨーロッパのガラス製造に計り知れない影響を与えました。1662年メレット（1614-95；英国王立協会設立特別会員）が英語に、1679

年クンケル（1638-1703；ルビーガラスの開発者）がドイツ語に、その他ラテン語、スペイン語、フランス語に翻訳され、それぞれの国でのガラス製造に精通した多くの人々が、詳細な事項を追加し記載しました。

　ネリについては、彼がピサで実際にガラスの製造職人として長いあいだ働いていたこと以外ほとんど分かっていません。また、彼はアントワープ、フローレンス、フランダースでも働いていたと思われています。ネリは、無色透明な高品質のガラスは、高純度の材料からのみつくられるとし、シリカの非常に厳しい選別や、アルカリの精製について詳しく指示しています。

　シリカについては、ある種の岩石又は砂のみが適しているとして、ネリは最も真白い小石を採取することを推奨しました。「黒い縞目もなく、さび色のような黄身がかったものでもない……鋼で打って火のでる石がガラスに適し……クリスタルをつくることができる」といっています。アルカリの精製は、灰を水と混合し、煮沸し、浸出させ、灰からの浸出が完全になるまで何回も繰り返した後、アルカリを含んだ液体を沈澱させ、上澄液を取り結晶ができるまで蒸発乾燥して行っていました。彼はこの二つの材料を、正しい比率で大量に混合し、低い温度で加熱してフリットをつくることを指示しています。

　ネリは、原料の純度の重要性と、正しい比率での混合の必要性は認識していましたが、耐久性を増す主な安定剤としての石灰とマグネシアが、アルカリ精製中に分離除去されることについては認識していませんでした。精製の効果についてメレットは、1662年、ネリの本の注訳をつけた英語翻訳の中に次のように述べています。「高級なガラスには、最も精製された塩が使われていて、砂に塩は大きな比率で加えられている。このようなガラスは、地中や湿度の高い所に長いこと置かれると粉々になり、塩と砂に崩壊した化合物になる。」

　このようにしてネリ等の指示に従って、無色透明のガラスをつくるために行った灰の精製により、ガラスに必要な石灰とマグネシアがなくなり、耐久性の劣るクリズリングが生じるガラスが17世紀以降各地でつくられました。

第1章 古代から近世

　ヨーロッパのガラス産業が大きく発展した17世紀につくられていたガラスは、大きく三つに分けられます。
1) 粗悪な緑ガラス：普通の砂と浸出処理のしていない木灰を原料として、カレットを加えてつくった伝統的なヴァルトグラス。日用ガラスとして大量につくられました。
2) 良質な白色ガラス：砂と最上質の木灰（レヴァントから輸入されるポルベリン、スペイン産のバリラのようなもの）からつくられました。白色のものはほとんどなく、バリラを使用したものは青みを帯びます。高級ガラス、眼鏡・顕微鏡・望遠鏡等のレンズ用につくられました。
3) 特製ガラス（クリスタルガラスのような）：特製バリラ（極上品の灰を水で浸出した液を濾過、蒸発、乾燥、煆焼、粉砕したもの）と、極上の白砂からつくられました。最高級ガラスや装飾ガラス用に使われました。
　皮肉にも三番目の最高級品をめざしたものが、クリズリングを生じるガラスとなりました。この問題を解決し、つくられたのがイギリスの鉛クリスタルとボヘミアのカリクリスタルです。

1.11　鉛クリスタルの開発

　17世紀のヨーロッパは、アリストテレス主義から脱却して実験科学が大きく発展した時期で、一般に科学革命の時代といわれています。この時代は、1648年にヨーロッパを二分して戦われた30年戦争が終息し、1660年にピュリタン革命も一段落し安定へと向かった時期でした。科学の発展と同じようにガラスの製造も大きな飛躍がありました。
　各国のガラス職人たちは、高級ガラスとしてヴェネツィアン"クリスタッロ"と同等な透明ガラスの製造を試みていました。
　1663年イギリスでは、ガラス製造の第一人者のバッキンガム公爵（1628-87；チャールス2世の寵臣）が、鏡、馬車用窓ガラスや眼鏡などのガラスの輸入を禁止し国産品で供給することを保証し、製造の特権を得ました。彼は、高級ガラスの製造に融剤として硝石（硝酸カリウム）を用いたことを1666年の国家文書に発表しました。しかしこのガラスは上に述

べたクリズリングするものでした。

鉛クリスタルを開発したジョージ・レーヴンスクロフト（1632-1683）は、1632年に法律家で貿易商であり献身的なクリスチャンの父ジェイムス（1595-1680）の次男としてロンドンで生まれました。

ネザーランドで学校教育を受けた後、1651年から叔父より貿易業の実務を習得した後15年間ヴェネツィアに駐在して、父親と叔父の貿易業務に協力して、主としてムラノのガラスとブラノのレースの輸入を取り扱いました。彼は滞在中ヴェネツィアングラスの製造について学ぶ機会に恵まれました。

彼は帰国後、ロンドンでガラス販売を行いましたが、ヴェネツィアングラスの品質の低下と、納期の遅れや、バッキンガム公爵への特権としての輸入税率の上昇による価格の問題に悩まされました。彼は公爵との競争に負けてガラスの販売から手を引くか、自身でガラスを製造するかの選択に迫られました。彼は後者を選びました。

1673年にロンドンのサボイに工場を建設し、イタリアのガラス職人ダ・コスタを雇いガラスの製造に着手しました。ポー川から石英礫を輸入し使用して試験生産を開始しました。レーヴンスクロフトのガラスは"クリスタッロ"を再製造するのを目的として、純度の良い原料を使用したため極めて良い外観が得られ、公爵のつくったガラスよりはるかに優れていました。彼はこのガラスに関する特許権を1674年3月に王に申請し、同年5月16日に認可されました。

1674年3月に、レーヴンスクロフトの仕事を十分評価したロンドン市のガラス販売組合と3年間の販売契約を結びました。ガラス販売組合は彼の実験を続け、秘密を守ることができるガラス工場を、オックスフォードシャーのヘンリー・オン・テームズに建てました。ガラス販売組合はまた、彼の全製品、特殊な形状・寸法でつくられた容器の市場を開拓することを引き受けました。

1675年にレーヴンスクロフトは、ガラス販売組合からつくられているガラスはクリズリングが生じるとのクレームを受け、この改善を強く要請されました。彼はこの解決のため酸化鉛を導入しました。

鉛はガラスに古代から使用されてきました。1612年出版されたネリの重要な本 L' Arte Vetraria の中の数章に、砂の融剤としての酸化鉛すなわち煆焼した鉛を使い、宝石ガラスをつくる方法が述べられています。

レーヴンスクロフトは、1662年に英語に翻訳されて出版されたネリの本に強く影響を受けたと想像されます。その翻訳者の英国王立協会（1660年に設立、1662年にチャールス2世（1630-85）によって認可された主に科学研究の学会）設立特別会員のクリストファー・メレット（1614-95）は、植物学や化学と技術の歴史について広範囲の知識を持っていました。また、彼はガラス製造の事情について有益な事柄をつけ加えました。彼はイギリスでは鉛ガラスがつくられていなかったし、我々の溶融炉では実行できるものでなかったと注記しています。したがってレーヴンスクロフトは計画を立案するのに、非常に少ない実用的な情報しか持っていませんでした。

それにもかかわらず鉛は有効な添加物になるとのアイディアを持った彼は、酸化鉛を入れて鉛ガラスをつくりました。酸化鉛は徐々に増やし、遂には今日の30％PbOのレベルまで入れ、硼砂の添加を止め、単純なカリ鉛ガラスをつくりました。

1676年6月ガラス販売組合は、クリズリング問題は完全に解決したと声明書を出しました。烏の頭マークを描いたシールが、新ガラスと従来のガラスとを区別するために採用されました。図1.13に烏の頭マークシールを示します。

そして、完全なガラスを供給するための3年間の契約が、レーヴンスクロフトと会社の間で調印されました。

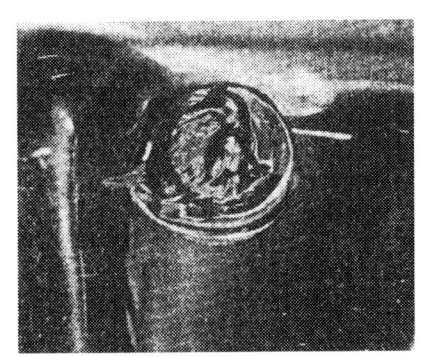

図1.13　烏の頭マークシール

1678年にカトリック陰謀事件（Polish plot）がおこり、カトリックのレーヴンスクロフトの立場は悪くなり、1681年5月に彼の特許権が取り消されました。

1682年2月にガラス販売組合の13の会員は、サボイのガラス工場の運営をホーリー・ビショップに委託しました。彼は1692年にはクレバン・ハワード・ガラス製造所に再委託しました。

　1683年6月、中風に悩まされながらレーヴンスクロフトは、51才で亡くなりました。

　レーヴンスクロフトは、ガラスを扱った商人で鉛ガラスの発明者でなく、製造権の所有者にすぎないとの見方もありますが、1989年にムーディは詳細な調査を行い、この見解は誤りで、レーヴンスクロフトが真の開発者であることを発表しました。レーヴンスクロフトの開発した鉛ガラスの処方は、秘密として一切記録に残っていませんが、このガラスができた重要な鍵は硝石であると、1990年にワッツが解明しました。鉛バッチに硝石を加えることにより、金属鉛によるポットの破壊を防ぐことができるからです。

　ガラス製造に硝石を使うことは、ネリの処方には一切記されていません。イギリスで硝石が使われるようになったのは、石炭燃焼炉で質の良いガラスをつくった時からで、マンセル卿やバッキンガム卿が使いました。

　鉛ガラスの製法は、1772年にフランスのリボーが「如何にしてイギリスの鉛ガラスをつくるか」を発表するまで、長年にわたり固く秘密が守られていました。

　1767年ロレーヌのムンツタールにフランス最初の鉛ガラス製造工場が設立されました。この工場はサンルイ王室工場と名付けられました。

　イギリスで完成された重い鉛クリスタルは、非常に透明です。鉛クリスタルでは鉄の酸化がソーダライムガラスよりはるかに少ないため、鉄の不純物によって生じる光の吸収が小さくなるからです。ヴェネツィアン・クリスタッロより屈折率も大きいため、ファセットカットやアンギュラーカットされたガラス表面に光をあてるとキラキラ輝きます。鉛ガラスはヴェネツィア風の精巧な奇想をこらしたスタイルの容器をつくるには全く適していませんが、カットによって装飾された単純な厚ぼったいスタイルは、その優れた光学特性によって発展が促進されました。

　鉛ガラスに使うアルカリは、ソーダよりもむしろカリ使用の方が、吹き

第1章　古代から近世

ガラスにとって望ましいものであったし、鉛ガラスの完成により高級品質のガラスがつくられるようになり、家庭用ガラスと工芸ガラスに使用されるようになりました。

　1685年までに新ガラスの製造技術は完成しました。その結果、ガラス販売会社の会員達は高級ガラスの販売品目を拡大し商売は繁盛していきました。新ガラスはガラス販売組合の商品名としてフリントという名称がつけられました。光学ガラスの分野では、クラウンとフリントの二つの名称は、それぞれソーダ石灰ガラスと鉛ガラスを意味するために使われています。例えばボロシリケート・クラウンやバリウム・フリントガラスのように。

　イギリスのガラス工業は、鉛クリスタルガラスの成功から大きく成長しました。そして、18世紀中の100年間首位の座を保ち続けました。この時期から美しい飲用ガラスは収集家達に大変重んじられるようになりました。

　図1.14は18世紀初頭につくられた、サントリー美術館所蔵のバラスターステムゴブレット（高さ14.8cm；16.0cm）です。バラスターステムは建築の手すりを形取ったものです。

　17世紀末にロンドンには、11の鉛ガラス工場があり最大の製造中心地

図1.14　バラスターステムゴブレット

となりました。イギリスのガラス産業は、1745年から1787年の間、フランスとの戦争の軍事費を賄うため年々消費税率が上昇し、発展が阻害されました。税金はガラスの重量にかけられたので、酸化鉛の含有量が増えれば増えるほどますます税金が増えました。その結果、多くのガラス製造会社は、無税であるアイルランドへ移り、ダブリンとウォーターフォードにガラス工場が設立されました。

1.12 ドイツとボヘミアのガラス製造

鉛ガラスがイギリスで開発されたころ、ドイツやボヘミアでもガラス製造について大きな進歩がありました。

ボヘミアは、中世ヴァルトグラスの製造の中心地でした。12から13世紀頃北フランス、西部ドイツで開発されたヴァルトグラスは、北ヨーロッパの森林地帯に広がりました。ボヘミアでは、14, 15世紀頃20のガラス工場がヴァルトグラスを製造していました。16世紀には90ものガラス工場が稼働し、製品が安価であったためドイツ市場に大量に輸出されました。なお当時最大のガラス生産国のフランスでは、147のガラス工場が稼働していました。

ボヘミアでガラス製造が盛んに行われたのは、
① 豊富な森林（ブナ）に恵まれ、ガラス溶融の燃料と、その灰からのガラスに不可欠のカリ原料が入手できたこと
② シリカ原料として、純度の良い石英を産したこと
③ 補助材料としての、良質なルツボ用の粘土や窯炉用の岩石に恵まれたこと
④ 水利（モルダウ、エルベ、ドナウ等の河川）に恵まれ、原材料と製品の運搬や水車の利用が容易にできたことなどによります。

16世紀末頃皇帝ルドルフ2世（在位1567-1612）のプラハ宮廷で、銅や青銅のフォイールを用いたエングレービングの技法が開発されました。この技法は、天然水晶即ち石英の結晶体を装飾するために、ローマとゲルマンの都市で長年実用されていたもので、既に高く評価されていました。皇

帝は、1609年にダイヤモンドカッターを使用するキャスパー・レーマン（？-1622）にエングレービングの独占権を与えました。この技法は17世紀中に頂点に達しました。

　当時はヴェネツィアの影響を受け、フランス、ドイツをはじめとする北ヨーロッパでは、クリスタッロの開発を競っていました。しかし17世紀後半まで開発ができず、高級ガラスの市場はヴェネツィアが独占していました。17世紀中頃30年戦争が終結すると、ヨーロッパの全産業は復活しました。ガラス産業も17世紀後半に飛躍の時を迎えました。イギリスでイングリッシュ鉛クリスタルが、フランスで大板ガラス製造法が、ボヘミアでボヘミアンクリスタルが開発されました。これらによりヴェネツィアのガラスは衰退に向かい、ガラス産業は北ヨーロッパへと移りました。

　ボヘミアンクリスタルは、無色透明のガラスを求めるために、ヴァルトグラスに使われた主原料の植物灰を精製し、着色剤となる金属酸化物を除去しました。この結果安定剤のCaOも除去され、耐久性の悪いガラスになりました。これを防ぐためライムCaOを添加したものです。すなわち精製カリと純度の良いシリカとライムからなるガラスです。

　このガラスは、1683年にボヘミアの市場に出てきました。マイケル・ミューラー(1639-1709)が南西ボヘミアのウインターベルグの工場で開発しました。しかしライムの量がバランス良くガラスの中に入らないため、一定の均質な品質を保つのは難しかったのです。安定したガラスがつくられるようになったのは18世紀に入ってからのことです。外観が天然水晶に似た重いクリアー・ガラスが開発されました。それは厚肉の重い容器に吹き成形ができるカリ石灰ガラスでした。こうしてボヘミアンクリスタルが誕生しました。

　このクリスタルガラスに彫刻職人の創造力とこの時代の芸術的風潮が結び合って、全世界で賞賛されたすばらしい芸術製品が生み出されました。ボヘミアンガラスは、1690年代以降ボヘミアの優れた商人達によって、ヨーロッパ各地に大量に販売されました。有名な商人クライビッヒをはじめ商人たちは、大きな販売網をヨーロッパ全土に築き上げて販売を拡大し、遂にはヴェネツィアを駆逐し、全ヨーロッパでの地位が置き換りま

した。

図1.15に1712年頃にボヘミアでつくられたバッカス文蓋付ゴブレット（高さ38.8cm、胴径15.4cm）を示します（サントリー美術館所蔵）。

ドイツのガラス職人は、着色ガラスですばらしい成功を収めました。1679年ブランデンブルグ選帝侯（1620-1688）のガラス工場は、ヨハン・クンケル（1630-1703）を支配人として採用しました。彼は1679年にネリーメレットの翻訳本Ars Vitraria Experimentalisに彼自身の該博な知識を加えた本を出版しました。この本は、さらに18世紀中頃ドルバックによってフランス語に翻訳されました。

以前から金がガラスの着色剤として知られていましたが、サンプルは全く残っていませ

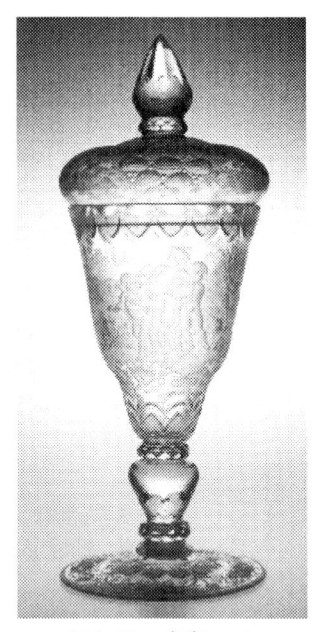

図1.15　ゴブレット

んでした。クンケルは、発色剤として塩化金を用い、濃いルビー赤ガラスの製造について信頼性のある処方を開発して記述した最初の人でした。この方法は、銅ルビー（銅赤）ガラスをつくる時のように還元性の温度制御を厳密に行う必要はありませんが、金のコロイド状粒子の分散を促進して発色効果を高めるため、金を含有しているガラスを再加熱する必要があります。そしてクンケルはこのガラスを完全なものにするため多くの実験を行いました。18世紀のポツダムの処方は、彼の方法を記述したものです。この記述は1枚の1ダガット金貨を打ち延ばして薄くし、小片に切断した金箔を、塩（塩酸）1 1/2オンス、硫酸1/2オンスとアンモニア塩1ドラム（1/16オンス）の混合液の中に入れ、金箔が溶解するまで加熱します。その後この溶液をガラスのバッチの中に入れ、溶融し成形したガラスをルビー色に発色させるため引き続き再加熱します。温度制御は銅赤をつくるより非常に容易です。このようにして塩化金を使ってルビー着色ガラスをつくる技法は、急速に広がり、同じ線に沿って他の実験が進められました。

1685年にドイツの医者で錬金術師のアンドレアス・カッシウス（1605-73）が塩化金溶液に塩化錫を加えることによって、カッシウス紫といわれる紫色の粉が沈殿することを発見しました。金と錫の比が、1:10で栗色、1:5のときバラ色、1:4で明るい紫色となります。ガラスバッチにそれを加えて溶融、成形したガラスを再加熱すると、美しいルビーガラスができることが分かりました。18, 19世紀の多くの化学者が、何故カッシウス紫からルビーガラスができるのかを解明しようと試みましたが上手くできませんでした。最終的に20世紀初頭にドイツのリチャード・ジーグモンディ（1865-1929）が、第一錫の水酸化物中の金コロイドによるものと解明しました。彼は1925年に「コロイド溶液の不均一性に関する研究および現代コロイド化学の確立」によりノーベル化学賞を受賞しました。

クンケルは、また不透明な白い磁器ガラス、または乳白ガラスを開発しました。それは不透明化する乳白剤として、骨灰（主成分の燐酸塩はガラス化して燐酸塩ガラスをつくりますが、基礎ガラスの珪酸塩ガラスと混じり合わぬために乳白化します）を加えることによってつくられました。このようなガラスは、1500年以前にヴェネツィアでつくられていましたが、この製造を促進したのは、18世紀中に広く広がった磁器への賞賛によるものでした。磁器ガラスでつくられた製品は、真の磁器の完全な模倣で、ヴェネツィア、ドイツ、ボヘミア、イギリスで非常に流行しました。

1.13 ガラス工業の変貌

フランスでの平板ガラスの製造の歴史は、ノルマンディでヨーロッパ最高の品質のクラウン法ガラスがつくられ、ロレーヌで最良の円筒法ガラスがつくられた中世に始まりました。その時代、フランスは窓用のすばらしい色ガラスを製造し、広く輸出していました。

18世紀末まで、地方の支配者たちの保護の下で繁栄してきたガラス工業は、増大する需要に応じきれなくなり、経済的にも成り立たなくなってきました。ガラス工場は、広く大衆に気に入られるような製品を大量につくることができなければなりませんでした。ガラスの大量生産には多くの職

人と、時として高額な設備も必要となりました。例えばフランスで実用化された、注ぎ込みとロール掛けによって大きな板ガラスを効率的につくるには、大規模な溶融炉、多くの大きな平らなテーブル、焼鈍炉、オーバーヘッドホイスト、ロール掛け設備、溶融ガラスを運ぶ容器等が必要となり、大きな資金を要しました。

　フランスのガラスメーカーは100年以上もかけて、このような大きな規模の作業のために組織化されてきました。アンリ4世（在位1589-1610）がイタリア人に10年から30年の期間独占権を与えた17世紀初頭から、四つの主要地域、パリとその周辺、ルーアンとノルマンディ地方、オルレアンとロァール地方、ヌヴェールとニヴェルネー地方とで、王権によるガラス工場の本格的な支配が始まりました。1665年以降ルイ14世（在位1643-1715）と宰相コルベール（1619-83）は、多額な支出と絶対王権の権力を行使して、平板ガラスの工業の創設に、ガラス製造の全資源を集中投入しました。コルベールがヴェルサイユ宮殿の鏡の間に立派なヴェネツィアの鏡を設置しようとして、莫大な費用がかかることに直面した時、深刻な問題になりました。彼はフランスにヴェネツィアのガラス職人を導入することを試みました。しかし彼の努力は成功しませんでした。最も熟練した二人のヴェネツィア職人が、それぞれ二、三週間のうちに謎の死を遂げたからです。

　しかし1688年に、オルレアンでガラス製造について王室独占権を取得していたイタリアのアルタールからの移住者ベルナール・ペローが、いかなる吹きガラス法でつくられたガラスよりも、磨きに適した表面を持つ大きな平板ガラスを鋳込み法によってつくりだしました。この発明の詳細は正確には分かりませんが、徐冷し、粗研削し、仕上げ磨きして平らな表面をつくれるようなローリング法が採用されたと思われます。1693年に、工場は新たにピカルディのサン・ゴバンに建てられ、フランスのガラス王室工場になりました。そしてすぐに高級鏡ガラスの最も重要な輸出者として、フランスはヴェネツィアに取って代りました（6.6参照）。

　フランスは、装飾ガラス器の製造では、イギリス、ドイツ、イタリアに遅れをとっていました。しかし、1766年に中世からのガラス製造の中心地のロレーヌが再びフランスに統合され、翌1767年、ルイ15世（在位1715-

74)がロレーヌのムンツタールにサンルイ王室ガラス工場の設立を認可したときに復活しました。この工場をもとに、バカラやバル・サン・ラバールをはじめ多くの工場が引き続き設立されました。

　18世紀後半から経済が拡大し、ガラスの需要が増大して、大規模な優れた設備を持った工場が、良く組織された販売と流通を発達させながら設立されました。同じ時期産業革命が起き、そして化学に関する科学的研究が進み始めました。この時代の初め頃には、いまだ錬金術がすたれずにありました。しかし観察よりも思索に基づくような、古くから存在していた化学理論は次第に姿を消していき、比較的短い期間内に、近代化学の基礎を形つくった多くの概念が開発されました。化学工業は、その初期の段階において、塩水からアルカリを大規模に製造する技術を開発したことによって、急速に成長し始めました。アルカリ工業の主要顧客は、ガラスと石鹸の製造業者でした。ちょうどその時、ガラス製造業者は木材に代わる他の燃料を見出しました。そのため、彼らは今や天然アルカリを合成アルカリに置き替えることができるようになり、このようにして19世紀の初期が、ガラス工業にとって新時代のはじまりの時と見られるようになりました。

第2章　19世紀および20世紀初期

　数千年前から行われてきたガラス職人の技巧によるガラス製造方式は、19世紀から20世紀初期にかけて、今日の機械化生産方式にもとづく製法へと変化しました。化学工業の発展によるソーダの合成、基本的に異なるガラス溶融方式の導入、ガラス成形の自動化方式の開発、急速に発達する科学にともないより多くの種類のガラスへの強い要求などすべてがこの変化をもたらしました。

　19世紀は、科学と科学教育が大きく発展して、ほぼ今日のシステムに整えられた時期でもあります。科学が大きく発展し、電磁気学、有機化学、細胞生物学、人類学、考古学，心理学といった新しい分野がこの世紀の前半に組織化され、地質学や化学など多くの科学分野が成熟しました。

　18世紀までは、資金のない科学者達は生活を後援者(パトロン)に頼っていました。教師の仕事や著作物からの収入もありましたが、生活を支える研究所はどこにもありませんでした。しかしこの状況は19世紀になると変わり、科学者という職業が給与所得のある専門職になりました。この変化はまずドイツで起こり、20～30年の間に大学が科学者の活動の場になりました。ドイツの化学者リービヒ(1803-73)はギーゼン大学に化学の学生研究室をつくり、これが他の大学にひろまっていきました。大学・研究機関との協力で光学ガラスが大きく発展しました。科学の発展の基礎を支えた光学ガラス発展の歴史については、5章で詳しく述べます。

　各国に於けるガラスの発展は、それぞれの異なった環境に応じて発展しました。ヨーロッパ大陸では、科学が工業プロセスの改善に役立つことが早くから認められ、急速な化学工業の成長をもたらすとともに、大学や技術専門学校での科学研究が促進されました。イギリスでは、重荷になっていた窓税や物品税が廃止され、板ガラスの需要が急速に増大しました。一方、アメリカでは、熟練労働者の不足や労働組合の活動によって、多くの製造プロセスの機械化が進められました。

ガラス工業にとって19世紀は、新時代の始まりでした。前世紀の産業革命の影響を受けて各種産業が発展しましたが、ガラス産業も科学技術の進展により大きく発展しました。19世紀のガラス工業の発展に特に大きく貢献した技術開発として次の三つが挙げられます。
　第一は人造ソーダの製造です。
　古代からガラスの融剤には、エジプトの天然ソーダと地中海沿岸の植物や北海の海藻からとったソーダと内陸の植物からとったカリが使われてきました。これらは不純物があり品質も一定せず、価格も高く、供給も不安定でガラス職人にとって大きな悩みの種でした。それがフランスのルブラン、ベルギーのソルベーにより開発されたソーダの合成法で一変しました。長年使われてきた融剤がカリからソーダに替わり、原料問題が解決され、安定した品質のガラスを安くつくることができるようになりました。
　第二は蓄熱式連続タンク炉の開発です。
　ドイツのシーメンス社を創立した有名なシーメンス兄弟の一人、フリードリヒ・シーメンスは、1856年、蓄熱式窯炉を発明し特許権を取得しました。その後1868年、蓄熱式連続タンク炉を開発しました。この窯炉は、古くから使われてきた直接燃焼窯炉に比べて高温溶融が可能になり、また燃料が大幅に節減でき、現代のガラス溶融窯の中核になりました。ちなみにガラス溶融に必要な熱量は、20分の1に激減しました。
　第三は生産方式の機械化です。
　19世紀から20世紀初期にかけて、ガラス製造法は、急増する需要に対応するため、数千年来行われてきたガラス職人の技巧による方式から、今日の機械化生産方式へと変化しました。特にアメリカでは、熟練労働者の不足によって、多くの製造プロセスの機械化が促進されました。19世紀に入ると、欧米各国で手作業を機械化した各種の半自動ガラス製造機械が試作されました。ガラス種を手で巻き取り、成形は機械で行う方式の多くの製瓶マシンが開発され、使用されました。完全な自動機械によるガラス成形法の開発は、19世紀の末で、商業的に成功したのは20世紀に入ってからです。

2.1 ソーダの合成

19世紀初めのヨーロッパのガラス工場では、融剤として一般品には植物の灰から抽出し蒸発乾固したカリが、高級品には地中海沿岸の植物からとったソーダが使われていました。

フランスをはじめ北ヨーロッパでは、18世紀末にガラス、繊維、石鹸などの産業が成長してアルカリの需要が急増しました。ガラスの融剤は、カリからソーダへと転換が進みました。その理由は、海藻からのアルカリ、主としてスペイン製バリラは、ガラスを緑色また青色に着色しますが、より高品質のガラス生産が可能だからです。イギリスでは、17世紀初めころロバート・マンセル卿がこのバリラをガラス製造のため大規模に輸入して以来、長年にわたって使われてきました。

アルカリ工業は、今までの蓄積された技術知識による製造から、応用化学の知識にもとづく工業へと移行して大きく発展しました。リービヒはソーダ合成を「国内技術におけるわれわれすべての改良の基礎」と述べています。アルカリのソーダとカリの違いを見出したデュアメル・デュ・モンソー(1700-82)はじめ多くの研究者が、塩からソーダを合成する方法を研究していました。

2.1.1 ルブラン法

カリやスペイン製バリラの値段が高騰するに及んで、1775年にフランス科学アカデミー（1666年ルイ14世が設立）は、通常の塩から炭酸ソーダを合成する最良の製法を考案した者に、12,000フランの懸賞金を与えることを発表しました。幾人かの化学者が応募しましたが、1787年、ニコラス・ルブラン（1742-1806）の製法が当選しました。

ルブラン法といわれるこの製法は、まず海水から得た塩を硫酸と共に加熱して、硫酸ソーダすなわち芒硝と塩酸を得ます。

$2NaCl+H_2SO_4=Na_2SO_4+2HCl$

この硫酸ソーダを粉砕し、白墨や木炭とともに回転炉に入れて加熱する

と還元されて硫化ソーダとなります。さらに炭酸カルシウムとともに複分解すると、炭酸ソーダと硫化カルシウムの混合物が生成します。

$Na_2SO_4 + 2C = Na_2S + 2CO_2$

$Na_2S + CaCO_3 = Na_2CO_3 + CaS$

　この混合物は黒色を呈することから、工業上ブラックアッシュといわれます。これを水で溶出し、その溶液を蒸発させて炭酸ソーダを回収します。副産物の硫化カルシウムからは硫黄を取り出し、硫酸の製造に使われました。

　ルブランは、1742年製鉄所の支配人の子として、フランス中部のアンドル県で生まれました。1760年代に薬学と医学を学び、1780年に主治医としてオルレアン公(1747-93)に雇われました。懸賞の発表後ルブランは、若い化学者ディゼの援助を受け炭酸ソーダ合成法を研究し、開発に成功しました。1791年オルレアン公の資金援助を受けて、パリ近郊のサンドニにソーダ製造工場を建て、日産250〜300kgの生産を開始しました。炭酸ソーダの生産は順調に行われました。

　1789年にフランス革命が起こり、フランス革命政府に協力すると公言していたにもかかわらず後援者のオルレアン公は、1793年にギロチンで処刑されました。そしてルブラン法は国家にとって必要なものとして特許は取り上げられ、全ての詳細な製造方法まで公開させられました。新しい工場がフランス中に続々と建てられ、ソーダの価格は、50kg当り90フランから10フランに下落しました。これらによりルブランは破産し、工場の損害賠償金や未払いであったフランス科学アカデミーからの懸賞金の交付を請求しましたが、却下されました。彼は希望を失い、貧苦にあえぎながら、1806年1月6日にピストル自殺して生涯を閉じました。なおルブランの名誉は、ナポレオン3世（在位1852-70）により復活され、1855年に法定相続人に懸賞金が支払われ、パリの工芸史博物館の前庭に彼の銅像が建てられました。

　フランスのソーダ工業は、ルブランの個人的な悲劇とはかかわりなく急速に発展して、1814年頃には数箇所のソーダ工場で年間10,000〜15,000トンのソーダ灰を生産していました。

第2章　19世紀および20世紀初期

　イギリスのガラス工業の主なアルカリ原料は、輸入バリラとケルプすなわち海藻灰でした。1730年から1830年にかけて大量のアルカリが、北海のケルプを焼却することにより生産されました。18世紀末、ケルプによるアルカリの製造は、スコットランドの重要な工業で、数千人の雇用を確保していました。

　イギリスでは、ルブラン法に注目していましたが、塩類に対する非常に高い輸入税（1トン当り30ポンド）のため導入を諦めていました。塩税撤廃についてのマスプラットらの働きで、同法が1823年に撤廃されると、急速にルブラン法によるソーダの製造が国内に広まりました。

　1823年、イギリスの化学工業の定礎者といわれているジェームス・マスプラット（1793-1886）は、リヴァプールに工場を建設し、引き続いてセント・ヘレンズに工場を建設し、ルブラン法による炭酸ソーダの製造を行いました。同じ頃消石灰に塩素ガスを吸収させて漂白粉（さらしこ）を1799年につくったことで有名なチャールス・テナント（1768-1838）は、グラスゴー近くのセントロロックスで炭酸ソーダの製造を開始しました。この工場は、1830年代ヨーロッパ最大の化学工場になりました。

　こうして量産化された炭酸ソーダは、イギリスのガラス工業の主なアルカリ原料であった海藻灰の輸入バリラとケルプから置き替わりました。

　1830年代と1840年代の間、ルブラン法の最初の工程から得られる芒硝（硫酸ナトリウム）が、最終的な製品となる高価な炭酸ナトリウムに替わってガラス製造に用いられたことがありました。この場合芒硝使用にはより高温の溶融温度が必要なため、溶融炉の改良が行われました。

　芒硝はガラス融液表面に生成するシリカ系スカムを防止する効果があることから、今日でも多くのガラス調合に添加されています。つまり、炭酸ソーダが単独で使用されると他のガラス原料との間で急速な反応が進み、その結果発生する急激な発泡が未反応の珪砂をガラス融液表面に分離させ、周囲に十分なアルカリが存在しないためスカムを形成します。芒硝は微小な泡をガラス融液から離脱させるため清澄工程にも役立ちます。

　19世紀中頃には、年間70,000トンのソーダ灰がつくられました。1860年代から70年代がイギリスのルブラン法によるソーダ灰製造の全盛期で、

年間200,000トンが生産されました。

2.1.2　ソルベー法

　ソルベー法を開発したアーネスト・ソルベー（1838-1922）は、1838年に製塩工業の経営者の子としてベルギーのレベックで生まれました。おじのガス工場で技術者として働くうちに、ガス水からアンモニアを取り出し製塩に利用する方法を研究しました。塩化ナトリウムの水溶液とアンモニアの水溶液を混合して、二酸化炭素を通じると白い沈殿（炭酸水素ナトリウム $NaHCO_3$）が生じることに着目してアンモニア・ソーダ法を発明しました。1861年に特許を取得し、企業化にあたり諸外国の特許を調べた結果、重曹の連続作業塔（ソルベー塔）に独自性があると確信して、1863年にソルベー会社を創立しました。ベルギーのクイエに日産2.5トンの製造工場を建て、1865年から製造を開始しました。当初問題がありましたが翌年までに問題を解決して、67年には利益を出し、69年には工場を3倍に拡張しました。

　ソルベー法の装置の原理図を図2.1に示します。

　まず石灰炉に石灰石 $CaCO_3$ とコークス C とを入れ、コークスを燃やして石灰石を強熱し、生石灰と炭酸ガスをつくります。

　　　$CaCO_3 = CaO + CO_2$

　炭酸ガスをソルベー塔に送り、生石灰は炉から取り出し、水を加えて石灰乳にします。アンモニア鹹水塔内に濃い食塩水を入れ、これにアンモニア発生塔からアンモニアガスを通じ飽和させます。このアンモニアで飽和した濃い塩水をソルベー塔に送ります。主な反応はソルベー塔内で行われ、上部から濃い塩水が降下するあいだに、下から上昇する炭酸ガスと反応し、まず炭酸水素アンモニウムができ

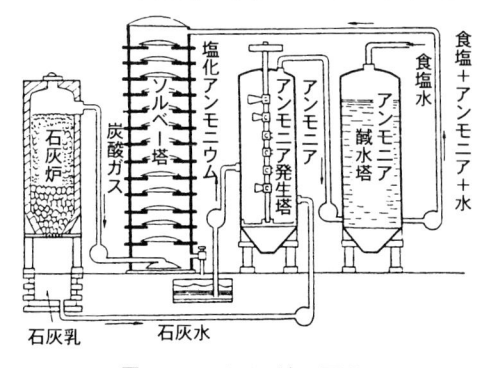

図2.1　ソルベー法の原理図

ます。

$$NH_3 + H_2O + CO_2 \Leftrightarrow NH_4HCO_3$$

次に炭酸水素アンモニウムは、食塩水と反応し、炭酸水素ナトリウムになります。

$$NH_4HCO_3 + NaCl \Leftrightarrow NaHCO_3 + NH_4Cl$$

こうして生じた溶液は、ソルベー塔から外へ取り出されます。この溶液中の炭酸水素ナトリウムは、食塩水に溶けにくく、ほとんど全部が析出します。これを取って洗い、乾燥させて強熱すると、炭酸ガスを放出して炭酸ナトリウムとなります。

$$2NaHCO_3 = Na_2CO_3 + CO_2 + H_2O$$

残りの溶液中の塩化アンモニウムNH_4Clと未反応の食塩や炭酸水素ナトリウムは、アンモニア発生塔に送られます。石灰炉からくる石灰乳と反応させアンモニアを分離し、アンモニア鹹水塔に送ります。また炭酸水素ナトリウムから炭酸ナトリウムをつくるとき生じた炭酸ガスは、ソルベー塔へ送ります。

このように反応中に生じた副産物は、すべて炭酸ナトリウムの製造に利用されます。できた製品は純粋で、安くできます。中間製品の炭酸水素ナトリウムは、そのまま医薬品として用いられることもあります。

ソルベー法は、ルブラン法に比べ工程が単純で、製品の純度が高く（ルブラン法80％に対し98％の高純度）、製造費が低く、そしてなにより環境にやさしい長所がありました。ルブラン法で生産していた工場も、徐々にソルベー法を採用していきました。

ソルベーは、化学者、発明家であるとともに、優れた企業家でした。この事業の発展のためには、科学者、医学者、研究者の協力が必要であると認識し密接な関係を保ちました。

諸外国に対しては、一国ごとに協同出資の会社を設立し、相互間に技術の交流と販売の調整を行うソルベー組合という国際カルテルを結ぶ新方策を案出し、1880年代中にイギリス、ドイツ、アメリカをはじめ各国にソルベー組合会社網を張りました。この中で有名なのはイギリスのブランナー・モンド社です。

同社は、ドイツから帰化したルブラン法に習熟した技師のルドヴィヒ・モンド（1839-1902）と、イギリスの経営者ジョン T. ブランナー（1842-1912）が共同で、ソルベーからイギリスでの実施権を得て、1873年設立した会社です。両者の卓越した経営力により、20世紀初頭には世界最大のソーダ生産会社になり、輸出の王者になりました。1926年には他の3社と共同して ICI（Imperial Chemical Industries, Ltd.）を設立しました。なおわが国のソーダ工業の市場は、昭和の初期まで同社の支配下にありました。

こうしてソーダ合成法は、20世紀初頭にはルブラン法を駆逐して完全に置き替わりました。表2.1に1863年から1902年までの人造ソーダの生産量（単位トン）の変化を示します。

表2.1　ソーダの生産量（単位トン）

年度	全世界	ルブラン法	ソルベー法
1863	300,000	300,000	—
1874	525,000	495,000	30,000
1885	800,000	435,000	365,000
1902	1,800,000	150,000	1,650,000

また、1861年にドイツのシュタッスフルトで豊富なカリ鉱床が発見されました。植物灰から採られていたカリは、これ以降鉱床からのカリが使われるようになり、中世から森林に依存していたアルカリ原料の必要性はなくなりました。このようにして西ヨーロッパのガラス工業は、永年の懸案であった融剤のアルカリ原料のソーダとカリを安定かつ安価に入手できるようになり、大きく発展しました。

2.2　蓄熱式溶融炉

古代から19世紀中頃まで使われていたガラス窯炉は直熱式でした。燃料は炉床の下の火格子で燃え、床の上に耐火物製のルツボがあり、燃えている燃料からの炎は隙間から抜けて上に昇り、ルツボを熱しその中のガラ

スが溶かされました。

17世紀初めイギリスのガラス製造や製鉄に使われた燃料は、窯炉での燃料の使用量が異常に大きくなるまでは唯一木材でした。木材消費に対して政府の干渉を招きましたが、やがて燃料として石炭を使用するようになりました。ヨーロッパ大陸では、イギリスに比べて森林地帯は広大であったため、19世紀後半まで石炭燃焼は広く採用されませんでした。ガラス窯炉の開発の歴史は第4章において詳しく述べます。

19世紀後半に窯炉は飛躍的に進歩しました。有名なシーメンス兄弟のウィリアムとフリードリヒによって行われました。一般にこの兄弟は電気のヴェルナー(1816-92)、鉄のウィリアム(1823-83)、ガラスのフリードリヒ(1826-1904)とよばれ、ドイツの技術の天才といわれています。兄弟はハノーヴァー近くのレンテの小作農家に生まれ、長兄ヴェルナーを柱に協力しあい、それぞれの分野で活躍しシーメンス・コンツェルンを築き上げ成功しました。

ウィリアムとフリードリヒの二人が開発した蓄熱方式の原理は、平炉製鋼法の最も重要な特徴となっているものです。

19世紀前半は機械の進歩とそれによる諸工業の発達につれて鉄を構造用材料として使用することが急増しました。なかでも激しかったのは1830年から40年代にかけての鉄道ブームでした。当時の鉄は錬鉄と鋳鉄がほとんどでした。高価な鋼はわずかなものでした(1850年頃のイギリスの鉄生産量は年間250万トンでそのうち鋼は6万トン)。

このため鋼を安く大量につくることができる製鋼法の開発が各国で行われました。成功したのはイギリス人のヘンリー・ベッセマー(1813-98)の転炉製鋼法と、シーメンス兄弟とピエール・マルタン(1824-1915)の蓄熱式平炉製鋼法でした。最終的には品質、生産コスト、生産規模の大きさなどにより蓄熱式平炉製鋼法が主流になりました。

フリードリヒ・シーメンスがイギリスで特許を取得した(1856年)新式の窯炉は、シェフィールドのアトキンソン製鋼所で初めて使われました。しかし、炉内壁の耐火煉瓦選定の問題をかかえ製鋼はなかなか軌道に乗りませんでした。

ウィリアムはイギリスに帰化し、一途に溶鋼製造の工業化に打ち込みました。1861年ウィリアムは発生炉の特許を取得して平炉の実用化に一歩前進しました。彼が成功しないうちに、フランスのピエール・マルタンが最適な耐火物と原料の選択、温度制御など種々の工夫により1864年にこの方法で優秀な鋼をつくることに成功しました。2年後にウィリアムとマルタンの平炉についての共同契約が成立し、シーメンス・マルタン法としてその後の製鋼業大飛躍の基礎が築かれました。

蓄熱式溶融炉については、第4章の4.8で詳しく記します。

2.3 ガラス製造の機械化

19世紀に入ると産業革命の影響を受けて、板ガラス、瓶ガラス、光学用などの特殊ガラスを含めたすべてのガラスの需要が急激に増大しました。

1830年代からの鉄道の発展により、客車の窓ガラスや駅舎を覆う板ガラスの新しい需要が出てきました。1851年にはロンドン万国博覧会の総ガラス張りの水晶宮が建てられて注目を浴び、板ガラスを多く用いた同じような建物が各国で建てられ、板ガラスの需要が急増しました。

19世紀後半から板ガラスの製造の機械化が各国で試みられました。20世紀に入ると各種の機械方式が発明され、板ガラスの生産は飛躍的に増大しました。すなわち1901年のベルギーのフルコールによる板引法の発明、1902年のアメリカのラバースによる機械吹円筒法の発明、1905年のコルバーンの板引法の発明等です。板ガラスの製造については第6章で詳しく述べます。

前世紀から増大しているワイン瓶に加えて、ミネラルウォーター瓶や新しく開発された食料保存容器、低温殺菌法により実用化したビール瓶など、瓶・容器ガラスの需要が大きく伸びました。

これらのガラスは従来からの手作業による工法でつくられていましたが、19世紀中頃から機械によるガラス容器の製造が試みられました。イギリス、ドイツ、フランス、アメリカで多くの種類の機械がつくられました

が、19世紀末まで実用段階には到達しませんでした。20世紀初めにアメリカのオーエンズの自動機の開発によって大きな進展が実現されました。容器ガラスの製造については7章で詳しく述べます。

　19世紀後半から20世紀にかけて、ガラス製造の機械化はアメリカで多く実現し、アメリカはガラスの後進国から先進国にとなりました。アメリカでは熟練したガラス職人の数は少なく、また賃金はヨーロッパよりはるかに高かったので、生産性を上げるための施策が模索されました。

　そして最初に機械化に成功した分野は、食器ガラスのプレス成形でした。

2.3.1　プレスガラス

　プレスガラス製品は、19世紀初めからイギリスやオランダで製造されていましたが、その量はごく少量でした。プレスガラスはアメリカの方がヨーロッパより早く機械によって生産されました。

　1825年に有名なボストン＆サンドウィッチ・ガラス社を設立したデミング・ジャーヴス（1790-1869）は、プレスガラスと吹きガラスの製造をはじめました。彼はプレスガラスについて幾つもの改良を行い、1828年に手動式の型押成形機についてはじめての特許を取得しました。吹きガラス成形法だけでつくってきた従来のガラス製造法に、はじめて機械成形法を導入して大量生産への道を拓きました。彼は改良を重ねながらプレスガラスの事業を伸ばしてゆき、1850年には従業員数500名にも達しました。この成功をみて多くの工場がプレスガラスの製造に参入しました。19世紀中頃にはアメリカ国内で安価なプレスガラス製品が大量生産され、カットを施した高価な鉛クリスタルガラスの代用品として広く普及しました。

　1830〜45年頃、ジャーヴスの工場でつくられた、マガディ・ソーダ社所蔵の大皿（長径23.8cm）を図2.2に示します。

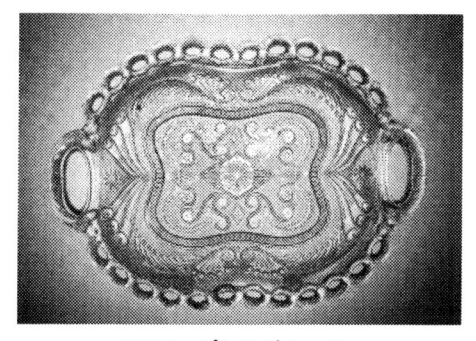

図2.2　プレスガラス皿

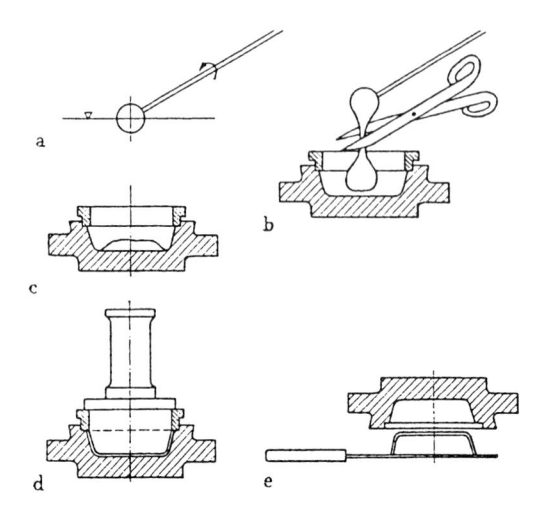

a) ガラス種を手巻き竿で巻き取ります。
b) ガラス種をモールドに落し、はさみで竿から切り離します。
c) モールドをプレスポジションへ移動させます。
d) プレッシング
e) モールドを反転させ、製品をトレーに落し、モールドを空にします。

図2.3　ハンドプレスの原理図

レース模様のプレスガラスは、1830〜50年頃、アメリカで非常に人気がありました。

初期のプレス金型は木製で、手づくりまたは旋盤でつくられました。後になって石鹸石（滑石の一種）または鋳鉄、真鍮が使われましたが、真鍮は高価なので、真鍮の殻を鉄鋳物で巻くようにして使われました。鋳鉄製金型の最初のアメリカ特許は、1847年にジョセフ・マガウンによって取得されました。鋳鉄はガラス表面を粗にする欠点がありますが、金型の機械加工が容易であることから、今日でも多品種少量品のガラスの生産に使われています。1866年にチルド鋳鉄金型が導入され、量産品の製造に使われています。

ハンドプレスのプロセスの原理を図2.3に示します。

プレスされたガラスの内表面は、プランジャーの表面そのものによって成形され、光沢のある滑らかな表面をしています。外表面には、モールド金型に刻んだ模様が浮き出ます。模様の多くはカットガラス文様です。

瓶、窓ガラス、ランプシェードは、ヨーロッパ各国ではソーダ石灰ガラスでつくられていましたが、鉛ガラスはその品質の高さでアメリカ人に大変好まれました。1860年頃まで、アメリカの大部分のプレスガラスは鉛ガ

ラスでした。

　1864年にレイトンはソーダ石灰ガラスの組成について一連の実験を行い、高品質のソーダ石灰ガラスをつくりました。彼が改良した点は、より純度の高い原料を使用したことと、バッチ成分の比率を注意深く選択したことです。高品質のソーダ石灰ガラスは鉛ガラスの半値以下のコストでつくれることから、間もなく大部分のプレスガラス製品の製造に使われるようになりました。

　ソーダ石灰ガラスは、鉛ガラスより短時間で冷却固形化するため、成形にはより速い作業速度が必要となります。そのための各種の機械的改良、例えばプレス機構へのスプリングの採用、真っ直ぐな木製レバーに対し、より効果のある反りを持たせた平衡重り付鉄製レバー、金型についての各種の改良などが行われました。プランジャーは急速に過熱状態になるため、初めは水冷されましたが、後になって1886年には圧縮空気による冷却システムが考案されました。金型温度をプレスに適した温度になるまで加熱するのに、当初高温のガラスが使われましたが、金型加熱に要する時間とガラスを節約するためと、より均一な温度を得るために1860年代に金型加熱炉が設置されました。

　プレスガラス工業の拡大は、アメリカの工業の全般的な成長のなかでも例外的なものでした。19世紀中頃からの工業の拡大は、組織力の強いアメリカの労働組合の隆盛をもたらしました。ガラス工業のすべての分野でこれらの組合は、20世紀まで続く生産規制に関する広範囲のシステムを発展させました。生産の歩合制、見習期間、賃率、年間労働時間（夏期の操業停止）等すべてが折衝の対象となりました。輸入品への高い保護関税と、高い賃金と労働組合による生産規制とによって、アメリカのすべてのガラス製品は高価となりましたが、プレスガラス工業は著しく例外扱いされました。プレスガラス労働者は、組合から非熟練労働者とみなされていたため、組合の組織化は十分行われず、生産規制は必ずしも実施されませんでした。したがって、技術革新による生産の増加によって、相対的に低い賃金となり、コストが下げられる等これらすべてが有利な効果となり、19世紀の半ばには、最も良質で低価格のプレスガラス製品が生産できるようにな

りました。

プレスガラスは、ガラス産業における機械化の最前線にありましたが、その技法の進展は、瓶ガラスや板ガラス製造への機械化導入で生じた大きな進展に比べて、あまり大きなものではありませんでした。例えばターンテーブル上に設置された数個の金型を連続的にプレスしたり、同様の配置でプレスガラス製品を火炎加熱により仕上げる等、比較的小さな改良にとどまりました。しかし、1915年にガラスタンク炉から連続的に正確な形状のゴブを供給する自動ゴブフィーダーが開発され、プレス機に応用されてはじめて大きな進展がありました。

2.3.2 電球用バルブ

19世紀に入ってからの電気工学の発展は目覚ましく、世紀末に欧米で白熱電球が発明されると、新しい明かりとして瞬く間に全世界にひろがっていきました。

明かりは、人類の第二番目に古い技術です。石器を使い出してから約100万年後に現れました。有史以前の人々は火を、明かりや暖を取ること、食物を調理することにも使いました。最も単純な明かりは松明ですが、その後油ランプが発明され、より便利なものになりました。油ランプが旧石器時代の洞窟の中から発見されています。

ローマ人は容器のいらない明かりとして蝋燭を発明しました．獣脂、蜜蝋などからつくられたこの蝋燭は、18世紀を過ぎるまで主要な光源として使われました。

油ランプは次第に手の込んだものへと変わってきましたが、芯と可燃性の液体という基本構造は、何千年もの間変わらず、電化が進んだ20世紀まで広く使われました。

18世紀の末、天然ガスや石炭からつくられたガスが、街や各家庭に供給され、市街地にガス灯が導入されました。しかし、ガス灯時代は長く続かず、電燈が発明されると急速に衰退していきました。

最初の電燈は、1808年に英国王立研究所のデーヴィー(1778-1829)が発明したアーク灯です。電極間のアークはまばゆいばかりの光を発するもの

の、大量の炭素蒸気を放出して空気を汚染するので、19世紀の間、もっぱら街路灯として、パリ、ロンドンの都市や燈台等に使われていました。

室内用としては、1820年に英国のデ・ラ・ルーが白金線コイルを用いて、世界で最初の白熱電球をつくりましたが、白金を灼熱するため寿命が短く、かつ高価なためほとんど実用にはなりませんでした。以降多くの科学者・研究者が白熱電球をつくることを試みましたが、白金にかわるフィラメントや金属線とガラスの封着などの問題が解決できず、うまくいきませんでした。

英国の化学者スワン（1824-1914）は1845年から電球の開発に取り掛かり、1879年に真空問題を解決し、ニトロセルローズを使ったカーボンフィラメントを開発して、実用的な真空カーボン電球を発明しました。

一方、エジソン（1847-1931）は、1878年に白金コイルを発熱体とした電球をつくり、続いて1879年に真空炭素電球も試作、綿糸を炭化した繊条で寿命44時間の実用的電球を製作しました。エジソンはその後も繊条の改良を行い、竹の繊維を炭化した電球を1880年から9年間製作しました。その後幾多の改良が行われ、今日の実用的な電球へと発展しました。

エジソンは世界中の電球用のガラスバルブを調査した結果、その製造をコーニング社に委託しました。コーニング社は、1879年にエジソンのためにガラスバルブをつくりはじめ、エジソンは1881年に最初の白熱電球を世に送り出しました。

1880～90年代のバルブはすべて手吹きでつくられており、吹き職人と補助者の二人一組で1分当り2個の生産でした。コーニング社は多数のガラス吹き職人を雇い、エジソンのジェネラル・エレクトリック（GE）社の要求に応えました。電球用バルブの需要は急速に伸び、その機械化が促進されました。

1907年にコーニング社は半自動のエンパイアE機を開発しました。1913年には同機によるバルブの生産量は1分当り7個に上がりました。GEの需要を満たすには多数の機械が必要でした（わが国では1916年に東芝へ導入されました）。

需要が急増する電球バルブの自動製造機として、薄肉で継ぎ目なしの

ペースト・モールド機であるウエストレイク機が、1912年にリビーガラス社のA.カドウによって開発されました。GEはこのウエストレイク機の権利を取得して、1919年にはクリーブランドのピツニイ工場で、タンク炉1基に同機を4台設置し、1日26万個のバルブを生産しました。1915年頃からウエストレイク機の小型機を開発していたGEは、1928年に電球バルブ専用のアイバンホー機の開発に成功しました。

しかしリボン機がコーニング社で開発されたため、アイバンホー機は自国での製造には使用せずドイツ（オスラム）、日本（東芝）をはじめ各国の提携先で使用されました。

アイバンホー機の特徴は、
① 生産能力は、一般電球サイズで1時間当たり4,000個
② バルブ全体のガラス肉厚が均一
③ ガラス肉厚の可能な範囲は0.4～1.2mm
④ ガラス肉厚のバラツキは最大で0.3mm

などです。バルブの成形工程を図2.4により説明します。
① サクションヘッドを備えたサクションアームがマシンブーツ内に突っ込み、溶融ガラスを吸込む。
② 吸込みが完了すると、シャーがガラスを切る。
③ 吸い上げられたパリソンは、サクションヘッドのネックリングが開き、ブローヘッドへ移される。
④ ブローヘッド内のパリソンにプランジャーが突き上げられる。
⑤ 上向きでパフされ、パリソンがふくらむ。
⑥ 上向きから180度回転して下向きとなり、パリソンが延ばされる。
⑦ ブローモールドがパリソンを包み込み閉じて、再び空気を吹込んでバルブを成形する。
⑧ ブローモールドが開き、成形されたバルブが排出される。
バルブは付属のバーンオフ機に移され、不要のビード部が焼切られます。

1921年春にコーニングのバルブ吹き職人からエンパイアE機の製造長になったウィリアム・ウッズ（1879-1937）は、長年の経験から革命的な自

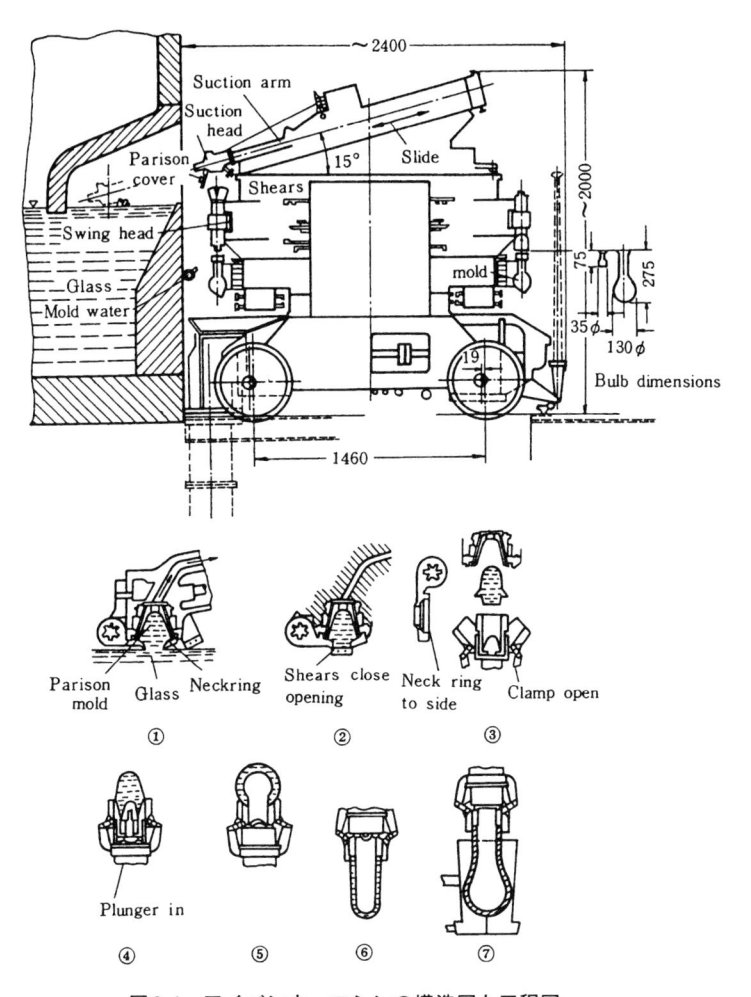

第2章　19世紀および20世紀初期　　　　　　　　　　　　　　　　　65

図2.4　アイバンホーマシンの構造図と工程図

動バルブ成形法（リボンプロセス）のアイディアを思いつきました。同僚の吹き手はすべてこのアイディアに懐疑的でしたが、彼はコーニングの技術スタッフの同意を得られるまで辛抱強く諦めず説得しました。

　1922年にMITの機械科を卒業した技師長のデイビー・グレイが、このガラス製造機に興味をもち、試作機の製作と開発費用の投資額を決め、そして遂に会社は試作機をつくることを決定しました。

1926年に試作機はバルブの製造をはじめは低速で、後には速度を上げて行いました。試作機のバルブ製造はめざましいもので、24時間で40万個のバルブを生産でき実用化の目途が立ちました。1930年には24時間で100万個のバルブを生産しました。

リボン機の原理は、フォアハースから溶融ガラスを連続的にリボン状に流出させ、金属製オリフィスプレートに受け、オリフィスの穴からガラスを自重で垂下させ、上からブローヘッドで空気を吹き込み、下から金型で包み込み、型に合わせて成形する方法です。成形工程を図2.5に示します。

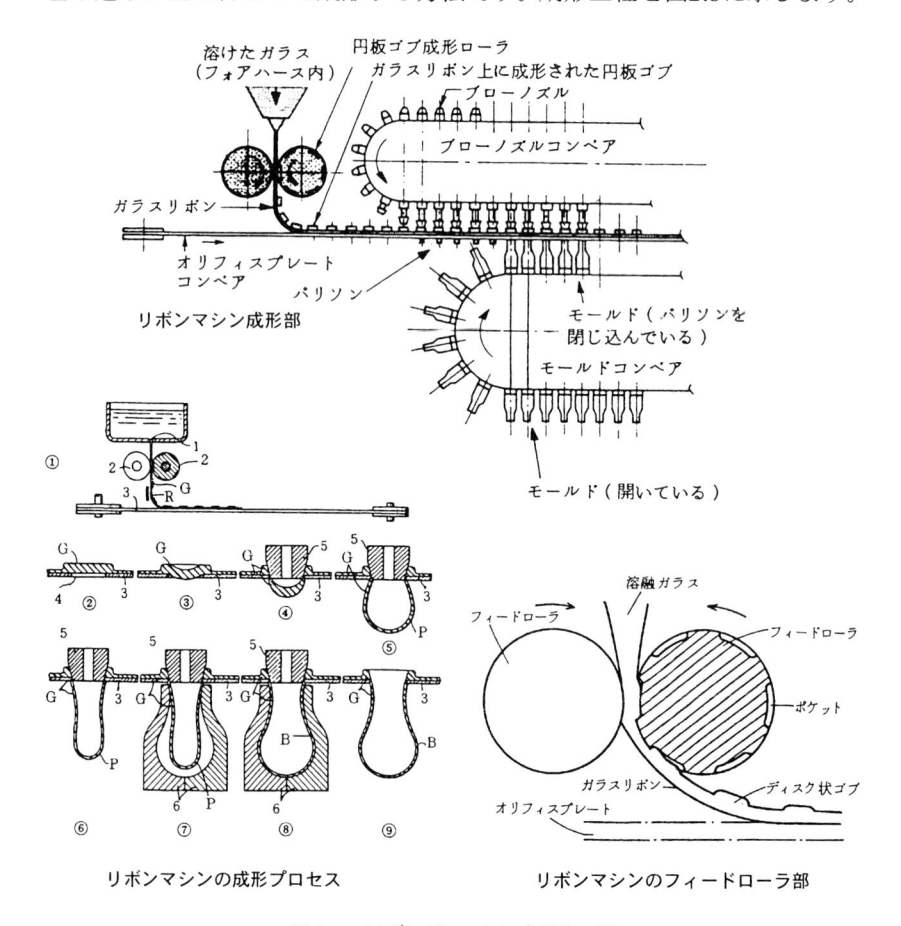

図2.5 リボン機のバルブ成形工程

① 溶融ガラスがフォアハースオリフィスから水冷フィードローラを通過して、等間隔で円板ゴブが繋がったガラスリボンになり無限鎖状に並んだオリフィスプレートに乗る。
② 円板ゴブがオリフィスプレートの穴と重なって進んでいく。
③ 円板ゴブがオリフィスプレートの穴から自重で垂れ下がり始める。
④ 円板ゴブの移動に同期して上からブローノズルが降りてきてゴブに突き刺さる。
⑤ パフしてパリソンをつくる。
⑥ 先へ進むに従いパリソンが伸びる。
⑦ 下から二つ割りのモールドが上がってきて、このパリソンを閉じ込める。
⑧ ブローノズルから空気が吹き込まれ、パリソンがバルブの最終形状に成形される。この間モールドが回転している。
⑨ 少し前進してモールドが開き、成形されたバルブが現れる。更に少し前進してバルブはディスクカッターとノッカーでリボンから切り離され、アニーラーへと導かれる。

　最終的には、コーニングリボン機が、現代の大量につくられている一般電球用バルブの生産に使用されるようになりました。しかし電球は非常に多くの種類の品種がつくられています。多品種少量の生産にはアイバンホー機の生産能力と同じ規模の各種のロータリー機が使われています。
　わが国では戦後の復興に応じ、東芝で年間1億個のバルブ製造を目標に1953年にリボン機の開発に着手しました。基礎的な多くの試験を行い1956年にロータリータイプのリボン機をつくり、1960年にストレートのリボン機を開発しました。幾多の技術的問題を解決して1965年から本格的な電球バルブの生産に入りました。
　リボン機に関するウッズの特許図（上図）と執筆者の特許図（下図）を図2.6に示します。

図2.6　リボン機の特許図

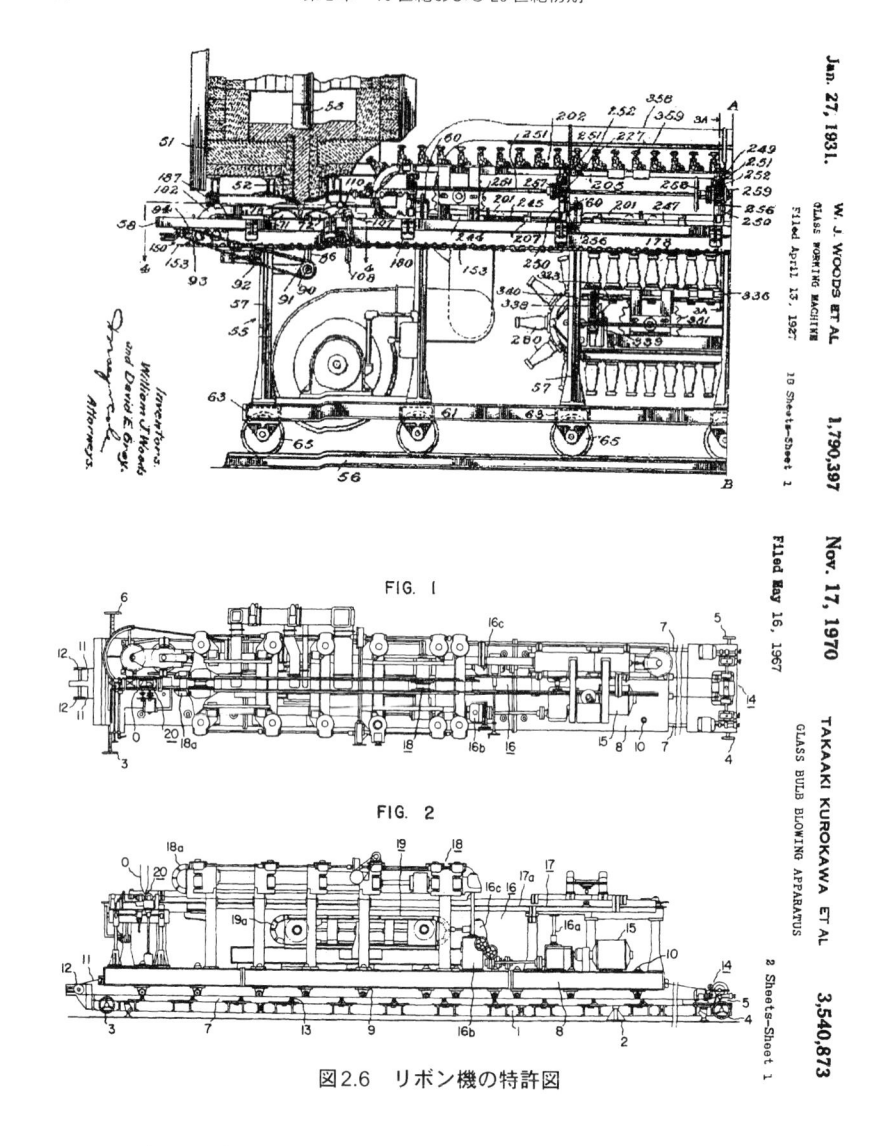

2.3.3　ガラス管

今日大量につくられている蛍光灯などをはじめとするガラス管は，1917年まで手吹き法でつくられていました。近世のガラス製造の様子を最も良く表している18世紀のディドロー（1713-84）とダランベール（1717-83）

図2.7 手引きガラス管の製造工程

のエンサイクロペディアに記載されている図を用いて説明します（図2.7）。

　適量の溶融ガラスを吹き竿に巻き取って吹き、大理石の板（後には鉄板に変わった）の上で転がして円錐状にします（上段左端）。円筒状のガラスの底部に子供の助手が支え持つ鉄竿を溶着します（上段右端）。子供はこの鉄竿をしっかりと保持し、ガラス職人は吹き竿に息を吹き込みながら後退りし、ガラスを伸ばしながら管をつくっていきます。ガラス職人の移動に合わせて、管の太さを測る作業者が付き添い、管の太さが適正になったら、団扇であおいで管を冷まします（中段）。下段は管を一定の長さに切断して、所定の長さの管に束ねているところを示しています。

　この手引き法では不良率は高く、販売されるのはわずか約25％でした。管の外径は一定にはならず、管の不均一な冷却によって破損が非常に多く発生しました。しかし、この手引きプロセスは現在でも特殊な材質のガラ

ス管や棒の製造に使われています。

1917年にリビーガラス社のエドワード・ダンナー(1882-1952)は、熟練した手吹き工の不要な完全自動ガラス管製造方法を考案しました。彼は長年この問題の解決に取組んでおり、過労を回復するために取っていた長期休暇中に、ついにこの問題解決のアイディアを得ました。ダンナー法といわれるその方法は、溶融ガラスがタンク炉から連続的に流出し、ゆっくり回転する耐火物製のスリーブ上に落ち、完全に表面を覆います。スリーブの末端からガラスが引き出され、一連のローラーにより引き伸ばされ、十分に徐冷・冷却され、適当な長さに切断されます。これが無空棒の成形方法です。ガラス管の場合、ガラスが引き伸ばされるにつれて圧縮空気が、スリーブの軸心にある細管を通じて先端から連続的に吹き込まれます。この方式の概念図を図2.8に示します。

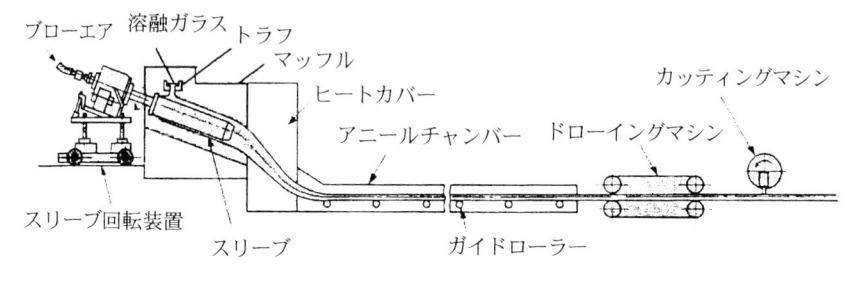

図2.8 ダンナー方式のガラス管引きプロセス

ダンナー・プロセスはガラス管の製造コストを大幅に下げたばかりでなく、1台の機械で90人の職人と同じ量のガラス管をつくることができました。

このようにしてプレスガラス、容器用ガラス、板ガラス、電球用ガラス、ガラス管の製造が機械化・自動化されました。まさに19世紀と20世紀初期は、ガラス製造法の革命の時期でした。古代からの手工業的技巧でつくられていたガラスは、近代的な機械化製造方式でつくられるようになりました。

2.4 工芸ガラス

　ソーダの合成やガラス溶融炉の目覚ましい開発があったと同様に、工芸ガラスにも輝かしい発展がありました。ヨーロッパ、アメリカにおいて工芸ガラス製品は、増大してきた中産階級の求めに応じ、開発されたいろいろな技法を用いて大規模に生産されました。

　19世紀初頭までは、イギリスの鉛ガラスのカットガラスが主流でしたが、ボヘミアで新しい色ガラスがつくり出されました。ボヘミアのガラス職人は、レベルの高い技法の伝統を維持し、いろいろな色のガラスや新しい造形のガラスをつくりました。19世紀から20世紀初頭にかけて活躍した代表的な工芸ガラス作家について記します。

　フレデリック・エガーマン（1777-1864）はボヘミアのスロコフで生まれ、1816年に酸化銀による黄色ステインを、1832年に酸化銅による赤色ステインを再発明しました。この技法を用いて有名な「リシアリン・ガラス」をつくり特許を取得しました。彼はこれより以前にマイセンの磁器工場で絵付けの仕事をしましたが、その間色絵付けの配合の秘密を盗むため聾唖者として通したといわれています。ボヘミアに戻った後、乳白ガラスやいろいろな色ガラスをつくりました。その後彼の開発した技術の秘密はフランスに盗まれ、エミール・ガレをはじめ多くのガラス職人が使用しました。

　ヴィルヘルム・クラリク（1806-77）はボヘミアのヴィンターベルグのガラス一族の子として生まれ、1840年から1850年の間に着色アラバスターガラス、トルコ石色アラバスターガラス、緑またはピンクの緑玉髄アラバスターを開発しました。

　乳白ガラスは、無色透明なガラス中に屈折率の異なる微細な結晶またはガラス粒子が一様に分散して光を散乱させるため乳白色に見えるガラスです。この粒子の大きさと数によって乳白の度合いが異なります。粒子の小さい（400nm以下）ものを半透明ガラス、中間（400〜1300nm）のものを

オパールガラス、大きな(1300nm以上)のものをアラバスターガラスといいます。

ボヘミアの乳白ガラスは、乳白剤としてボヘミア産の氷晶石(Na_3AlF_6)を使用してつくられました。1880年頃になって原鉱石が、独占販売となり価格が急騰しました。この問題解決のため乳白ガラスの新組成が開発され、リン酸塩や酸化錫を用いたガラスがつくられました。ボヘミアのガラス職人は、宝石を模造する技術に優れており、造形について卓越した感性をもってこの時代をリードしました。

ルドヴィッヒ・ロブマイヤー(1829-1917)は、ウィーンを中心に活躍し、工芸ガラスと工業ガラスの両方の分野で再編成した先駆者でした。彼はガラスの製造と販売をしていた父ヨーゼフ(1792-1855)の工場の中で生まれ育ち、1858年にはマイスターと認定されました。父ヨーゼフと兄ヨーゼフ(1828-64)の死後も事業の発展に努め、ウィーンの進歩的な芸術家の協力を得て新しい技術の開発と新デザインに取り組みました。1864年から、ウィーンのリンク通り建設時代の著名な建築家のテオフィル・ハンゼン(1813-91)にデザインを依頼し、ガラスの製造は良質のガラスをつくる上記のクラリク(夫人はルドヴィッヒの姉)の工場に依頼しました。こうしてつくられた製品は、1867年のパリ博覧会の金賞受賞をはじめ、全ての博覧会で金賞または銀賞を受賞しました。

ロブマイヤーは、多くの種類の色ガラスを開発し再発見しました。そして、二層のガラスの間に黒色のエナメルを挟む、前世紀にボヘミアやドイツで広く使用された技術を復活させました。彼は生涯を独身で通し「ガラスと結婚した男」と呼ばれました。

エミール・ガレ(1846-1904)はフランスのロレーヌでガラス、陶磁器商の息子として生まれ、アール・ヌーボ時代の最も有名なガラス、陶器、家具の工芸家で、彼の作品はわが国の多くの美術館に展示されています。ガレは当時使用できるようになった種々の着色原料を用いて、多くの試作を行いました。特に化学組成、熱処理時間、溶融や熱処理の際の炉内雰囲気

によるガラスの色に及ぼす効果に着目しました。これにより幅の広い色のガラスを創りだしました。

　また彼は、特長のカメオガラスの製作に化学腐食を使いました。弗酸によるガラスの腐食加工は、18世紀後半にスウェーデンで発明されましたが、19世紀中頃から多く使われるようになりました。弗素はあらゆる元素の中で最も化学作用が強く、すべての元素と直接反応するので、単独では存在しません。多くの化学者が危険な弗素の分離を試みましたがうまくいかず、1886年になって初めてフランスの化学者フェルジナンド・モアサン（1852-1907）により成功しました。モアサンが54才という若さで死亡したのは、弗素の有毒な性質が原因と思われています。

　ガレは偉大な芸術的才能の持ち主で、1889年のパリ万国博覧会において高い名声を勝ち取りました。

　ルイス・コンフォート・ティファニィ（1848-1933）は、アメリカのアール・ヌーボ派のガラス職人として有名です。彼は、ガレと同じように色ガラスを追い求めました。中世のステンドグラス技法の復活を試み、色ガラスをつなぎ合わせたアール・ヌーボ様式の電気スタンドを数多くつくりました。またイリデッセントガラス（虹彩ガラス）の製作に力を注ぎ、1880年に装飾的なイリデッセントガラスについての特許を取得しました。この技法はガラスがまだ熱いうちに金属塩溶液を表面に吹きかけ付着させ、表面に虹彩を生じさせる方法です。このような虹彩効果を出す方法は、ヨーロッパの多くのガラス職人がそれぞれ独特な方法の特許を登録しています。

　フレデリック・カーダー（1863-1963）は、アメリカの最高品位のスチューベンガラスを創立したことで有名なガラス工芸家です。彼はイギリスのガラス工芸の中心地スタワーブリッジで、ポートランド・ヴァースの複製を試み、カメオガラスの技法を復活させたジョン・ノースウッド（1836-1902）の下で20年間修行をしました。彼はその工場の技術責任者になれないことに失望して渡米し、1903年にトーマス・ホークスと共同でスチューベンガラス社をニューヨーク州コーニングに設立しました。彼は主

任デザイナーとして活躍し多くの高級工芸ガラスをつくりました。同社は1918年にコーニング社に吸収されましたが、かれは引き続き主任デザイナーとして活動しました。1932年にコーニング社の技術者により光学ガラスレベルの鉛ガラスがつくられ、1933年から高品質のクリスタルガラスの製造に集中しました。こうしてアール・ヌーボ時代から主流を占めてきた色ガラスと虹彩ガラスの時代が終わりを告げました。しかしカーダーは、コーニング社の美術重役として生涯自由にガラスのデザインを続けました。

第3章　ガラス組成

　現代ガラスは、特定の使用目的に適合する物理的・化学的特性を持つように化学組成を注意深く制御してつくられています。一般的な瓶や板ガラスのソーダ石灰ガラス、鉛クリスタルや、化学装置や耐熱調理器に使用される低膨張の硼珪酸ガラスに加え、多くの特殊組成のガラスが、街路照明ランプ用、繊維ガラス用、電気・電子工業用のいくつもの用途や光学機器用等につくられています。特殊用途のための新ガラス組成の開発は、19世紀中の化学の進歩と20世紀からの新技術に対する要求に伴って開発されてきました。しかしながら、技能による始めの二、三千年間のガラス製造は、基本的に天然ソーダや植物灰のような融剤と砂を加熱することによって行われました。

　特別に選別された岩石、砂、または小石がシリカ源でした。今日使用されている砂は、多くは使用前に洗浄され、化学処理をされています。純粋な結晶シリカの融点は1723℃と高温です。このような高い温度を得るのは非常に難しいので、融剤としてソーダを加えることによって融点を800℃以下に下げることができます。しかしこの低融点ガラスは水に簡単に侵蝕されます。これに石灰を加えることによって耐久性、すなわち水による侵蝕への抵抗力が増大します。これがソーダ石灰ガラスで、良くつくられた古代ガラスの組成は、長い経験と注意深い砂と融剤の選択によって見出されたものです。

　ドイツの化学者クラプロート(1743-1817)は定量分析法を開発し、1798年にはじめてガラスの定量分析を行いました。彼はカプリ島のティベリウス帝(在位14-37)の別邸から出土した赤、緑、青三色のモザイクを分析して、赤は1価の銅Cu_2Oで、緑と青は2価の銅CuOで着色されていると発表しました。しかしアルカリの定量はできませんでした。その後多くの研究者が定量分析法の開発を進め、1850年代にアルカリの定量ができるようになり、1920年代にはMgOとMnOの定量ができるようになりました。

　1950年ころまでの定量分析は、主な測定器具としてビュレット、ピペッ

ト、天秤を使用する湿式法といわれる伝統的な化学分析で行われていました。1930年代にX線回折法と分光分析法が開発され分析技術は格段に進歩しました。さらにその後二、三十年間に各種特殊分光計や蛍光X線分析機器が開発され、分析技術者に一層役立つものとなりました。この最新技術では、試料にX線または電子線を照射によって励起された各成分が出す特有の蛍光X線を分析することによって、種々の成分の存在を判定することができるようになりました。このような機器分析装置により、ガラスの分析は迅速に行われ、分析精度も向上しました。

　古代のガラス職人達は、現代の技術者が行っている原料の化学分析を行わず、伝承と経験によりいろいろな原料を用いてガラスをつくっていました。

　古代オリエントからローマンガラス、ササンガラス、イスラムガラス、ヴェネツィアンガラスと、その製造の伝統が受け継がれてきたガラスの主流はソーダ石灰ガラスでした。中世北西ヨーロッパでヴァルトグラスやボヘミヤンクリスタルといわれるカリ石灰ガラスがつくられました。ごく一部に鉛ガラスがありますが、鉛は古代から色ガラスの原料として使われ、17世紀後半に鉛クリスタルが発明されるまで補助的な原料に過ぎませんでした。

　古代のガラス職人は、選別した砂や粉砕した小石に融剤として植物の灰とか天然堆積物のアルカリを加えてガラスをつくることを知っていました。ガラスに必要な安定剤のライムの役割は相当後まで分かりませんでした。ライムは常に砂または灰の中に含まれていましたので、意識的に入れられることはごくまれでした。後の化学分析により、その他の多くの成分の存在が明らかになりました。その中のあるものは宝石の模造品をつくるため意図的に加えられましたが、大半はバッチ原料や溶解ルツボや燃料から入った不純物です。この不揃いの複雑さのため、多くの学者が試みている分析結果から古代ガラスのサンプルの年代や、つくられた場所を特定することは非常に困難です。

3.1 アルカリ石灰ガラス

　西方の古代からのガラスはほとんどがアルカリ石灰ガラスで、砂とアルカリが主要原料でした。その組成は使用したアルカリ原料により変化してきました。アルカリ原料には、植物灰または天然ソーダ（ナトロン）が使われました。これらをもとにつくられたガラスはそれぞれ植物灰ガラス（plant ash glass）、ナトロンガラス（natron glass）といわれます。

　砂とアルカリにはガラスに化学的耐久性を与えるためのカルシウムやマグネシアが十分に含有されていました。砂の場合は貝殻の破片が適量のカルシウムをもたらし、植物灰は一般的にカルシウムと、ソーダまたはカリとある程度のマグネシアを含んでいます。

　植物灰とナトロンの二つの異なるアルカリ源が古代ガラスの組成の違いに影響を及ぼしました。東地中海沿岸以西では最も古い時代から紀元前8世紀頃までは植物灰が使われ、次の紀元前8世紀頃から9世紀頃まで1500年以上の間ナトロンが使われ、これ以降ふたたび植物灰が使われました。東方のメソポタミアとペルシャでは常に植物灰が用いられました。植物灰ガラスには、多くのK_2O（2〜4％）とMgO（2〜6％）を含んでいることから、これらをあまり含まないナトロンガラスとの違いが容易に分かります。植物灰のアルカリ分は植物が成長した土壌によって変わり、塩分の多い土壌または海に近い所で成長した植物にはソーダ分が多く、内陸で成長した植物には多くのカリを含有します。

　9世紀頃から19世紀頃までの北西ヨーロッパでは、アルカリ源に内陸の植物灰（ブナやシダなど）を使って高ライムのカリ石灰ガラスがつくられました。

　ナトロンは古代の海や湖の堆積物で、エジプトのワディ・ナトルンやエル・カブから採れる炭酸ソーダと重炭酸ソーダを多く含むガラス原料です。それはかなり古い時代からすでに洗浄剤、薬剤または防腐剤（ミイラ保存用）として使用されていました。

　アルカリ石灰ガラスの主要成分を、コーニング美術館のブリルが1999

年に発表した「Chemical Analysis of Early Glasses, C.M.G」のデータをもとに分類しますと、表3.1のアルカリ石灰ガラスの分類になります。

表3.1 アルカリ石灰ガラスの分類　　　wt%

分類名	SiO_2	CaO	MgO	Na_2O	K_2O
PAg-E	63-**65**-68	3-**6.3**-9	1-**3.8**-6	15-**17.9**-20	1-**2.5**-5
PAg-M	67-**69**-70	3-**8.6**-13	2-**3.4**-5	8-**13.7**-18	1-**2.6**-4
Ntg	67-**70**-75	4-**7.4**-9	0.4-**0.8**-1.1	13-**17.3**-20	0.5-**0.8**-1.6
hiKg	50-**54**-58	16-**19**-24	3-**4.6**-6	0.3-**1.2**-3	16-**18.7**-22
loKg	59-**61**-64	18-**19**-21	4-**4.8**-5	2-**2.5**-3	7-**8.4**-10

太字は平均値を示す。

1) plant ash glass PAg-EとPAg-M

広い地域範囲で長期間にわたってつくられていた植物灰ガラスは、シリカ濃度により二つのクラスターPAg-EとPAg-Mに分類できます。この二つのクラスターを比較すると、PAg-Eは低SiO_2、高Na_2Oで、PAg-Mは高SiO_2、低Na_2Oです。前者は古代エジプトのガラスに代表され、後者は古代メソポタミアのガラスに代表されるガラスです。このためそれぞれPAg-EとPAg-Mと記号付けしました。

PAg-Eは、主に紀元前14世紀から紀元前11世紀にかけての、18王朝から22王朝の古代エジプト全盛期のガラスです。エジプト各地およびミケーネから出土したコアガラスと、5世紀前後のササンガラスを始め、アフガニスタン、ソマリアから出土した容器ガラスと、フスタートから出土した11世紀頃のガラスです（低SiO_2、高Na_2O）。

PAg-Mは、主に紀元前15世紀から紀元前10世紀頃のメソポタミアのビーズ、コアガラスと、1世紀頃のインド・アリカメドウのカレット、中世地中海沿岸の容器ガラスと、9世紀から11世紀頃のイスラムガラスをはじめ中近東のガラスと、14世紀頃のヴェネツィアのガラスです（高SiO_2、低Na_2O）。

2) natron glass Ntg

Ntgは、紀元前8世紀頃から9世紀頃まで1500年以上もの間つくられたガラスです。ヘレニズム期の地中海沿岸、ローマ時代の全領土のローマン

ガラス、フランクガラス、前期イスラムガラスとして盛んにつくられました。また最も古い7世紀頃のイギリスのジャローのステンドグラスもこの組成です。これらのガラスは、マグネシアとカリの少ない天然ソーダのナトロンを使用したことから、$MgO+K_2O$の値が古代オリエントガラスPAgに比べ1/4程度の低い値です。

ローマから遠く離れたアフガニスタンのベグラムから数多く出土したガラスはこのNtgです。ローマ時代のエジプトでつくられたと考えられています。この無色透明ガラスは、着色剤となる鉄分とマンガンの量が非常に少なく、良く選別された原料が使用されていました。

3) plant ash glass hiKgとloKg

内陸のブナやシダなどの植物灰をアルカリ原料としてつくられた高ライムのカリ石灰ガラスで、ヴァルトグラスと呼ばれています。カリ濃度によって二つのクラスターhiKgとloKgに分類されます。

hiKgは、12世紀から15世紀頃まで北西ヨーロッパで盛んにつくられたステンドグラスです。高ライム、高カリ、低シリカの典型的なヴァルトグラスで、シリカ濃度が低くカリ濃度が高いことから比較的耐久性の悪いガラスです。

loKgは、16世紀以降の北西ヨーロッパでつくられた高ライム、低カリの容器とステンドグラスです。ガラス溶融技術の向上により低カリのガラスがつくれるようになりました。

3.1.1 植物灰

年代や場所を異にする古代ガラスが、どのような植物の灰を融剤としてつくられたかを、ターナー（1881-1963）、ゲイルマン（1891-1967）、ハートマン、ロイス・ロル、ブリル等が発表した植物の灰の分析データをもとに検討しました。植物灰は、ガラス組成と関係する主成分（CaO, Na_2O, K_2O濃度）の違いから①〜⑤の五つのグループに分けられます。

① は、アルカリとしてNa_2Oが主体で、CaOが中程度含有している灰です。
海岸の海藻、海岸近くの植物、砂漠の灌木などの灰で、シリアを中心とした古代オリエント、ササン、後期イスラム、ヴェネツィアングラスなど

代表的なガラスはこの灰を用いてつくられました。

②は、アルカリとしてNa_2Oが主体で、CaOが比較的少ない灰です。

イラン、パキスタンの荒地の灌木などの灰です。古代オリエントやローマンガラスには、低ライムのソーダガラスはありませんが、古代アジアからこのような組成のガラスが多く出土しています。

③は、アルカリとしてK_2Oが主体で、CaOを高レベルに含有している灰です。

ブナや樫などの落葉樹や、檜、林檎、桑などの灰で、中世ヨーロッパで盛んにつくられたヴァルトグラスはこれを用いました。

④は、アルカリとしてK_2Oが主体で、CaOが比較的少ない灰です。

ワラビ、シダ、イグサ、小麦の実、御柳などの灰です。シダは上の③の灰と混ぜてヴァルトグラスに使われました。古代アジアから出土した低ライムのカリガラスは、これらの植物灰からつくられたと考えられます。しかし一般的には東南アジアの古代ガラスは遠く西方からもたらされたといわれていますが、古代オリエントにはこのような組成のガラスはありません。このことから古代のガラス製造の中心地は、シリア、エジプト、メソポタミアの他にイラン、アフガニスタン辺りに別の製造中心地があったのではないかと考えられます。

表3.2 5グループの植物の灰とガラス

	主成分av. wt%			主な植物 (採取地)	主なガラス
	CaO	Na_2O	K_2O		
①	13	21	4	ケリ (シリア) チナン (シリア) 灌木 (イラク)	古代オリエントガラス ササン・後期イスラムガラス ヴェネツィアングラス
②	4	33	7	sajji; H. recurv (パキスタン) osum (イラン) サリコルニア (スペイン)	古代アジアの一部のガラス 17世紀以降作られたガラス (欧州, アジア等で)
③	45	2	19	ブナ, 樫 (欧州等) ブナの葉, 柴 (欧州等)	ヴァルトグラス ボヘミアングラス
④	8	4	28	シダ, ワラビ (欧州等) 御柳 (イスラエル)	古代アジアの一部のガラス
⑤	12	16	13	ケルプ (北海) 海藻 (アクレ) テザブ (カンダハル)	北イタリア・フラッテジナのガラス 17世紀以降作られたガラス (欧州, アジア等で)

⑤は、アルカリとしてNa_2OとK_2Oとが共存している混合アルカリで、CaOが中程度含有している灰です。

　北海のケルプ、海岸の海藻などの灰です。17世紀頃からヨーロッパでつくられましたが、類似のガラスが東南アジアで大量に出土しています。古代では混合アルカリガラスは、北イタリアのフラッテジナのガラスしか今のところ出土していません。このガラスのアルカリとCaOはアクレ（イルラエル北西部の港市、十字軍の激戦地）の海藻の成分とよく似ています。これと同じような植物灰を使用したものと考えられます。

　以上五つのグループ植物の灰とガラスの関係をまとめたのが表3.2です。

3.1.2　アルカリ石灰ガラスの処方

　紀元前1700年頃のから17世紀までのアルカリガラスの製造について記録されている全ての処方は、主要な構成原料として、粉砕された硅岩または砂と、灰（またはガラス屋のいう塩）の二つが指示されています。しかし分析の結果、古代ガラスは2～3%から20%のライム、0.2～0.5%から7%までのマグネシアと少量のアルミナと鉄の酸化物、燐とその他の酸化物を含んでいます。しかし安定剤の石灰については一切述べられていません。

　記述されている最も古い処方は、紀元前1700年頃のバビロニアの粘土板と、その1000年後のアッシリアのアッシュルバニパル王（在位669-626BC）の図書館から出土した約2万枚の粘土板の中の色ガラスについて記した数ダースの粘土板に見られます。これらの粘土板は順次翻訳され、1925年にトンプソンによって、また1970年にはオッペンハイムによって翻訳されました。トンプソンの訳は古代ガラス製造の技術的な内容を理解していなかったため大きな誤訳がありました。特に彼は砂やアルカリ源の中にガラスの耐久性に必要な石灰を如何に多く含んでいたかが分かっていませんでした。

　一方オッペンハイムの翻訳は、ブリルとコーニング研究所の技術者の助言でより良いものとなりました。その異なる点は
① 石灰を意図的に添加しなかったこと。

② 古代アッシリア人は、アンチモンを使用したこと。
③ アッシリア人は"人間の胎児"をガラス製造の生贄に使用しませんでした。ガラス製造は高度な秘儀のもとで行われました。クバ神の像（前者の訳では人間の胎児と訳された）の前で儀式で清められた人によって、幸運月の良い日に行われたこと。

　模造ラピスラズリの製造法としてヅクーガラスの処方が幾つか記載されています。オッペンハイムの訳の主な項目を以下に記します。
　なおシケル、ミナは古代の重量単位で、バビロニア、アッシリアでは1シケルは180粒の小麦の重量で平均8.36gです。1ミナは60シケルで501.6gです。
◎ タブレットAの§4には、「汝が模造ラピスラズリをつくろうと欲するなら、それぞれ別に微粉砕した10ミナの砂と12ミナの植物灰を混合し、四つの開口のある窯に入れ、煙のない炎で加熱し混合物が赤くなったところで、大気中に取り出し冷却せよ。これを微粉砕してクリーンな皿状のルツボに入れ、再び煙の無い炎で加熱し、それが黄金色になったところで開口部を閉じ、その後これを耐火煉瓦の上に注げ。これがヅクー・ガラスである。」と記されています。
◎ タブレットAの§1には、模造ラピスラズリをつくるため、上と同じプロセスが記されています。違う点は原料で10ミナの砂と15ミナの灰と1 2/3ミナの白植物となっています。
　図3.1にアッシリアの粘土板タブレットAを示します。

図3.1　アッシリアの粘土板タブレットA

◎ タブレットBの§19に黄色ガラス（ドシュガラス）製造の処方が記されています。20ミナの砂と1タレント（=60ミナ）のナガ植物の芽付の種の灰、2ミナと1ミナのフリットと10シケルの白色原料と5シケルのアンチモンで、黄色ガラスがつくられる。

◎ タブレットDの§I～§Kに赤色ガラス製造の処方が記されています。§Iでは、1ミナのズクー・ガラスと15シケルのフリットと10シケルの鉛から赤ガラスをつくる。§Jでは1ミナのドシュガラスと15シケルのフリットから赤ガラスをつくる。

この他いくつかの処方がありますが、量や名称に不明な点がありますので、上の例を記載しました。ブリルは、ズクー・ガラスはシリカが植物灰によって反応し活性化した化学的中間生成物であると説明しています。なおドシュガラスは、トンプソンはクリスタルとしましたが、オッペンハイムにより黄色ガラスと修正されました。

700年後、紀元1世紀のローマのプリニウス（23-79）は、『博物誌』の65章にニトルの塊と砂とが熱を受けてできたガラスがベルウス河口で発見された伝説について詳しく述べたあと、次の66章で次のようにいっています。「人間の発明の才は、砂にソーダを混合するだけでは満足せず、鉄と同じように溶け易いガラスにするため、磁鉄鉱石を加え始めた。同じような考えから、いくつもの輝石が溶融に加えられ、ついには貝殻や化石砂が加えられた。或る権威者がいうにはインドのガラスは砕いた水晶からできており、これは他に比べものにならないほど素晴らしい。」

上記はプリニウスによる古代の製造工程です。彼の時代に、ガラスをつくるのに適した非常に白い砂がイタリアのボルトゥルヌス河口で発見されたと彼は述べています。彼は「この砂を擂粉木と臼で粉にし、これに重量でもます目でも1/3のニトルを加えて混合し、溶融し、溶けた状態のままで他の炉へ移す。その炉の中でそれはギリシャ語の「砂ソーダ」として知られている塊になる。これを再び溶かすと純粋な無色透明なガラスができる。」と述べています。

ベネディクト派修道士ラバヌス・マウルス（780-856）の『Universo』、セビリアの大司教イシドールス（560-636）の『Text』もこの博物誌を引用し

ています。

　中世のガラス技法についての最良の書物は、11世紀末頃のドイツの修道士テオフィルスの3巻からなる『さまざまの技能について』(森洋訳)です。2巻にガラスの製法が詳しく述べられています。そのⅣ章に「ブナの木の灰2の割合で、注意深く土や石を取り除いた、水の中からとった砂を1の割合でとり、きれいな場所で混合せよ。それらが、長時間、充分に混ぜ合わされたときに、鉄製のシャベルですくい上げ、炉のより小さい部分の、上部の炉床の上に置き、焙焼されるようにする。そしてそれが熱せられ始めた時に、直ちにそれをシャベルで攪拌し、万一にも火の熱で液化して、溶け合わないようにせよ。一昼夜の間を通じて、このようにせよ。」

　ヴァノッチオ・ビリングッチオ(1480-1554)は1540年に出版された『火工術』の中で、「ガラスの調合法の第一はシリアからのオカヒジキ(ソーダ灰製造用の植物サルコルニア)の灰である。今日ではこの灰はシダまたは地衣類からもつくられるといわれるが、これらはここでは問題ではない。第二は円礫といわれる透きとおった割れやすいガラスに似て輝くような川の石、これらが入手できないときはある粗さがある白い鉱山の砂(珪石か?)を使え。これらのどちらでも2パートに1パートの塩(灰)を入れ、そして貴方の栽量にしたがって適量の酸化マンガンを加えよ。」といっています。

　同様に鉱山学の父といわれるドイツのゲオルギウス・アグリコラ(1494-1555)は、1556年に出版された『鉱山学』("デ・レ・メタリカ"三枝博音訳)の巻12の中で次のような指示をしています。

　「ガラス原料には可溶性で明るい色の透明の石が最も適している。だから水晶が最も優秀な原料と考えられている。水晶を先ずこまかく砕いてインドではプリニウスの説くところによると、他に比べものがないような立派な透明ガラスを製造する。第2番目の優秀な原料としては、水晶のように固くはないが、ほとんど同じくらいに明るい透明な石が考えられ、最後に第3として明色であるが透明でない石類があげられる。これらの石はまず焼いて、次に粉砕機にかけて篩いにかける。

　塩類には、まず第1にソーダが使われ、次に白色半透明の岩塩が使われ、

第3章　ガラス組成　　　　　　　　　　85

図3.2　ナイル河のソーダ製造の想像図
A. ナイル河　B. ソーダ製造の田

第3にアンティリウムあるいはその他の塩草が用いられる。人によっては灰汁塩を最初のものより重宝がる者も多い。上記の塩類が手元にないときは、ブナ科の植物の灰2を、これらがないときは、欅または松類の灰2を取って、これを粗いかこまかな砂1と混ぜ合わせる。これに塩井ないし海水から取った塩を少量と、磁石の小片とを加える。しかし以上の原料からはあまり明色の透明なガラスはできない。」

　図3.2にアグリコラのソーダ製造の想像図を示します。中央や上がナイル河、その下がソーダ乾燥用の田です。

　アントニオ・ネリ（1576-1614）は1612年に出版された名著『ガラスの技術』の第1部の第1章でロケッタとスペイン産ソーダから結晶を抽出する方法を詳しく述べた後、第2章でクリスタルガラスのフリットを調製する方法について次のように指示しています。「全く欠点のないクリスタル

ガラスを調製するには、極めて白いタルソを手に入れなければならない。ムラノ島のガラス業者はティチノ川に豊富に見られる硬い礫を用いている。粉末にしたタルソ200リーブル（1リーブルは500g）に精製した塩130リーブルを加え、よく混合し、よく加熱した煆焼炉に入れる。作業の最初の1時間は火力を抑制し、火掻き棒で絶えず掻き混ぜながら、この材料が上手く煆焼して一体化するようにしなければならない。次に絶えず掻き混ぜながら火力を上げる。これは最も重要な操作である。このやり方で強火を維持しながら、5時間継続する。その後フリットを取り出す。このように調製されたフリットは、雪のように白く見える。」

このように今日まで伝えられたガラス製造の処方に関する古代からの記録によると、主原料として植物の灰またはナトロンとシリカサンドからのみなり、少量の着色剤や消色剤以外の他の原料については記述されていません。

古代からの透明ガラスのフリット製造の六つの処方を表3.3に示します。

表3.3　透明ガラスのフリット製造の六つの処方

A.	バビロニアの粘土板		バビロニア	前7世紀	植物灰	1.2：1	砂
B.	プリニウス	『博物誌』	ローマ	1世紀	ソーダ	1：2	砂
C.	テオフィルス	『諸芸断簡』	ドイツ	12世紀前半	ブナ灰	2：1	砂
D.	ビリングッチオ	『火工術』	ヴェニス	1540年	ソーダ灰	1：2	珪石
E.	アグリコラ	『鉱山学』	バーゼル	1556年	樹木灰	2：1	砂
G.	ネリ	『ガラスの技術』	フローレンス	1612年	ソーダ灰	1.3：2	珪石

上記のように、灰とシリカの比率は、植物灰とソーダとでははっきりと分かれています。

植物灰にはアルカリの量より多い量の石灰が含有されているため、アルカリ対砂の比率が逆になっています。たとえば北欧の処方はC,Eのように灰2：1砂で、南欧の処方はB, D, Gのように灰1：2シリカまたは灰1.3：2シリカとなっています。南欧（主としてイタリア）では、中世時代もソーダ石灰ガラスがつくられていましたので、C,Dの処方はこれを目的としたものです。北欧の場合CとEの間に約400年の隔たりがあるにもかかわら

ず、この灰：砂の比率が一定しているのは、テオフィルスの書物が、広く行きわたっていたため（真実を確かめずに）と思われます。

3.1.3 石灰の役割

砂とアルカリが必要な原料であることは古代から知られていましたが、石灰の役割は相当後まで分かりませんでした。古代ガラス職人には石灰が重要なガラス成分であるとは認められなかったのです。その理由は一般的に適当量の石灰が砂やアルカリに含まれていたからです。ネリは"非常に色のない美しいクリスタルをつくるために"ライムを臨時的にのみほんの少し加えることを勧めると述べています。

17, 18, 19世紀になって初めて、アルカリシリケートガラスにライム（石灰）を加えると、化学的耐久性が増大することが分かってきました。ボヘミアン・ガラス職人は17世紀から彼等の高級ボヘミアンクリスタルに炭酸カルシウムを添加しました。1700年代後半にサンゴヴァン社のP.D.ディスラントは、板ガラスの耐久性を増すため6％のライムを添加しました。ギナン（1748-1824）とフラウンホーファー（1787-1826）はガラスの耐久性を増すために、ライムの添加が必要であると認めました。

1830年にフランスの化学界の世界的権威者J.B.デュマ（1800-84）は、アルカリ石灰ガラスの化学的耐久性は1パートのソーダまたはカリと6パートのシリカに1パートのライムを加えると改善されると指摘しました。実際のガラス製造に合成ソーダ灰（炭酸カルシウムのない純炭酸ナトリウム）が広く使われてきたとき、バッチにライムを添加することは、ガラスの耐久性を保つために欠くことのできない処方となりました。この処方はルブラン法によるソーダ灰が使用されるようになった19世紀初期から始まり、ソルベー法が主要ソーダ供給源になった1860年代以降のガラスつくりに共通して行われるようになりました。

現在の商業ガラスのほとんどは、ソーダ石灰ガラスです。瓶ガラスや板ガラスに使われる代表的なこれらのガラスの組成は、何千年もの間あまり変化なく65％から75％のシリカと、10％から20％のアルカリと、残りのライムからなっています。しかし多くの古いソーダ石灰ガラスは、生原料

からの不純物と耐火物からのかなりの量のアルミナを含んでいます。同じ量のアルミナが、チューリンゲンガラスに慣習的に加えられていました。ショット（1851-1935）はチューリンゲンガラスを調べ、1880年代後半にそのガラスは耐久性があり耐失透性も良いことを立証しました。この組成のガラスは、溶け易く成形性も良く失透しないもので、かつ湿度に対しても適度の耐久性を持っています。この組成のガラス原料は、購入し易い価格で全国どこでも容易に手に入ります。

溶融技術の改良－より耐熱性のある耐火物の使用と高温溶融－により、化学的耐久性を増大した低アルカリ高ライムのガラスがつくられるようになりました。この傾向はソーダとライムのコスト比較からも促進され、最近ではソーダ石灰ガラスの組成決定は、主として経済的要因から行われています。特性に対する組成の効果が十分に分かったことにより、主要ガラス原料は最低コストの組成を求めて特性を変えずに数パーセントの調整を行うようになりました。

3.1.4 耐久性

ガラスの耐久性（水あるいは水溶液によるガラス表面の破壊的化学作用）についての科学的研究が、過去200年以上にわたって行われてきましたが、未だに完全には分かっていません。重要な問題が未解決です。例えば、2価の修飾酸化物がガラス網目構造中の1価の修飾酸化物の耐久性になぜ有害な効果を与えるのか？表面のスクラッチはなぜ水によりひどくなるのか？腐食ピットはなぜ円筒状になるのか？などです。

化学が発達してきた17世紀頃のガラスに関する一般的な見解は、水に溶けないし完全に不浸透性であるとしていました。たとえば後の1786年版のエンサイクロペディア・ブリタニカには「酸液やいかなる物質もガラスから色、味、またはいかなる性質のものも抽出することはない」と記されています。

この問題に取り組みだした300年前の自然科学者達は、今日では考えられない四元素理論にとらわれていました。彼等は全ての物質は四つの元素（火、空気、水、土）から成ると考えていました。1666年に英国の物理・化

学者のロバート・ボイル（1627-91；ボイルの法則）は、普通の水は土の混ざった元素水からなっていると次の実験から結論づけました。ガラスフラスコの中で水を蒸留した後に白い粉がフラスコに残ったことに注目しました。驚くことに彼は同じ水を200回も繰り返し蒸留し、つねに白い土が生じることを確認しました。白い土が繰り返し析出することから「水は土に非常に近いものである」と考え、四元素理論の変形を試みました。すなわち一つの元素は他の元素に変換するという仮説をたてました。しかし彼の考えは、白い土はガラスからきているものとの、単純な仮説には至りませんでした。

　ほぼ100年後の1770年に、フランスのラヴォアジェ（1743-94；近代化学の祖）は、白い土はガラスから生じたものであることを次の実験で示しました。彼は実験に溶着密封したガラス容器を用い、水は全く重量変化がないのに、ガラス容器の重量が白く沈積したものの重量と全く同じだけ減ったことを立証しました。

　1777年にスウェーデンのシェーレ（1742-1786；尿酸、蓚酸等多くの有機酸を発見）は同じ実験を行い、白い土はガラス容器と類似の組成であることを立証しました。

ガラス組成の影響

　一般に珪酸塩ガラスでは、アルカリを加えると低温で溶融しますが、できたガラスの耐久性はひどく悪くなります。またカリでつくられたガラス（多くの中世のガラス）の耐久性は、ソーダの等モル濃度でつくられたガラスの約1/2です。ソーダとカリを適量含有しているガラスは、ミックスド・アルカリ効果により耐久性が向上します。たとえば3mol％のカリと12mol％のソーダのガラスは、15mol％のソーダガラスの2倍の耐久性を持ちます。

　成分ごとの特性を下に記します。

　CaOを加えることによって耐久性に及ぼすアルカリの悪影響は、相殺できます。しかしこの理由を未だにはっきりと説明できていません。CaOの最適な量は約10％です。

他のアルカリ土類金属酸化物（MgO, SrO, BaO）も耐久性を向上させますが、その効果は試験の温度や陽イオン半径などに影響されます。

BaOは60℃ではCaOよりいくぶん良い耐久性を示します。これはイオン半径が大きいからと考えられます。

ZnOはpH=13までの溶液に対しガラスの耐久性を改善します。

PbOはこれより幾分上のpH=14.5の溶液に対し耐アルカリ性を向上させますが耐酸性は悪くなります。PbOが40mol％を超えると耐久性は急激に悪化します。

Al_2O_3（3価のアルミナ）イオンは耐久性をかなり改良します。これはアルカリイオンを動けなくし、イオン交換が減少するからです。

ZrO_2はアルカリに対し優れた耐久性があり、特別に興味のある成分です。これは商用のセメント強化ガラス繊維に16wt％加えられています。ジルコニア水和物の表面は、他の全ての水和物と異なりpH 0から17まで安定です。

耐久性についての予測

ガラスの組成から耐久性を予測する最初の試みが1932年ウェーバーヴァウアーによって行われました。その後R.G.ニュートンが1985年に、三角ダイアグラムを用いて分かりやすく説明しました。図3.3に示します。

最も耐久性のあるガラスは図の中心にある、フロート・ガラスはA、1710年と1885年の耐久性の良い窓ガラスはBとC、出土した中世のクラストなしのガラスはDとE、クラストガラスはFとG、⊗印のHとJは耐久性の劣るオーストリアタイプの中世のステンドグラス、Mは非常に耐久性の良いモンクウェーマスのサクソンガラス、Rは

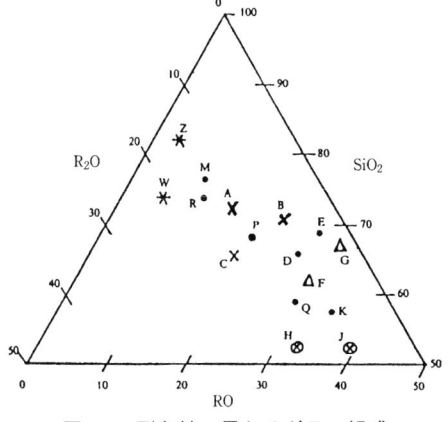

図3.3 耐久性の異なるガラス組成

ローマンガラス、PとQは耐久性の良いピンクガラスと悪いグリーンガラス、WとZはウイーピンクガラスとクリズリングガラスです。

この図からガラス組成と性質との関係がよく分かり、これを用いてこれまでのいろいろな誤りが明らかになりました。

虹彩（銀化）

多くの古代オリエントやローマンガラスには、その表面に金銀色の玉虫色に輝く美しい虹彩（銀化；iridescence）がみられます。これはガラスの風化（weathering）によって生じたものです。風化は周囲の雰囲気の水分と炭酸ガスによってガラスの表面が分解される現象です。この進行過程では、はじめに雰囲気の水分がガラス表面に吸着され、吸着された水はガラス内部に拡散してガラスを加水分解します。この時アルカリイオンと水素イオンの置換が起こります。加水分解を起こした層は、さらに水を吸収し加水分解が進み、水からガラスの可溶性分解物を析出します。風化が進むにつれて分解物はガラス表面に膠着して、ガラス表面は風化物の薄層で覆われるようになり、ガラスは光沢を失います。

この風化したガラスに、土中の鉄などの酸化物が積層すると、光の干渉効果により表面が金銀色の玉虫色に輝く（虹彩ガラス）のです。

表面が風化したガラスの分析は、ターナーがニムルード出土のガラスについて1954年に発表していますが、最近（1999）ブリルによって古代からの代表的なガラスの風化層の発表がありました。対象のガラスは古代オリエントガラス2、ローマンガラス2、中世ステンドガラス1です。素地ガラスと風化した層のガラスの分析値を比較しますと、

1. 風化したガラス層からは、ほとんどのアルカリ（K_2O, Na_2O）が浸出してしまってなくなっています。
2. またアルカリ土類（CaO, MgO, MnO）も、浸出して大きく減少しています。
3. 相対的に残った組成成分のシリカは増え、アルミナ、鉄も増えています。

以上のように1価、2価の金属酸化物（アルカリ、アルカリ土類）は浸出し、

4価、3価の酸化物は残っています。

　3価、4価の酸化物の含有量の多いガラスは、耐風化性がよく銀化しにくいガラスです。たとえば SiO_2, Al_2O_3 の多いガラスです。

3.2　色ガラス

　古代からガラス職人は、宝石と同じようなものをつくろうとして色ガラスを追い求めてきました。古代オリエント人は遠く東方から運ばれてきたラピスラズリやトルコ石や紅玉髄などを自由につくろうと試行錯誤を続けてきました。彼らは現在と異なり大変限られた原料からいろいろな色をつくり出しました。

　古代から最も多く使われていた青色ガラスの着色剤には銅が広く使われてきました。コバルトも銅と組み合わされて青色を得ており、着色剤として鉄とマンガンも使われました。緑色は鉄と銅、紫色はマンガン、不透明赤は酸化第一銅、白色オパールはアンチモン、不透明黄色はアンチモンと鉛の組み合わせで得られました。

　古代乳白ガラスは、ガラス製造の原料混合物の中に酸化錫を加えてつくられたという見解が最近まで広く支持されていました。しかし最近の白色オパールや青色、緑色、トルコ石色、赤色、黄色等のいろいろな色合の不透明ガラスの詳細な研究から、酸化アンチモンが広く使用されていたことが分かりました。ポートランドヴァースの乳白の被せガラスの小片がX線回折で分析された結果、酸化錫よりもむしろ酸化アンチモンが乳光を出す主な結晶質物質であることが分かりました。また紀元後1世紀また2世紀以降の不透明赤ガラスでは酸化第一銅Cu_2Oや酸化第一銅プラス金属銅を着色剤とし、酸化アンチモンを不透明化剤（乳白剤）にしていることが分かりました。またはガラスをつくる上で主要物質でした。紀元の初めの時代、乳白ガラスをつくるのに他の物質の酸化錫や燐酸カルシウムが西洋で用いられました。18世紀には、非常に濃い乳白ガラスは砒酸鉛の沈殿物によってつくられることが発見され、19世紀の後半から弗化物が使用されるようになりました。しかしX線回折による研究から弗化物を用いた乳白ガ

ラスは、西洋よりも幾世紀も前の7世紀に中国でつくられていたことが分かりました。

　他の多くの西洋のガラスが調査されました。紀元2世紀から5世紀の間のある時から、理由は全く不明ですが乳白化剤として酸化アンチモンが単独で使用されることはなくなり、酸化錫に置き代わりました。この変更理由を、ヨーロッパ各地の鉱山の採堀できる錫とアンチモン鉱石の採鉱量の変化として説明することは全くできません。この二つの金属は非常に古い時代から分離することができましたし、青銅の材料として広く使用されていました。錫鉱石の錫石キャッシテライトやアンチモン鉱石の輝安鉱スティブナイトの採鉱に特に何ら困難なこともありませんでした。

　しかしながら、異種金属の分離や同定は古代では不可能でした。錫と鉛は混同されていたでしょうし、酸化錫が初めて乳白剤として使用されたのも多分偶発的なことであったと考えられます。錫は白鉛として知られていましたし、鉱石の中に錫と鉛がある場合はその分離の方法も知られていませんでした。合金としての鉛と錫の割合を調べるごく簡単な試験方法はパピルスの上にそれを流すことによって行われました。溶けた錫はパピルスを焦がしませんが、溶けた鉛はパピルスを焦がします。輝安鉱としてのアンチモンと鉛化合物もまた混同されていました。例えば、古代エジプトではスティビィウムstibium（アンチモン）として知られているアイペイントは、実際には鉛化合物の方鉛鉱でした。古代人は、アンチモンとその鉱石を共に"スティミィ stimmi"（すなわち鉛）と呼んでいました。

　以下古代の色ガラスの組成について記します。

3.2.1　エジプト18王朝期のガラス組成

　古代エジプトの18王朝期にガラス産業が大きく発展し、コアメソッドによる容器が大量につくられました。この時代のガラスは、主に不透明ガラスですが、半透明ガラスもつくられ、青、緑、赤、黄、黒、紫等の色ガラスで装飾されています。1993年にリリキストとブリルは18王朝期のガラスと年代のはっきりしているいくつかの色ガラスを分析して、従来の見解と異なる興味ある結果を発表しました。表3.4に色別のガラスの発色剤を

表3.4　エジプト18王朝のガラスの発色剤

	不透明ガラス					半透明ガラス			
	青色	赤色	トルコ青	白色	黄色	褐色	黒色	無色	紫色
Fe_2O_3	○	○	○	△	○	○	◎	△	
MnO	○		○			△	◎		◎
CuO	○		○	△		○	◎		
Cu_2O		◎							
SnO_2		○							
Sb_2O_5	○	○	○	◎	○				
CoO	◎								
PbO					◎		○		

含有量：大 ◎　　中 ○　　小 △　　　　　　　　　　Lilyquist & Brill (1993)による

示します。

　なお、分析されたガラスはメトロポリタン博物館所有のトトメス3世（在位1502-1448BC）、ハトシェプスト女王（在位1501-1480BC）、アメンホテプ2世（在位1448-1422BC）、トトメス4世（在位1422-1413BC）の王墓とトトメス3世の外人妻の墓から出土したガラスです。

1. 不透明ガラスの乳白剤は、酸化アンチモンです。半透明ガラスと比較しますと明確にその違いが分かります。1960年代頃まで古代ガラスの乳白剤は、酸化錫であるとの見解が支持されていました。なお時代は下がりますが、有名なポートランドヴァースの乳白ガラスの乳白剤も酸化アンチモンであることは前述の通りです。
2. 青ガラスはコバルトブルーです。従来多くの学者は、古代エジプトのガラスからコバルトの検出の例が少なく、またエジプトではコバルト鉱石の産出がないことから、青ガラスは酸化第二銅による着色で、コバルトではないとしていました。
3. 赤ガラスは銅赤ガラスで、酸化第一銅Cu_2Oを10％含有しています。ガラス溶融の燃焼を還元雰囲気で行い、この色を得ていました。
4. 白ガラスの着色剤は、酸化アンチモン（2.6％）です。このガラスは、着色剤として機能するFe_2O_3が0.33％と少なく、MnOは含まれていない純度の良い原料が使われました。
5. トルコ石色（明るい青緑色）は、酸化第二銅CuOです。

6. 黄色ガラスは、酸化鉛PbOと酸化アンチモンSb$_2$O$_5$です。鉛鉱石はエジプトに産出しないので、鉱石を輸入したか、黄色ガラス塊を輸入したかのいずれかです。なお、このガラスには、酸化鉛PbOがガラスの主成分として6.54％（max8.6％）も含まれており、年代がはっきりしている最も古い（紀元前1414年）鉛ガラスです。
7. 黒ガラスは、マンガンMnO（5.27％）で、同時にFe$_2$O$_3$（3.00％）,CuO（3.53％）の含有量も他のガラスに比べ多くなっています。
8. 紫色ガラスは、マンガンMnO（0.65％）です。CuOの含有はありません。
9. 無色半透明ガラスは、鉄分が少なく、着色成分のMnO,CuOが含まれていません。高純度の原料を使っていました。

　このようにエジプトの18王朝時代のガラス職人は、求める色のガラスをつくるために、ガラスの原料組成や着色剤を変えたり、ガラス溶融の燃焼雰囲気を変えたりして得られる着色について、十分な高度な技能知識を持っていました。

3.2.2　リュクルゴス・カップ

　1.4.3でも述べました紀元300年頃の製作年代とされる有名なローマのカットの素晴らしいリュクルゴス・カップは、その色彩に大変興味深いものがあります。このガラスの色は透過光では濃い紫紅色ですが、反射光では緑色がかった金色または翡翠色を呈します。この二色性は古代ガラスの中ではごくまれなものです。

　これがどのようにしてつくり出されたか、イギリスのチルンサイドとプロッフィトによって明らかにされました。リュクルゴス・カップを支える銀の細工を補修のため取り除いた時、ごく小さなガラス小片がカップの底からはずれて見つかりました。彼等はこのごく少量のガラスを分析し、ローマ時代の優れた技術を解明しました。

　X線回折では結晶物質の存在は検出されませんでしたが、分光試験では珪素、ナトリウム、カリウム、カルシウム、マグネシウム、アルミニウム、硼素、マンガンがかなりの割合で存在し、少量成分として鉄、チタン、銀、金、アンチモン、鉛、錫、バリウム、ストロンチウムがあることが分かりま

した。このカップは、金と銀を含んだ最初の古代ガラスでした。これらの成分をオリジナルサンプル（小片）から直接決定するには、量が不十分でしたので、リュクルゴス・カップと全く同じ組成のガラス（一般的なローマンガラス）に、金の含有量をいろいろ変えた試験用ガラスをつくりました。これらのガラスを直接分光比較試験した結果、カップ中の金の含有量は0.003〜0.005％の範囲であることが分かりました。

　微量の金と銀が示す二色性のいわゆる"リュクルゴス効果"は、単にガラスにごくわずかな金と銀を加えるだけでは得ることはできません。金と銀を化学的に還元させることができる還元剤を使用し、かつガラス中にごく微少の金属の結晶を生じさせるのに適合した熱処理が行われた場合にのみ、リュクルゴス効果は得られます。この熱処理の間に結晶は成長し、成長した結晶の大きさによって光の吸収と分散の度合いが変わります。このガラスが呈するデリケートな二色性は、ガラス中のある成分の割合と酸化状態及び熱処理の時間と温度によってきわめて敏感に変化するのです。リュクルゴス・カップは、単に高級なカット技術だけではなく、この製作工程を認識するようなベースの化学の知識もなかったローマ時代に、試行錯誤しながらつくった卓越した技能が、完成に導いた素晴らしい作品です。

　この後17世紀末に、ドイツの化学者ヨハン・クンケル（1638-1703）が塩化金を発色剤とした濃いルビー赤ガラスをつくり出すまで、金を用いた赤ガラスはありませんでした（16頁参照）。

　なお、ステンドグラスの色については6.2のステンドグラスの項で詳しく述べます。

3.3　鉛ガラス

　古代から近世までつくられたガラスの組成は、主としてアルカリ石灰ガラスです。しかし鉛ガラスも古代オリエントで、ソーダガラスとほぼ同じ時代からつくられていました。ガラスの原料には、融剤として炭酸ソーダや酸化鉛が使われました。これらは入手しやすく、粉末石英と混ぜて加熱すると比較的低温でガラスに溶かすことができたからです。

PbO（64～84％）のガラスの溶融温度は740℃～760℃で、アルカリ石灰ガラスのそれよりもはるかに低い温度です。鉛ガラスは、加工しやすく、乳白色、黄色、赤色等に着色しやすいため、古代から宝石の模造品としてインレー、モザイクなどの装飾用に使われてきました。

東方では漢時代（前漢202BC～AD8；後漢AD25～220）につくられた鉛を主成分にしているビーズ、および鉛・バリウムを含むビーズが大量に出土しています。この量が多いことから東方のガラスは鉛ガラス、西方のガラスはアルカリ石灰ガラスと見られる場合があります。

しかし西方でもかなり古い時代から鉛がガラスに使われてきました。紀元前15世紀頃からつくられた多くの鉛ガラスが出土しています。

鉛についての最も古い記述は、バグダットの南タル・ウマールから出土した紀元前1700年頃のバビロニアの粘土板にあります。釉の処方に鉛を使うことが記されています。なお鉛の他に、ガラスの原料として、硝石、石灰、銅が記されています。

ついで古い記述は1000年後のアッシリアの都ニネヴェから出土した紀元前7世紀の粘土板にあります。原料として、硝石、石灰、銅、鉛の他にアンチモン、砒素が記されています。

その後の残存しているガラス処方の記述は少なく、1500年以上後の11世紀末頃に書かれたテオフィルスの『さまざまの技能について』までほとんど見られません。その2巻31章の指輪の項に「灰・塩・銅粉及び鉛をとり、それらを合成して、汝の欲する硝子の色を選び出せ」と記されています。

次の記述は、12～13世紀頃のヘラクリウスの『ローマ人の色と術』で、「良き輝くような鉛を選び、壺に入れ粉末になるまで加熱せよ…」と鉛の処理について述べています。

鉛ガラスについて詳しい記述は、1612年のアントニオ・ネリの7部からなる『ガラスの技術』の第4部に鉛ガラスをつくる方法、鉛を煆焼する方法が記載されています。その第61章に「鉛ガラスをつくる方法」が記されています。その中で「鉛ガラスをつくる重要な秘密は、鉛を幾度も煆焼することにある。なぜなら完全に煆焼された鉛は、容易に還元されなくなるからである。還元された鉛はルツボの底を破り、すべての溶融物が炉の中

に流れ出し、ルツボを空にしてしまう。」と述べています。

　1662年にメレットがネリの著書を英語に翻訳した少し後に、イギリスのガラス商人のジョージ・レーヴンスクロフトがガラスの製造を行い、イギリスの原料をもとにに透明ガラスを開発しました。彼がガラスをつくった動機は、ソーダ用の植物灰の輸入が独占的に統制されていたため、希望する価格で入手できなかったからです。ガラス商人たちは海外の原材料供給者の応答が遅いこと、輸送中の破損の多いこと、運賃が酷く高いことで苦労していました。レーヴンスクロフトは一連の実験の後、透明なイングリッシュ鉛クリスタルの元祖となるカリ鉛ガラスを開発しました。一つの販売ギルドであるロンドンのガラス販売会社ワーシッピフル会社は、レーヴンスクロフトの発明の実現の可能性をただちに認め、彼の全ての製品を購入する折衝をしました。初めのガラスは化学的耐久性が劣るため、表面にひびわれを生じたが、数年後には真の耐久性の良い鉛クリスタルが製造されるようになりました。このガラスは"クリスタル"と呼ばれ、鉛が重要な原料である事実をレーヴンスクロフトは秘密にし、これにより彼は成功者となりました。このガラスはフリントガラスともいわれます。その理由は南東イングランドの白亜紀のチョーク鉱床に共存しているフリント団塊からの高純度シリカが鉛ガラスの原料に用いられたからです。フリントに加え煆焼した酸化鉛、ナイトル（硝酸カリウム）、木材灰からのカリ（17世紀後半には良質のカリが使用できるようになった）が原料に使われました。鉛クリスタルは、高屈折率でしかも、加工がしやすいためカットとポリッシュによって輝くようなゴブレット、ボウル、ヴァースがつくられこの事業は急成長しました（1.11「鉛クリスタルの開発」参照）。

3.4　硼珪酸ガラス

　古代からつくられてきたアルカリ石灰ガラスを超えた新しい組成のガラスは、前にのべた17世紀にイギリスで開発された鉛ガラスと、19世紀にドイツで開発された硼珪酸ガラスです。このガラスは形成酸化物が酸化珪素と酸化硼素であり、その優れた性能から耐熱食器や理化学器具をはじめ

多くの商用応用品に使用することができます。

　硼珪酸ガラスの主原料の硼砂 (borax) の語源は、古くアラビアの錬金術の書に記されていて、白をあらわすペルシャ語の burah やアラビア語の bayraq からきているといわれています。硼素を含む鉱物は、火山噴気の中にあった硼酸分が天水に溶け、それが塩湖に運ばれナトリウムやカリウムと結合して塩水中に濃集したものです。現在の最大の産地はアメリカのカリフォルニアで、次いでトルコです。ほかにチベット、旧ソヴィエトのカスピ海地方、チリ、アルゼンチンなどの塩湖から産出します。しかし中世までは硼砂の産地は中国・チベット地方にしかなく、シルクロードや海上ルートを通ってはるばる東方から西方に運ばれていました。13世紀にマルコポーロが東方から持ち込んでヨーロッパに紹介したと伝えられています。当時硼砂は非常に貴重で、おもに金銀細工の融剤として使われていました。

　なお1808年にイギリスのデーヴィ (1778-1829)、ゲーリュサック (1778-1850)、テナール (1777-1855) は、それぞれ独立に硼砂から硼素の抽出に初めて成功しました。

　硼砂を用いた最初のガラスの処方は、1679年に出版されたクンケルの『実験ガラス技術』に記載されています。彼は1612年のネリの『ガラスの技術』に自分の知識と実験結果を加えました。その中の人造宝石ガラスの処方に「石英粉末3、硝石2、硼砂1」と記し、ネリの示したガラスよりも硬度の大きなガラスが得られると述べています。

　硼素化合物を使用したガラスの研究開発は、19世紀前半から行われました。ファラデーは1825年から30年にかけて、光学ガラスの開発を行い、無アルカリの硼珪酸鉛ガラス（15.8％B_2O_3, 10.5％SiO_2, 73.7％PbO）をつくりました。ハーコートは1834年から71年までの間、光学レンズの色収差改善のための試作を行い、酸化硼素をはじめ21種の新しい成分をガラス原料として使いました。

　実際にガラスの製造に使われたのはトルコとチリ産の硼砂でした。特に19世紀後半のカリフォルニアの広大な堆積物の発見で、その使用の可能性

がはっきりしてからです。

　1880年代ドイツのアッベ（1840-1905）とショット（1851-1935）が光学ガラスを開発した当初、光学効果がよく分かっていたガラス製造用酸化物は、シリカ、カリ、ソーダ、鉛化合物と石灰のわずか五つでした。その当時には酸化硼素、酸化燐共にガラス製造用の酸化物としてよく知られていましたが、これらを使用するとガラス表面が曇りやすく、耐久性の非常に悪いガラスになることが伝承的に分かっていました。しかしアッベとショットはフリントガラスのバッチに大量の硼酸を加えたり、クラウンガラスの成分として弗素を使用しました。その結果可視スペクトルの多くの部分分散に変化が生じ、色収差が非常に改善された組合せレンズをつくることに成功しました。

　このようにアッベとショットは、光学ガラスに相当量の硼素化合物を使用しました。彼らは硼硅酸ガラスが、アルカリ石灰ガラスより熱膨張係数が低く熱衝撃に強いことと、化学的耐久性に優れていることを明確に立証しました。1891年に開発されたエナ59^{III}（72％SiO_2, 12％B_2O_3, 5％Al_2O_3, 11％Na_2O）は膨張係数約60×10^{-7}の耐熱ガラスで、蒸気に対する耐久性が良いことからボイラーの水面計に用いられました（普通のソーダ石灰ガラスの膨張係数は約100×10^{-7}です）。

　彼らは引き続き硼硅酸ガラスの開発を行い、1892年に耐熱・耐酸性の理化学用ガラスを、1893年には膨張係数約37×10^{-7}の低膨張の耐熱ガラス、エナ276^{III}（75.8％ SiO_2, 15.2％B_2O_3, 4.0％Na_2O, 4.0％Sb_2O_3, 0.9％As_2O_3）を開発しました。このガラスは当時発明された白熱ガス灯のホヤとして使用されました。

　ガス灯はフランスの機械工学の教師をしていたフィリップ・ルボン（1767-1804）が、1797年に石炭の乾溜ガスを用いる照明器具「テルモランプ」を開発し特許を取得したのに始まります。その後各国で改良開発され、1813年にはロンドンのウエストミンスター橋にガス灯がつき、1826年にはベルリンのウンター・デン・リンデンにも灯りました。ガス工業は欧米で幾多の問題を解決しながら発展していきましたが、大きな二つの問題が残りました。それは石炭ガスの悪臭を除くことと、頻繁な爆発を防ぐため

主管の圧力を下げることでした。これらの問題も19世紀中頃には解決され、ガス灯が広く普及されてきました。しかし当時のガス灯は裸火（fishtail burner）であったため光力が安定せず、効率が良くありませんでした。

1886年にオーストリアの化学者アウアー・ホン・ヴェルスバハ（1858-1929）が、fishtail burnerを白熱マントルに置き換えた白熱ガス灯を開発しました。これにより光度がいちじるしく増加して安定し、光色も良くなりました。

彼は2,000℃の高温を得られるブンゼン・バーナーの発明で有名なハイデルベルグ大学化学教授ブンゼン（1811-99）に分光分析法を学び、稀土類元素を研究して1885年にプラセオジムとネオジムを発見しました。この研究を応用して稀土類酸化物（酸化トリウム）による白熱ガスマントル（アウアー灯）を考案しました。また彼は1898年にオスミウムを白熱電球のフィラメントに使い、金属フィラメントの最初の発明者でもあります。

このマントルのガス灯への導入には、ソーダ石灰ガラスに替わる耐熱ガラスが不可欠でした。耐熱衝撃を改良したガラス筒（ホヤ）の需要が急増しました。ショット社はこの要求に合うように硼珪酸ガラス製造の専門工場を建て需要に対応しました。1899年には日産30,000個の生産を行い、1903〜04年には総売上の76％を占めるようになり、硼珪酸ガラス事業がショット社発展の大きな柱となりました。

ヴェルスバハの考案したアウアー灯を図3.4に示します。

ほぼ同じ頃アメリカで鉄道のブレーキマンのカンテラのガラスグローブが、雨のときに熱衝撃で破れる問題が起きていました。何故にショットの耐熱ガラスがこの問題の解決に使用されなかったのかは不明ですが、多分この頃国際的な技術情報の交換がなかったからかと思われます。

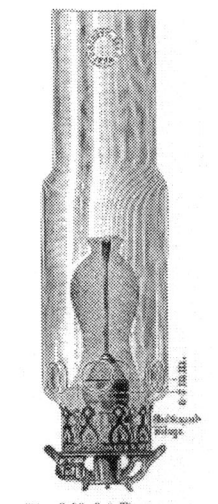

図3.4　アウアー灯

米国のランプホヤと電球バルブの第一の製造会社コーニング・グラス・ワークス（コーニング社）は、この問題の解決を依頼されました。同社は1908年新しく設立した研究所の最初の仕事として取り組み、1909年にランタングローブの熱衝撃の問題解決のため硼珪酸ガラスを開発しました。しかし、これは化学的耐久性の劣るものでした。米国地質調査局から雇ったコーニング社の最初の研究部長のユージン・C・サリバン（1872-1962）と、MITを卒業したばかりの若い化学者ウィリアム・C・テイラーは、この問題に取り組みました。1912年には彼らは化学的耐久性と耐熱衝撃の両方を完全にした珪酸鉛ガラスを、ノネックス（nonexpanding膨張のない）という名で市場に出しました。ランタングローブの破損は60％減少し、さらにノネックスは鉄道の新しい電気式信号システムのバッテリー容器にも採用され、その寿命が2倍に延びました。

　コーニング社は引き続き硼珪酸ガラスの組成と応用について開発を進めました。1913年コーニング社の物理学者リットルトンは、ノネックスのガラス容器はベーキング・パンとして使用できると提唱しました。そしてバッテリー・ジャーの底を用いて彼の妻がケーキを焼いて、彼のアイディアが完全なものであることを立証しました。しかしノネックスは調理用にしてはあまりにも鉛が多すぎました。そこで鉛のない硼珪酸ガラスが、サリバンとテイラーによって開発され、パイレックスと名付けられました。パイレックスのオーブンウエアーのプレス製品ラインが1915年につくられ、この販売はすぐに大成功を収めました。ほぼ同じ頃、米国の研究所ではショット社や他のヨーロッパのガラス会社からのガラス製品の供給が、第一次世界大戦により止まってしまいました。これが幸いして、自国で開発されたこのパイレックスの吹きガラス製品は、その低膨張と化学的耐久性のすばらしく優れていることから、理化学用ガラスとして多くの研究所で使われるようになりました。

　アメリカのガラスの権威者モレーは、"このガラスはシリカ含有の非常に高いガラス調合の中では、最も低い温度で溶かすことができ、しかも驚くほど失透しにくい、例外的能力を示すものである。"と述べています。

3.5　化学の進歩

　18世紀から19世紀にかけて化学が発展してガラスの製造に大きな影響を与えました。

　1736年にフランスの植物学者デュアメル・デュモンソー（1700-82）は、著書『海塩の塩基について』の中で、ナトリウム塩とカリウム塩とをはじめて区別し、普通の塩は、主成分のソーダと"塩のエキス"（塩酸）の複合物であることを証明しました。

　1755年にはグラスゴー大学の薬学教授のヨセフ・ブラック（1728-1799）が、炭酸塩は塩基と気体との化合物であることを示し、二酸化炭素を「固定空気」と命名しました。そして腐食性の強いアルカリと弱いアルカリの関係を明らかにし、ソーダとカリはそれぞれ苛性ソーダ、苛性カリと二酸化炭素の化合物であることを示しました。このようにして、塩水から炭酸ソーダを製造する道が開かれました。

　化学分析の分野の進歩によって、知られる化学物質の範囲が拡大していきました。前述のように、18世紀の末から19世紀の初めの頃、クラプロートが鉱物の分析について信頼性のある方法を開発しました。彼はまたガラスの色づけに用いられるウラニウムのような新しい元素も発見しました。

　化学の父といわれ、燃焼論をはじめ数々の業績を残したラボアジェ（1743-94）は、化合物の命名について研究し、1787年に種々の化合物への系統的な命名法と、シンボルを付ける方法を確立しました。

　ラボアジェらの努力によって化学が定量的な実験科学となり、18世紀後半から19世紀にかけて、化学反応に関与する物質の量的な関係をあらわす多くの法則が発見されました。イギリスの田舎で教師をしていたドルトン（1766-1844）は、1種類の元素は1種類の原子からできており、原子の整数個が結合して化合物をつくると考えました。1802年には独特の元素記号を発表し、原子量を測定しました。1804年に一つの元素の原子が他の元素の原子と単純な数の比率で結合するという「倍数比例の法則」を提出しました。

　図3.5にドルトンの元素記号を示します。

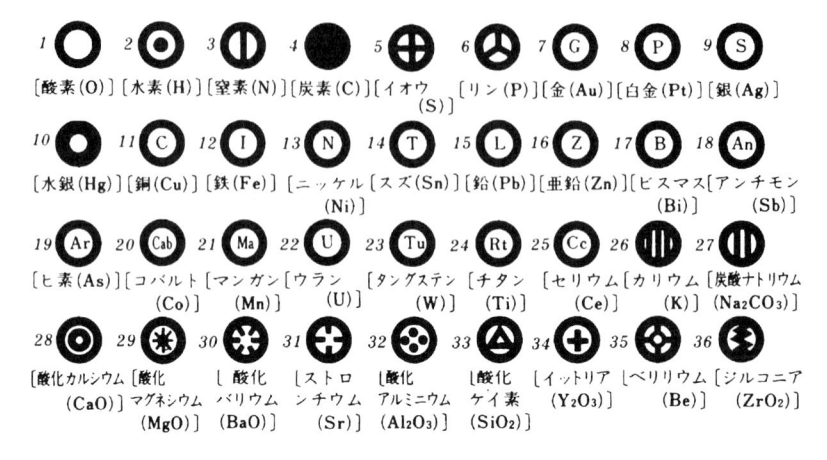

図3.5 ドルトンの元素記号

1 [酸素(O)] 2 [水素(H)] 3 [窒素(N)] 4 [炭素(C)] 5 [イオウ(S)] 6 [リン(P)] 7 [金(Au)] 8 [白金(Pt)] 9 [銀(Ag)]
10 [水銀(Hg)] 11 [銅(Cu)] 12 [鉄(Fe)] 13 [ニッケル(Ni)] 14 [スズ(Sn)] 15 [鉛(Pb)] 16 [亜鉛(Zn)] 17 [ビスマス(Bi)] 18 [アンチモン(Sb)]
19 [ヒ素(As)] 20 [コバルト(Co)] 21 [マンガン(Mn)] 22 [ウラン(U)] 23 [タングステン(W)] 24 [チタン(Ti)] 25 [セリウム(Ce)] 26 [カリウム(K)] 27 [炭酸ナトリウム(Na₂CO₃)]
28 [酸化カルシウム(CaO)] 29 [酸化マグネシウム(MgO)] 30 [酸化バリウム(BaO)] 31 [ストロンチウム(Sr)] 32 [酸化アルミニウム(Al₂O₃)] 33 [酸化ケイ素(SiO₂)] 34 [イットリア(Y₂O₃)] 35 [ベリリウム(Be)] 36 [ジルコニア(ZrO₂)]

　ガラス技術への最大のインパクトは、スウェーデン・ストックホルム大学医学・化学教授のベルセーリウス(1779-1848)の研究から与えられました。彼は当時としてはもっとも精密な器具を用いて、50近くの元素の原子量を実測し、ドルトンの元素記号を捨てて、1828年に今日使われているようなラテン文字の元素記号を発表しました。

　彼はまた定量化学分析の基礎づくりを進め、さらに元素の等価と原子量とが定量的な化学の予測をするために非常に有効な手段であることを示しました。化学記号と化学方程式が確立され、ガラス工業に直ちに応用されました。

　古代から知られていた元素は、金、銀、銅、錫、鉛、水銀、鉄、硫黄、炭素などでした。中世の錬金術時代にさらに、燐、砒素、アンチモン、ビスマスなどが発見されました。ボイルによって錬金術がほうむられてから、フロジストン説の時代を経てラボアジェの化学革命にいたる100年間には、クロム、マンガン、タングステン、コバルト、ニッケル、塩素、窒素、水素、酸素などが発見されました。その後は新しい実験技術の登場のたびに、新しい元素が加えられていきました。

　1800年にイタリア物理学者のヴォルタ(1745-1827)が「ヴォルタの電

堆」を発明し、その年からこの電堆を用いて水を電気分解する実験が行われました。

　1807年にデーヴィは、それまでどうしても本体の分からなかったアルカリの電気分解を試み、水酸化カリウムの水溶液を電解して、はじめてカリウムを分離することに成功しました。その数日後には苛性ソーダ液を電解してナトリウムを得ることにも成功しました。続いて石灰の分離を試みましたがなかなか成功せず、ベルセーリウスの提案した水銀電極を用いて、1808年にカルシウム、ストロンチウム、バリウムの分離に成功しました。また同じ年に前に述べたように硼素の分離を行いました。

　金属性のある元素を分離するには、それまでは炭素による還元法が用いられていましたが、今度はアルカリ金属やアルカリ土類金属を強力な還元剤として用いることによって、重要な元素が次々と発見されました。

　ベルセーリウスはアルカリ金属による還元法により、1823年に珪素を、1825年にはジルコニウム、トリウム、チタンの分離に成功しました。またドイツのゲッチンゲン大学の化学教授のヴェーラー（1800-82）は、1827年無水塩化アルミニウムをカリウムで還元する方法により、アルミニウムの分離に成功し、1828年にはベリリウムの分離に成功しました。彼は同じ1828年にシアン酸アンモニウムから尿素を合成して、はじめて有機化合物の生体外合成に成功し、以前からの「生命力説」を打破しました。

　このように1820年代までにほぼ50種の元素が発見され、化学の発展に供されました。

　科学理論の影響は、19世紀の初期にガラスについて記された本や記事に示されています。例えばサムエル・パークス（1761-1825）は1826年の『化学の要理』12版に次のように述べています。

　　「ガラスをつくることは芸術であり、地表にあるシリカ質の物質を
　　アルカリや酸化鉛でもって溶解する極めて化学的なものでもある。
　　ガラスは、決められた量のシリカに対し、必要な物質の量を化学的
　　理論に基づいて正確に決めることによって得られる。」

第4章　窯炉と耐火物

　わが国では現在年間約500万トンのガラスがつくられています。主に大規模な連続溶解のタンク炉で高温度で溶かされ、各種の自動機でいろいろな製品がつくられています。これらはほとんど泡や脈理のない高品質のガラスです。古代からつくられてきたガラスは、現在に比べかなり低い品質のものでした。優れた工芸的なデザインや高度な加工を施した作品が多くありますが、そのガラス自身は完全に溶融されていないため泡や脈理が多く含まれ、また不純物からくる鈍い色合いをしていました。

　ガラスの品質は溶融方法の進歩、溶融窯炉の開発、耐火物の開発によって大きく向上しました。たとえば現在の窓ガラスは、戦前のものと比べると脈理や成形法からくる表面のゆがみがほとんどない優れたガラスになっています。

　古代から溶融窯の規模は、時代と共に大きくはなりましたが、その進歩はこの100年間に比べるとかなり遅いものでした。ルツボ容量の時代ごとの進展を表4.1に示します。古代オリエントのルツボの容量はせいぜい1～2kgでした。

表4.1　ルツボの容量

時代	容量	用途
3世紀	5kg	全ガラス
16世紀	15kg	高級ガラス
17世紀	70kg	ボトル製造
19世紀	89kg	ボトル製造
20世紀	300kg	特殊ガラス

特殊なガラスは今日でもルツボ溶融でつくられていますが、ほとんどのガラスは今ではタンク炉で溶融されていて、窓ガラスではタンク炉1基当り日産500トン生産されています。

　ガラス溶融の燃料は、古代から木材でした。17世紀からイギリスで石炭が使われるようになりましたが、ヨーロッパ大陸では19世紀まで依然として主に木材が使われました。19世紀末から石炭ガスや天然ガスが使われはじめ、1950年代からは石油が主な燃料になりました。最近では排ガスからの有害物質を減少させたり、なくすために、いろいろな燃焼法が開発され使われています。

4.1 耐火物

　ガラスをつくるために砂やアルカリを他の原料と混ぜて高温で溶融すると、非常に侵食性の強い液体ができます。これらの液体が接触するルツボやタンク炉材は、侵食性の高い液体に十分耐え得る高融点の耐火性酸化物で構築されなければなりません。1930年頃から、優れた特性の耐火物が多数製造されてきましたが、それ以前は古代から天然の岩石や粘土が使われてきました。

　天然の粘土は、シリカとアルミナが主成分ですが、その他に少量の水と、酸化鉄、アルカリ、アルカリ土類酸化物などの不純物を含んでいます。十分に高い温度で加熱すると水は除去され、粘土は変化してシリカとムライト結晶（高温で安定な唯一の珪酸アルミニウムの化合物で化学組成は$3Al_2O_3 \cdot 2SiO_2$）の混合物となり、同時に焼成温度や存在する不純物によって少量のガラス化物質を形成します。原料に適した粘土と岩石をうまく選択することによって、長い間耐火物はつくられてきました。

　1920年代の初めに、ワシントンのカーネギー研究所の地球物理学実験室で珪酸塩溶融体の研究をしていたボーエン(1887-1956)とグレイグが、耐火物材料について科学的な根拠に基づく詳細なデータを初めて記述しました。ボーエンはカナダで生まれ、MITで博士号を取得した後カーネギー研究所で実験を行い、実験岩石学の基礎を築きました。マグマの凝固における化学反応を指摘し、反応原理を唱えた彼は、1928年に『火成岩の進歩』を著し、火成岩の物理化学的成因論を展開して地質学と化学の最初の橋渡し役を務めました。

　ボーエンとグレイグが発表した「Al_2O_3-SiO_2 系の平衡状態の研究」は、図 4.1 の Al_2O_3-SiO_2 二相平衡図に要約されます。

　図中の基線に沿った数値（20, 40…）は、シリカに対するアルミナの比率を表します。相平衡図として知られるこの図表は特定の成分が完全に液体となる温度を示しています。いろいろな組成が完全に液体となる温度は実線で示され、実線と鎖線の間はその物質は液体状態に共存して名付けら

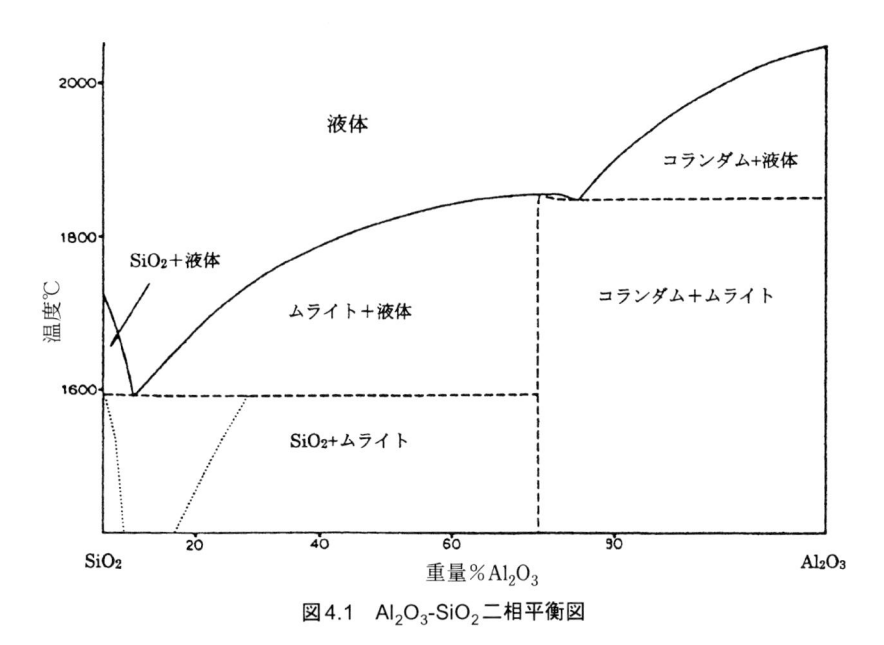

図4.1 Al_2O_3-SiO_2 二相平衡図

れた結晶から構成されます。例えば、40％のアルミナと60％のシリカを含有する粘土はすべて約1780℃以上で液体となります。アルミナを少量添加すると、シリカの融点の急激な低下が見られ、アルミナ含量が5％まで増加すると結晶はムライトとなり、すべての物質が一融液となる温度は、ムライトの融点1850℃に達するまで上昇します。良好な耐火物がアルミナ/シリカの比率が高い値を持つ粘土からつくられる理由は明らかです。

しかし都合の悪いことには、不純物がかなり温度を下げるのでこの説明は完全ではありません。例えば、図中の点線は5％の酸化ナトリウムの効果を示しています。またその耐火材料が多孔質であったり、その気孔率が原料の粘土や耐火物の製造工程での加熱や焼成によって増加した場合、溶融ガラスによる侵食に対する耐久性は著しく減少します。おおよそ紀元前1370年のエジプト製ルツボを分析した結果、6～8％の酸化鉄のほかにかなりの量のアルカリ、石灰、マグネシヤを含んでいることが分かりました。これらのルツボは、ほとんど1100℃を越えて使用することはできません。簡単な木材燃焼方式の窯が使われる限り、より高温の溶融温度を得ること

は難しく、ルツボ内のガラスに大きな変化を与えることはできませんでした。キエフから出土した11世紀に用いられたルツボも、シリカとアルミナの比率はおおよそ3対1であり、各種の不純物も含まれていたため同じような温度までしか使えないことを示していました。

　17世紀のネリとメレットの著述には、ガラスの製造のための耐火物に関する詳しい記述はほとんどありません。しかしメレットは、サセックス州のナンサッチやウースターシャーの粘土はルツボの原料に広く使用されていると述べています。特に後者は後にイギリスのガラス産業が急速に発達したスタワーブリッジの粘土と同一のものでした。

　19世紀の中期になって幾つかの改良が行われました。ジョルジュ・ボンタン（1801-1882）は、1868年に出版された彼の有名な著書『ガラス入門』Guide du Verrierにおいて、ルツボと窯炉の構築に使用される材料では明らかな差異があることを示しています。同著は長い間ガラス製造のハンドブックとして使われました。

　ボンタンはシルシ・ル・ロアのガラス工場の支配人として色ガラスについて秀でた技術知識を持ち、高品位の工芸ガラスも生産していました。1848年の政変でフランスを追放された彼は、イギリスにわたり技術指導を行い、生涯同国のガラス産業の発展に尽くしました。

　彼は著書の中で、「窯炉に使われる耐火物は、高温での耐久性が高く、焼成に対してできるだけ収縮率が低く、さらに溶融ガラスと接触する部分がガラスの侵食に耐えうる材料でなければならない」と指摘しました。また、「耐火物は高い熱伝導率を持っていなくてはならないし、そうでないとガラスの品質が低下し、溶融時間は増大し、より多くの融剤が必要となる」と述べています。現代の窯炉では、必ずしも高い熱伝導率が耐火物の望ましい特性とはなりません。ボンタンは、不純物がごく少なく、アルミナ／シリカの比が高い粘土を推奨しています。彼は、アルミナを含むと乾燥した材料の強度を増加させるといっていますし、次のような指摘もしています。

　「ガラス製造者は、まず粘土の簡単な化学分析をしなければなりま

せん。その結果と、粘土の品質に十分注意を払いなさい。そうすれば、最終的にその粘土で大きなルツボをつくることができるかどうかが分かります。」

ルツボの材料は産地から掘り出された粘土に、粉砕した焼成耐火粘土の粉末すなわちグロッグgrog（ドイツ語シャモットSchamotte、わが国ではこの言葉を一般的に使っている）、あるいはこの目的のために特別に焼成調整された耐火粘土、またはほんの少しですが古いルツボの洗浄した破片等を混合してつくられました。成形されたルツボは乾燥され加熱された時点で収縮が生じます。この収縮は生の原料粘土からの水分の蒸発によって生じます。ルツボの材料に加えられる粘土の量は、使用される粘土の性質が非常に塑性があり強く粘っこい場合は50％まで、逆にしなやかで塑性の少ない粘土を用いる場合、例えばスタワーブリッジ産出の粘土では、この添加比率はもっと少なくなります。シャモットの添加が多くなればなる程それだけ乾燥工程はやさしくなり、焼成中のルツボの破損は少なくなりますが、仕上ったルツボはそれだけ多孔質のものとなり、ガラス融液の侵食を受けやすくなります。シャモットまたは焼成物質の粒径サイズを減少させるにつれて気孔率の少ない頑丈なものとなります。

窯炉の壁や大迫（クラウン）に用いる耐火物は、収縮率が重大な問題であり、およそ粘土1とシャモット3の混合物からつくられましたが、粘土に対するシャモットの比率はさらに大きくできます。もし非常に純度の高い珪砂が得られるとすれば、シャモットの代わりにこれを使用して、加熱の際ほんの少ししか膨張しない耐火煉瓦をつくることができます。この珪石煉瓦は窯炉のクラウンに使用されます。その理由は高温で高強度を有するため接合部が裂けて広がることがないので、火炎の侵食を受けて液滴を形成し、それが開口ルツボやタンク炉のガラス表面に落下することがないからです。少量の侵食液の落下は避けられないものですが、クラウン煉瓦の高純度性はガラス融液の著しい着色を防止する上で必要です。自然岩石でもその組成が適切なものであれば使用できました。しかしボンタンはつくられた煉瓦は非常に優れていると述べています。

ボンタンの指摘は、70数年後に研究所で得られたボーエンのデータと完

全に一致しました。珪石煉瓦が高純度珪砂でなければならないという主張は、アルミナやアルカリが添加された時、酸化珪素（シリカ）の融点が急速に低下することと一致している点で注目されます。けれどもある種の不純物はそういった初期効果をもたらしません。例えば石灰のみが存在する場合、シリカの融点は、30％の石灰が加えられるまではほんの少ししか変化しませんでした。にもかかわらず、ボンタンに関する多量の文献から彼が傑出した技術者であったことは明白であります。

4.2 ルツボ

古代エジプトのルツボは、非常に小さく、わずか数インチの外径と深さしかありませんでした。吹きガラスの技術の発見とその成長には、より大きなルツボを必要としましたが、ルツボ製造の技巧は、多くの世紀にわたってあまり変化しませんでした。今日のルツボ製造も伝統的な手法で行われていますが、ルツボ成形の作業室は温度や湿度が調整され、乾燥条件が最適化できるようになっています。

生の塑造粘土（杯土）は、最大の粘りを出すため数カ月の間寝かされます。空気泡を除去するため、機械的または時には足で踏みつける伝統的な手法で徹底的に圧縮混合されます。ルツボ職人は粘土を長さ20cm、直径5cm程度のロール状にし、円板に押し付けた後、手でルツボの底部の肉厚が所定の厚さになるまで粘土を積み上げます。図4.2にエンサイクロペディア記載のルツボ製作の絵図を示

図4.2　ルツボの製造作業

します。

　上段の二人の職人は大きな円板状の作業台の上にルツボの底をつくっています。右の一人はルツボ側面をつくるためのロールをつくっています。下段の二人は側面を積み上げはじめたところです。

　底部の周辺部に縁部が押し上げられ、この縁部の上に側壁が粘土のロールでつくられます。ルツボ職人は内表面を保持しながら動き、粘土のロールを積み重ねます。彼は粘土を広げるよう指を動かし空気泡の混入をできるだけ防止し、次の層が加えられる前に表面層の乾燥が容易になるようにします。ルツボは1個ずつバッチでつくられ、その各々は下から上へと形成され、新しい重量を維持するため一つの部分は次の部分が加えられる前に幾分乾燥の時間を取ります。

　ルツボが、猫ツボ（キャプド・ポット）の場合、ポット職人はその内壁を徐々に形成し、ルツボ口縁部分を形成するためルツボの内部に木の型を挿入し、頂点を塞ぎます。口縁部はその後木型にそってつくられ、ルツボ口の内側は木型が外された時に切り開かれます。

　完成したルツボは数カ月間乾燥され、使用する前に徐々に温度を上げ、焼き締め処理をしなければなりません。この前加熱処理は別の窯または処理室で行われます。焼き締めされたルツボは赤熱された状態で、いわゆるルツボ送りといわれる作業を経て溶融窯へ移されます。

　ごく最近では多くのルツボが、スリップキャスティング法でつくられています。この技術は陶器製造産業において長期間にわたって確立されたものです。粘土の懸濁液すなわちスリップを石膏型の中に注入し、多少なりとも固体の粘土の層が型の表面に形成するまで水を吸収させます。この層が十分に厚くなると残りのスリップ液を流し出し、乾燥後これらのルツボは焼成されるばかりとなります。スリップキャスティングの改良された方式はプレスも含んでいます。非常に流動性のあるスリップを外側の石膏型の中に注入し、内部から石膏の型を挿入し、内外の石膏型の間でスリップ液を圧縮します。スリップ液が固まった後、石膏型を除去し焼成前のポットができ上ります。クローズドルツボは二つの部分でつくられ、それから接合部にスリップを適用することによって結合されます。このルツボ製造

方法はアメリカ合衆国で広まりましたが、しかし大部分のルツボはいまも、従来の伝統的方法でつくられています。

ガラスのルツボ溶解は今も高品質の特殊ガラスの製造のため残っていますが、ほとんどのガラスは今日ではタンク炉で溶解されます。これらのタンク炉において、ガラスは、溶融ガラスとして2,000トンの容量を持つ巨大な溶融槽で溶かされています。新しい耐火物を応用した窯炉は、ここ50年間の間で開発されました。

4.3 最初の窯炉

最も古いガラス製造工場跡は、宗教改革を行ったアメンヘテプ4世（在位1377-1358BC）時代のエジプト18王朝の首都テル・エル・アマルナの住居跡から、1891～92年にイギリスの考古学者ピートリー（1853-1942）と若いカーター（1873-1939）によって発掘されました。彼らはいくつかのガラス工場跡と二つの大きな施釉工場跡を発見し、1894年にピートリーは明解な技術的な報告を発表しました。それ以来最近までこの報告書は、古代エジプトのガラス製造の知識のベースになっていましたが、いくぶん不確実なことがありました。

1992年から同じ場所の再発掘調査が行われ、1994年の発掘シーズンに二つの大きな円形の窯が発掘されました。窯の内径は約1.5mもあり、ガラス製造用にしては大きすぎ、製陶用か金属冶金用か検討されましたが、周りにガラス屑があることと、レンガにガラスかすが残っていたこと、冶金工程から生じるスラッグがないことから、発掘者達はガラス窯であると断定しています。図4.3にテ

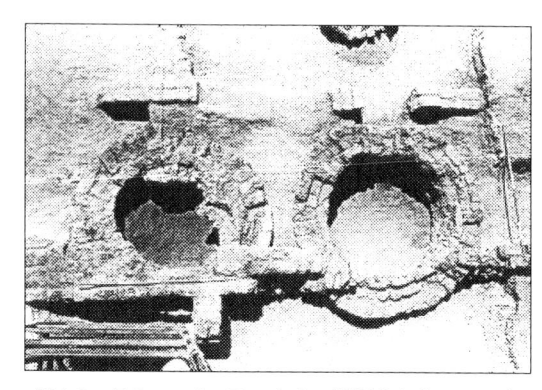

図4.3 テル・エル・アマルナで発掘された二つの窯

ル・エル・アマルナで発掘された二つの窯の図を示します。

この調査はエジプト発掘調査学会のもとで行われ、ニコルソン、ジャクソン、トロット、レーレンらが研究発表(1995-2000)を行いました。ジャクソンらは原通りの窯を再現して、この窯でガラスが溶けることを立証し、原ガラスをつくることができるとしました。しかしその後レーレンは、この窯を用い当時の小さな円筒ルツボ（1ないし2リッター）では原ガラスはつくれず、この窯は色ガラスインゴット製造用であると結論づけました。

最初のガラス窯炉の記述は、前章の3.1.2で述べたアッシリアのアッシュルパニパル王の図書館からの数多くの粘土板にあります。その中に三つのタイプの窯が記されていますが、不運なことにいずれも詳細は記されていません。多く書かれているのは四つの開口を持ったクル・キルンで、フリット製造用に用いられました。この窯は二室からなり、底部に炉床があり、火炎が主床の穴を通して上部室に上昇し加熱するようになっています。二番目の窯は一室からなり、扉のようなもので閉鎖できる仕切り室があり、ガラスをつくるのに使われました。この窯は反射炉と想像されますが、熱がその室に入って行けるような通路についての記載がありません。三番目の窯はアトゥナ・キルンで、低温でフリットをつくるため加熱を一週間も続けられる特殊な窯です。

ローマ時代のガラス窯がどのような構造であったかは全く分かりません。この点についてのわずかな証拠は、1世紀のクレーランプ（油ランプ）に一つの窯に二人のガラス職人が画かれているものです。その詳細ははっきりしませんが、窯は少なくとも二階になっています。図4.4にスプリト考古学博物館蔵のクレーランプの図を示します。

暗黒時代（500〜1000年頃）からのガラス製造の窯がどのようであったかが、はっきり分かり始めました。ローマ帝国時代の単一化

図4.4　スプリト考古学博物館蔵のクレーランプ

の影響を受けて、ガラスの製造は帝国内のどこでも同じように行われていました。しかし帝国の崩壊後北部ヨーロッパと南部ヨーロッパとでは製造法が異なってきました。これは北部での地中海沿岸からのソーダの入手が困難となり、内陸の植物の灰を使用するようになったことから生じました。この南北の違いは窯の形式にまで影響を及ぼしました。南部の窯は円形をしており、北部の窯は長方形をしています。

4.3.1 南部の窯

ガラス窯炉の最古の絵は、1023年のモンテ・カシノ修道院の写本に見出されます。その写本は、856年に死んだマインツの司教ラバヌス・マウルス（780-856）の百科事典的な著書『宇宙』De Universo の写しと考えられています。その絵を図4.5に示します。

この図から窯の細部は分かりませんが、これを描いた絵描きは円筒形の構造を表そうとしましたが、屋根は簡単なテント型となっています。しかし窯の基本的な特徴ははっきり描かれています。男が三脚の腰掛けに座り炉の前でガラス容器を吹いています。窯炉は三つの部分からなり、下部で燃焼し、中段でポット溶融し、上部で容器を徐冷します。中段にガラスつくりの三つの開口部があり、これらは煙や火炎を吹き出す役目を果たしています。すなわち底部に一つの火口があり、中央部にガラスを取り出す三つのグローリー・ホールがあり、その上部にガラスを徐冷する室があります。

図4.5　ラバヌスの描いた中世の窯

7～8世紀頃と推定される円形の窯が、ヴェネツィアのトルチェロ島で発掘されました。15世紀に最も栄えたヴェネツィアの窯も円形の三層の構造であったと推定されます。16世紀には、ヴェネツィアの窯についてはっ

第4章　窯炉と耐火物

きりした幾つかの観察した報告があります。その一つはスウェーデンの司祭ペーダー・マンソン (?-1534) の報告です。彼は1508年から24年まで聖職者としての能力を高めるためローマに滞在し、バステラスの司教に任命されました。当時スカンディナヴィアで全く知られていなかったガラスの製造に関心を持ち、彼の著書『ガラスの技術』の中にガラス窯の構造について記載しました。それによると窯は三層からなり、基礎部は直径12.5ftの円形で、アーチ型をして最高部の高さは10ftです。アーチは六つのリブで支えられています。

このタイプの窯の木版画が、1540年にヴェネツィアで出版されたビリングッチオの『火工術』に記載されています。この図に描かれた窯は、ミツバチの巣の形をしていて、外側に張り出した6本のリブと前面に火口があり、下部の燃焼室、中央部のガラス溶融室、上部の製品の徐冷室からなっています。男が腕一杯に薪を抱え熱い火口に運んでおり、ガラス吹き職人がそれぞれ三脚椅子に座って作業をしています。図4.6にビリングッチオの窯の図を示します。

図4.6　ビリングッチオの窯の図

次の窯の記載は、1556年に発行されたドイツの学者、ゲオルギウス・アグリコラの冶金学に関する偉大なる著書『鉱山学』にあります。彼は2年間ヴェネツィアで暮らし、何回かムラノのガラス工場を見る機会を得てまとめました。ガラスについては原料のつくりかた、調合割合、窯炉の構造など絵入りで述べています。窯については、ガラスつくりに一つ、二つ、あるいは三つの窯炉を持つシステムを述べています。それらのすべてのシス

118　第4章　窯炉と耐火物

テムに共通しているのは、フリット化、溶融、徐冷の工程であります。図解されている窯炉の上部は、絵の中では入口が見えませんが、徐冷のために用いられました。この蜜蜂の巣のような窯炉は、最初地中海沿岸地区で用いられたことから、南ヨーロッパ型炉といわれています。

　図4.7にアグリコラの描いた16世紀南ヨーロッパ型の窯の絵図を示します。三つの部分から成り、下部は燃焼室で、中央部には溶融ルツボを置き、上部は徐冷室です。ガラス吹き職人が窯炉の回りで作業をしいて、吹き竿や型や道具など当時の様子がうかがえます。図の右下ではガラス容器を大きな箱に入れています。後方では商談が行われていて、その右には行商人

A.吹き竿　B.取り出し口　C.マーブル　D.はさみ
E.製品形状の型

図4.7　16世紀南ヨーロッパ型の窯

がガラス容器を大きな籠に入れて運んでいます。当時客はガラス職人に直接注文するか、行商人からガラスを購入していました。

4.3.2　北部の窯

北ヨーロッパ型といわれる長方形の窯が何時頃から使われたか定かではありません。代表的な北部ヨーロッパの窯炉の構造や寸法が、12世紀ドイツのベネディクト派の修道士テオフィルスの著書『さまざまの技能について』Schedula Diversarum Artium の二巻中で詳しく述べられており、板ガラスつくりの三つの炉について記されています。

　　　　　　長さ　幅　　高さ
溶融炉 4.5m　　3m　　1.2m　フッリトつくりと溶融
徐冷炉　 3m　 2.4m　 1.2m
伸張炉 1.8m　 1.2m　 0.9m　円筒ガラスを切り開いて平板に伸張する炉

ロンドンの科学博物館にあるテオフィルスの著書をもとに作成した溶融炉の模型を、図4.8に示します。

この長方形の炉は中世北西ヨーロッパで使われていた典型的なものです。燃焼は、二つの融室を形成する台または炉床の下で行われました。熱は下部室での燃焼から床を通して上部室へ上昇し、ガラス溶融ポットを加熱します。右側の小室はフリットをつくるために使われました。左側のより長い融室は両側に四つの窓口があり、ルツボからガラスを取り出す際に使われました。

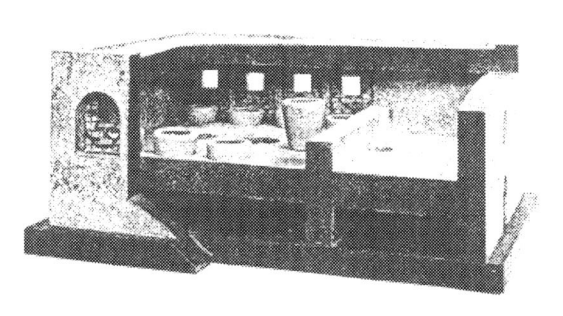

図4.8　テオフィルスの記述に基づいたモデル窯

長方形の炉の全容やガラス製造の様子がはっきり分かるのは、『ジョン・マンデヴィル卿の旅行記』に描かれたボヘミアの森林ガラス工場の図です。この旅行記ははじめ北フランス語で書かれ後に有名になってから英

語、ラテン語や他のヨーロッパ語に訳されました。

　ジョン・マンデヴィル（1300？-1373）は、1300年頃ロンドン近くのセント・アルバンで生まれました。1322年頃イギリスを離れ、東ヨーロッパ各国をはじめイスラエル、エジプト、エチオピア、ペルシャ、インド、中国、トルコ等をまわり、1356年に旅行記を完成させ出版しました。しかしこの本はマルコ・ポーロをはじめ東方諸国の紀行を巧みにつづり合わせたもので、著者のジョン・マンデヴィルそのものも偽名でフランスのブルゴーニュのジャンであると多くの学者が述べています。彼の描いた14世紀のボヘミアの森林ガラス工場を図4.9に示します（大英博物館所蔵）。

　ガラス炉の形態は、矩形をした典型的な北ヨーロッパ型です。ガラス炉は、簡単な軽い屋根で覆われています。吹き竿を持っている男は、熱を防

図4.9　ボヘミアのガラス工場

ぐ特別な服を着ていて、彼の髪の毛は火を防ぐ布で巻き付けられ、左側と上腕部と背部は服で熱を防いでいます。また彼は二重の長靴下をはいています。彼の左側の人物は、多分手吹き親方で、若い職人のために吹き玉をつくっています。今日我々が知っているようなガラス吹き工の特徴ある作業がはっきりと分かります。種巻き工は、吹き玉をマーバーの上で転がし、親方は吹き竿を加熱し、彼の仕事に集中しています。図の右端の窯焚工は、大変な力で火かき棒を操作しています。彼の上の屋根には、割った木材が乾燥のため置かれています。

　炉の左側には徐冷室があり、一人の男が、紋章を付けた水差しとビーカーを徐冷室から取り出しています。ガラスはまだ熱いので、棒で取り出し背の高い壺に入れます。徐冷室の背後で、冷たくなったガラスを手で選別しています。検査人は、欠点のある水差しを持って、驚いたり失望したりのジェスチャーをしています。屋根の一部を取り外して、熱と通風の引きを思いどおりに制御しており、一組の吊り下がったザルガイが、風力測定に使われています。

　ガラス工場の背後に川が流れ、樹木の間に木灰がつくられているピットがあります。つくられた木灰の一部は、浅いトレーでガラス工場に運ばれています。

　上の左隅に描かれた画面から立ち去ろうとしている男は、木灰を売るために重い大きな袋を担いでいます。一方上の右隅の籠を背負っている男は、ガラス行商人です。

　古い窯炉の文献には、炉からの排気のためのドラフトの対策について明確に言及しているものはありません。古い著述家であるテオフィルスやアグリコラは、数々の観察を報告していますが、ドラフトの重要性については、気が付かなかったと思われます。というのは、アグリコラの図面でさえ、窯炉の頂点部分に開口部分を省いているからです。古いガラス職人は、燃焼のプロセスを理解していなかったとはいえ、窯炉では有効な風が良いドラフト効果を生むことを経験的に知っていて、彼らが窯炉の位置や向きを決めていました。

4.4 石炭燃焼窯

　ガラス溶融用の燃料は古代から木材でした。ヨーロッパ大陸では19世紀まで主要燃料として木材が使われましたが、イギリスで17世紀から石炭がはじめてガラス溶融用の燃料として使われました。

　石炭の英語コール coal、ドイツ語コーレ kohl などはラテン語のコロル color（熱）から転化したものといわれていますが定かではありません。「石炭」という語は明治初年ドイツ語の Steinkohle の訳からきたという人もいますが、古い中国渡来書にも石炭の記事があり、近江の木内重暁（1724-1808）が国内諸国の奇石珍石を集めその由来を説いた『雲根志』（1801発刊）の中に、石炭と題し「せきたん」と振り仮名をつけた項目があることから、石炭という言葉はすでにあったと思われます。

　イギリスのモンマウスシャーなどの炭層中に燧石(ひうちいし)　石製の石斧が発見されたことから、石器時代にすでに採炭されていたのではないかと思われています。ローマ時代の壁上にローマの器具とともに石炭の灰の堆積が見出されて、サクソン人の侵略の前に石炭が保温に使われていたと推定されます。フランスでも、ローマが盛んな頃、その属領のゴールのうち現在のクルーソー地方で石炭が発見されました。しかしその後フランスでは都市部での石炭の使用が禁止されていました。空気を消滅させ、衣服を汚し、健康を害するとの理由からです。イギリスでは森林の樹木が減少するにつれて石炭への関心が著しくなり、1239年ヘンリー3世（在位1216-1272）の時、ニューキャッスル地方の公民に同地の採炭が許可されるようになりました。

　中国では今からおよそ3,000年前に石炭の存在が知られていて、陶磁器の製造の燃料として使用されたと伝えられています。

　16世紀頃までイギリスにはほとんど産業らしいものはなく、塩、鉄、ガラス、染物、武器などを大陸から輸入していました。エリザベス1世（在位1558-1603）は王位につくと、国内産業を積極的に育成する方針をうちだし、輸入していた製品を国内で生産する法案を可決しました。ガラスに

ついては、当初あまり重視していませんでしたが、ガラスコップや板ガラスの需要が大きく伸びるので、政府は他の製品と同様に国内生産を推進することに決めました。

　種々のガラス製造と販売に精通していて、イギリス国内で工場建設に同意する外国人たちに独占権を与えることを政策としました。大陸での宗教的な迫害から逃れてきたプロテスタントで、高度の技術を持ったガラス職人の一人ジェン・カレ（?-1572）に、1567年に国王はガラスの製造の独占権を与えました。この特権はムラノやロレーヌでつくっているガラスと同品質・同コストのものをつくることが条件でした。カレは、ガラス器の製造のためヴェネツィア生れのヤコブ・ヴェルツェリイニを雇い、窓ガラス製造のため古くからロレーヌのダーヌイの森でガラスをつくっていたヘネッツェル、ティザック、ティエトリーの三家族を雇いました。彼等はイギリスのガラス職人に製造技術を教えながらその役割を果たし、16世紀末にはイギリスのガラス産業は飛躍的に成長し、この政策は期待どおりの成果を収めました。

　カレの死後ヴェルツェリイニが引き継ぎ、イギリスのガラス産業の発展に貢献しました。またヘネッツェル、ティザック、ティエトリーとその家族らは広くイギリス各地のガラス工場に彼等の技術を広めながら、その子孫はイギリスに定住してガラス産業の発展に努めました。

　塩、鉄、ガラス、染物、武器など製品の製造には膨大な量の木材が必要です。特に国力増強のため軍船の建造に必要な巨木の木材が最優先に使われました。巨木の木材はその燃焼カロリーが高いことから、製鉄やガラスの職人は好んで使っていましたが、木材の代わりに石炭を使用することを政府から強く要求されました。

　イギリスのガラス職人は、燃料としての石炭の優秀性を引き出した窯炉を間もなく開発しました。石炭の窯炉への使用には灰の処理が一つの問題としてありました。木材では発生する灰は1％前後ですが、石炭では種類によって数％から数10％の灰が発生します。これを取出すため、地階を設けた構造にしました。

　17世紀の初期、ティザック一族の一人ポール・ティザックが石炭燃焼窯

を完全に成功させ、これにより従来豊富な森林地帯にあったガラス工場は、炭鉱に近く良質粘土の産地のスタワーブリッジに移りました。ガラス工業や製鉄工業の立地条件としての森林地帯から、炭鉱地帯へと工場は移っていきました。

17世紀までガラス工場は、天幕を張って屋根にした納屋のような建物でしたが、石炭の煤煙と悪臭のある煙霧を外へ逃がすため窯炉の上に小塔が建てられました。17世紀後半になって"イギリス型"と言われる円錐型のガラス工場が導入されました。図4.10にその外観図と断面図（エンサイクロペディアより）を示します。

換気の改善により、空気の流れを一定の上昇気流に集中させることができ、炉温の上昇と燃料効率の向上が計られましたが、燃料に石炭を使ったこれらの窯炉から数々の問題が生じました。高温燃焼になったことでより耐火度の高いルツボが必要になりましたが、この問題はルツボ材料の粘土の選

図4.10 イギリス型ガラス工場の外観と断面図

択により大きな配慮がはらわれ解決しました。次の大きな問題は、ルツボ内のガラスが石炭の粉や硫酸塩の蒸気で汚染されることでした。従来からの開口ルツボ（open pot）を蓋付ルツボ（closed pot）に代えることによってこの問題は解決されました。この蓋付ルツボの導入は、火炎とガラスの直接接触を完全に防がねばならなかったイギリス鉛クリスタルガラスの開発に非常に重要な鍵となりました。

石炭燃焼窯は、17世紀後半から18世紀初期にかけて、イギリス国内に広がり、この時代の終りにかけて高い円錐形の屋根を持つイギリス式ガラス工場が見なれた風景となりました。大きなものは90フィート（27m）の

高さがあり、その底部は 30 から 40 フィート（9～12m）の直径となりました。

1830 年代のセント・ヘレンズのガラス工場（ピルキントン）の外観を図 4.11 に示します。

新しい円形の窯炉を収容するこのような円錐形の建築には、多くの問題がありました。18 世紀を通じて新聞は、何の前兆もなく起こるこれらの建築物の崩壊を頻繁に報道していました。

図 4.11　セント・ヘレンズのクラウンガラス工場

4.5　木材燃焼窯の発展

ガラスの需要の拡大とともに、窯炉の規模も拡大してきました。15、16 世紀頃まで使われてきた前記の窯から、製品の種類や作業目的に合わせた窯がつくられるようになりました。徐冷窯やフリット窯は独立したものとなり、ルツボの焼締め窯も独立して設置されました。溶融窯は建家の中央に置かれ、その周辺にこれらの窯が配置されました。それぞれの窯の様子が良く分かるエンサイクロペディアからの絵図を示します（図 4.12 フリット窯、図 4.13 徐冷窯、図 4.14 ルツボ焼締め窯）。

瓶や食器のガラスや板ガラスの製造の窯はほぼ同じ形態をしていました

図 4.12　フリット窯 　　図 4.13　徐冷窯 　　4.14　ルツボ焼締め窯

が、厚板ガラスの製造の規模は非常に大きなものとなりました。

19世紀の中頃までは、厚板ガラスも薄板ガラスも共に木材燃焼の窯炉でつくられました。木材燃焼は、豊かな森林に恵まれ、燃料に木材を使うことを禁止する法規制がなかったフランスやドイツなど北ヨーロッパの各地では、イギリスよりずっと長い間継続しました。ルイ14世や宰相コルベールなどの保護の下で厚板ガラス工業の巨大な投資が行われ、板ガラスをつくる王室ガラス工場が、1693年サンゴバンに建設されました。厚板ガラス製造用の大規模に建設された窯炉の様子は、エンサイクロペディアに記載された窯炉の断面図4.15で分かります。

図4.15の中央左手に窯の断面が画かれ、ルツボ4個が配置されています。左右の工人たちが、ルツボを窯の中に挿入しています。ルツボは非常に大きく重いので正しい位置に水平に置くのは難しい作業でした。図の右手奥に徐冷窯が設置され

図4.15　厚板ガラス工場のルツボ窯

ています。窯炉は広い部屋の中央に配置され、両側に徐冷炉を並列し、それらの床面は鋳込みテーブルと同一レベルにあります。(6.6参照)

1763年になって初めて、サンゴバンのガラス工場で、木材を石炭に代えることを試みましたが、結果は惨憺たるものでした。その結果森林を買い占め、木材を確保する方策が立てられ、1819年になってもなお木材を使用していました。1829年に彼らは石炭燃焼窯の溶融に成功しましたが、なお残存泡の清澄、除去の問題があり、石炭燃焼窯は木材燃焼窯に次ぐものでした。

一方イギリスでは、石炭燃焼によるフランス方式の型板ガラスの製造が試みられましたが、18世紀まで商業ベースに乗りませんでした。その理由

は、これらのプロセスの技術指導をしたフランスのガラス職人が、イギリス式石炭燃焼窯に十分慣れていなかったからです。1792年にランカシャーにあるレーベンヘッド・ガラス会社の支配人のロバート・シャルボーンは、ガラスを保護する蓋付ルツボを採用して板ガラス製造に成功しました。

4.6 直接燃焼窯の改良

今までに述べたすべての窯炉は燃料が窯の床の下の火格子で燃やされ、その燃焼炎が床の上のルツボを取り囲み通過し、ルツボ内のガラスを溶かす直接燃焼窯でした。これらの直接燃焼窯の多くの改善は、19世紀後半に行われました。例えば、フリスビーの石炭供給法は、燃えている火炎の上に石炭を投入する代わりに、火炎の中に下方から上方に向けて石炭を供給する機械的装置です。この上方への燃料供給は、部分的に燃料をガス化し、このガスは上部を通過し炉内で燃焼します。その結果、良好な燃焼と高温は得られますが、燃料消費そのものはほんのわずかしか減少しませんでした。

大きな改善が行われたボエティウス式窯炉は、ガラス工業ではじめて燃焼に予熱した空気を使うものです。1865年にボエティウスがこの窯炉の特許を取得し、19世紀後半から20世紀にかけて、ヨーロッパやイギリスで広く使われました。燃焼に必要な空気の大部分は二次空気といわれ、燃焼室の周囲の導管を通って予熱されます。この予熱方式は今日換熱法として知られているものと同じです。図4.16にこの窯炉の断面図を示します。

石炭は窯炉の側面にある火格子の上に供給され、一次空気といわれる空気と混合され、不完全燃焼の状態で燃焼ガスを生成します。このガスを燃焼

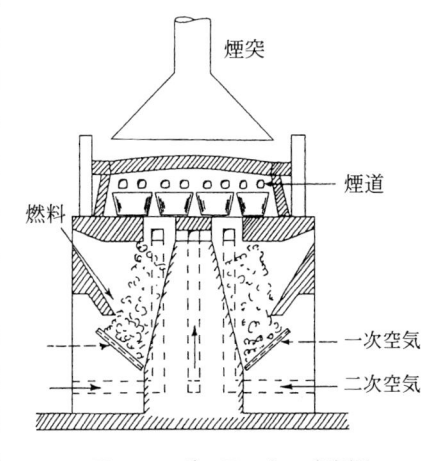

図4.16 ボエティウス式窯炉

させるために必要な空気は、二次空気と呼ばれ、燃焼室またはガス発生装置の周囲を囲むチャンネルを通過して上昇し、その際わずかながら予熱されます。二次空気と混合されたガスは窯炉内を通過する時燃焼します。燃焼の熱量の一部を利用することによって、ボエティウス炉は直接燃焼炉より効率が良く、同じ量のガラスを溶融するのに少ない燃料ですみます。

　この設計によって古い直接燃焼炉に僅かな改善がされ、ガラス1トン当り従来2〜2.5トン必要とした石炭使用量は、平均1.5〜1.75トンに減少できました。二次空気の予熱は、その量はわずかですが、ガス燃焼には大きく役立っており、煙突内の不燃焼ガスの量を減少させ、燃料の節約になりました。不幸なことに、もしルツボが破れると、溶融ガラスが流出し炉の隙間や覗き窓を塞ぎ、それによって窯炉に火災が発生しました。

　19世紀後半に窯炉の著しい進歩が、フリードリヒ・シーメンスとウィリアム・シーメンス兄弟による蓄熱式窯炉によってもたらされました（4.8参照）。彼らは熱とエネルギーとは交換性があるとした同時代の研究に負うところが非常に大きいと認めていました。

4.7　熱の本性

　古代からガラスの溶融炉の温度は、今日行われている各種温度計による測定は全く行われておらず、熟練したガラス職人により窯炉の中のルツボ内のガラスや炉壁の色を看視して温度を判定していました。最初の定量的な意味を持った温度測定を行ったのはガリレオでした。彼は気体が熱せられると膨張することに着目し、この原理を利用して気体温度計を考案しました。しかし彼は空気のような気体は熱だけではなく、外気の圧力によって体積が変化することを知りませんでした。

　最初の正確な温度計は、1714年にドイツの物理学者ファーレンハイト（1686-1736）が考案した水銀温度計です。華氏温度で水の氷点を32°F、沸点を212°Fとして、その間を等分した目盛りの温度計で、今日でも英語圏の国で使われています。現在最も広く使われている温度は、1742年にス

ウェーデンの物理学者セルシウス（1701-44）の考案した摂氏で、当初水の氷点を100℃、沸点0℃としましたが、後に氷点を0℃、沸点100℃に改められました。これより以前の1733年にフランスの物理学者・動物学者のレオミュール（1683-1757）がアルコール温度計を考案しました。列氏温度で水の氷点を0°R、沸点を80°Rとしました。なお、今日高温度の測定に使われている熱電対は、1821年ドイツの物理学者ゼーベック（1770-1831）により発見されました。彼は2種類の金属を接触してその接点を熱したり冷却してだけで電流が得られる「ゼーベック効果」を見出し、熱電温度計発展の基礎をつくりました。

　客観的な基準をもつ温度計ができて、はじめて熱の理論が生まれるようになりました。

　熱と温度の区別はイギリスの化学者ブラック（1728-99）によってはじめて経験的に明確にされました。彼はまず物体の温度を1℃高めるに要する熱量の考察から、熱容量という概念を明らかにしました。さらに物質の氷結と融解には一定の氷点と融解点が存在することと、氷結または融解のときには一定の潜熱が吸収または放出されることを明らかにし、熱学の基礎を築きました。ブラックの友人クレグホーンはこの現象についての理論的説明に熱素説を展開しました。

　熱は温度の高い部分から低い部分に流れることから、ギリシャ人たちは熱を一種の物質と考え、熱の本体を熱素（caloric）と呼びました。クレグホーンの熱素説では、(1)熱素は弾性的流体で、その粒子は互いに反発する、(2)この粒子はふつうの物質の粒子に引かれる、(3)熱素は不生不滅である、(4)熱素はそれが付け加わった物質の温度を上昇させる知覚的熱素になるか、あるいは物質と化合して新しい化合物としてその物質の液体や蒸気をつくりだすような潜在的熱素となるかいずれかである、と論じました。

　しかしその後、この考え方では摩擦のような機械的仕事のとき発生する熱は、うまく説明できないことから、この熱素説はしだいにすたれていきました。

19世紀に入る頃から、光の粒子説は波動説に取って代わられ、電気、化学結合、磁気などさまざまな物理現象との関連が明らかになってきました。熱学の分野でも、熱と他の物理現象との関連から、熱運動説が復活し熱物質説に取って代わりました。17世紀のすぐれた哲学者や科学者はみな、熱は物質の運動であると考えていました。哲学者フランシス・ベーコン(1561-1626)は、熱に関する多くの例をあげ「諸例を一つ残らず検査してみると、熱が属する性質は運動のように思われる」と結論し、「熱自身の本性は運動以外の何ものでもない」としました。

ランフォード伯(本名トンプソン 1753-1814)は、1788年に大砲による実験をしたとき、使用した火薬の量が同じでも、弾丸を入れずに発砲した砲身の方が著しく熱くなることを偶然発見しました。彼はこの熱源について考察し、砲身の加熱は火薬によるだけでなく、火薬が砲身内面におよぼす急激な力によっておこされた金属内各部間の運動と摩擦がその主要な原因であることを見出しました。その後ランフォードは熱の本性の研究を進め、1785年に熱が真空中を伝わることを見出し、1798年に大砲の中ぐり作業のとき、短時間に大量の熱が発生することを見出しました。この熱は摩擦によって限りなく生じるので、熱は物質ではないと、熱素説が誤りであることを決定づけました。図4.17にランフォードの『摩擦研究』の挿絵を示します。

翌年デーヴィ(1778-1829)は、氷の摩擦によって水が生じることなど熱の発生の実験を行い、運動説を支持し、「熱現象の直接の原因は運動であり、その伝達法則はまさに運動の伝達法則と同一である」と主張しました。

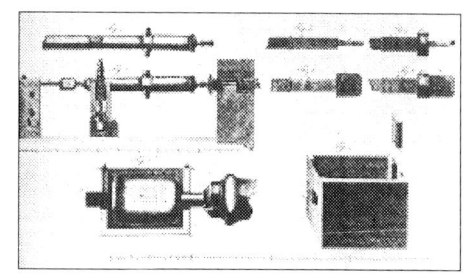

図4.17　ランフォードの『摩擦研究』の挿絵

ランフォードとデーヴィの実験は、相対的な動きによって維持される二つの物体間の摩擦を意味しています。ニュートン(1642-1724)らの近代力学は天体運動など摩擦のない場所での運動を扱うことが中心問題でしたの

で、仕事の概念は重要視されていませんでした。摩擦問題から仕事量とこれにより生じた熱量との間には何か関連があるとの疑問が生じました。

これらの関係は、1840年から始まるイギリスの物理学者ジュール（1818-89）の実験で確立されました。彼は熱がエネルギーの一種で、熱と力学的エネルギーは相互に交換できることを図4.18に示す実験装置で確かめました。

回転軸aには糸が巻きつけられ、糸のもう一方の端におもりwがついています。おもりwが重力のため下がれば軸aが回転し、同時に翼bが容器cの水をかき回します。pは滑車です。ジュールはおもりwに4.5kgまたは13kgの分銅を用い、wが1回落下するたびに翼bと軸aを分離してもう一度軸aに糸を巻きつけ、またwを落下させることを繰り返し行いました。20回ほど繰り返した後、水温の上昇を測定し、その熱量Qが分銅が落下する間になされた力学的な仕事Kによるものとして、QとKとの比を求めました。

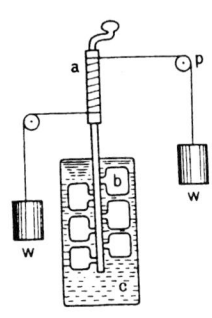

図4.18 ジュールの実験装置

この結果は$K/Q = 4.16 \times 10^7$エルグ/calでした。つまり1calの熱量が4.16×10^7エルグの力学的エネルギーに相当しているとの結論でした。

この実験の意義は、熱も力学的エネルギーもエネルギーというものが別の現れ方をしたにすぎないことを示した点できわめて重要なものです。すなわち彼の測定は、熱力学第一法則（エネルギー保存の法則）の根拠となり、仕事は熱に換えられ、また熱は仕事に換えられ、仕事量は熱量に等価であるとされました。

仕事と熱は等価であるという考えは、いち早く窯炉の改良にも応用されました。

4.8 シーメンス兄弟の開発

シーメンスのウィリアムとフリードリヒの兄弟は、"熱から正しい等価の効果"を引き出すためにあらゆる努力をしました。彼等の初期の発明に

は、再生式蒸気エンジンと復水器や、再生式蒸発器とで氷を安く作り出す装置がありました。彼はまたウィーンの青銅の鋳物師であるカール・ロレンツと共に働き、1850年代に新しい鋳造工程の実験を行いました。この時代のガス加熱炉から得た経験が、彼らのその後の発明の原点となりました。

　ガス加熱炉は、シーメンス兄弟の協力者の一人クーパーにより熱再生の原理を応用した高炉用の熱風炉として発明されました。クーパー熱風炉は高炉にいたる送風経路の間に設置されて、空気はその中の強熱されている耐火煉瓦の格子組みを通過するあいだに熱を吸収して高温になります。なお格子組み耐火煉瓦の加熱には同じ高炉の排気ガスが利用されるので、高炉はその予熱をそれ自体に入ってくる空気に与えることになります。これには熱風炉が2基必要で、第1熱風炉が空気を熱しているあいだに、第2熱風炉は高炉の排ガスで熱せられ、つぎの段階で冷空気を受け入れ、これを熱するための準備をします。送風経路を交互に変えて使用すれば、高温に熱せられた空気を確実に高炉に送ることができます。

　クーパー熱風炉は、1860年イギリス東海岸のミドルスブロー近くの製鉄工場で採用され、その効果は顕著でした。熱風の温度は620℃にも達し、溶銑の出銑量は一躍20％も増加しました。この改良型は今日でも送風予熱装置として広く使われています。

　図4.19にクーパー熱風炉の立面図を示します。

　シーメンスの平炉製鋼炉は、クーパー熱風炉のように蓄熱原理を利用して高温を得ようとしたものです。蓄熱式溶融炉についてその概要を第2章に記しましたが熱の再生原理をもとに以下詳記します。

　1856年英国特許2861"窯炉の改善装置、大量の熱を必要とする全ての炉に適用できる"

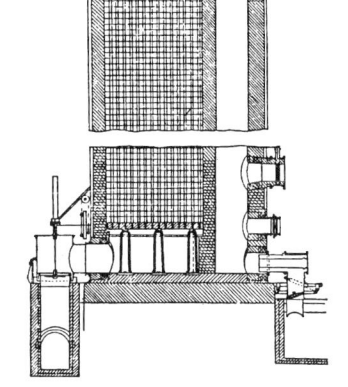

図4.19　クーパー熱風炉

第4章 窯炉と耐火物

が、ウィリアムの弟フリードリヒ・シーメンスに許諾されました（150頁参照）。その発明は、次のような文章で表されています。

「私の改良は、溶融、加熱窯炉、鍛冶屋の炉等に関するもので、燃焼ガスが燃焼室からスタックや煙突へ通過する際、レンガや金属、あるいはその他の材料の表面の上を通過させることにより熱を与え、その熱が燃焼用空気またはその他燃焼材料に回収され役立てられる。この装置は炎それ自身の温度近くまで加熱され、それによってほとんど無制限に熱の回収が得られるようになった。」

ガスを通過させる通路を含むレンガつくりの四つの部屋からなる炉が構築されました。燃焼ガスは、一組の部屋を通って最終出口となる煙突へと導かれました。これらの高温のガスは、レンガ構造体を加熱します。20分から30分後には、交換弁によって燃焼ガスは二組目の部屋を通るようになる一方、入ってくる燃料ガスと空気は最初の組の部屋を通りながら加熱されます。この周期が繰り返され燃焼ガスの熱は回収されます。これらの部屋はフリードリヒが蓄熱室と名付けました。

蓄熱の原理は、1857年シェフィールドのマリオットとアトキンソンの工場で鉄や鋼の再加熱に応用されました。一つの窯炉は、ほぼ3カ月間連続稼動して全く問題なく、同量の金属を加熱するために必要な燃料は旧炉に対してわずか21％でした。この窯炉は、ボルトンにおいて鉄の精錬にも適用されましたが、この段階でガラス工業に使用したという記載はありません。この成果をウィリアムは、1857年の機械技術者協会の学会誌で次のように記しています。

「我々の熱の本性に関する知識は、近年マンチェスターのJ.P.ジュール氏や他の人々の研究によって大幅な前進を見た。すなわち我々は機械的効果すなわち仕事量とそれによる熱の消費量は理論的に等価であることを正確に認識できるようになった。この新しい熱力学の理論によれば、例えば最も改良されたエンジンを稼動させても、我々はボイラーから実際に発生する熱量のせいぜい1/6から1/8しか有効活用していない。そして、その残りの熱量は復水器中で冷却水に放捨される。もし、我々が金属の溶融とか加熱作業のような

大量の熱を必要とする作業を調べれば、大部分の熱はほとんど放出され、ある場合は、生成した熱の90％以上が放出されていることが分かる。

　筆者はこれらの観察に深く印象付けられていたため、熱から等価の効果を得るための自分自身の着想を長い間にわたって実現しようと努力を重ねてきた。この熱再生の原理は大変重要なものと考えられ、ほとんどすべての分野に応用できる。」

　ガラス溶融についての蓄熱式システムの応用は、バーミンガムのロイドとサマーフィールドのガラス工場で1860年から1861年にかけて試験が行われましたが、ちょうどその頃スメズウィックにあるチャンス兄弟の工場でも試験が行われました。

　フリードリヒの蓄熱式炉の最初の設計では、燃料をガス化する炉床が窯炉の中に組込まれました。そのため燃焼した燃料から生ずる煙や灰塵は蓄熱室から窯炉へ持ち込まれ、ガラス面に有害な影響をもたらしました。これらの欠点はガス発生炉の採用によって解決されました。

　ガスは発生炉として知られる別の装置でつくられ、発生炉ガスと呼ばれます。主成分は窒素ガスと一酸化炭素です。図4.20にガス発生炉の内部構造と反応層を示します。炉は円筒形のもので、直径3～5m、高さ5～7mのものが普通です。上から原料の石炭を絶えず投入して燃料層の厚さを保ちます。石炭はまず最上部で乾溜されコークスになり、800℃ぐらいに予熱されます。還元層は800～1200℃でCO_2をCOに還元する部分です。酸化層は下の火格子から吹き込まれる空気で完全にコークスが燃焼しCO_2になる部分です。残った灰は灰皿の水の中に落ちて冷却され、灰皿の回転により自動的に外へこぼれ出ます。

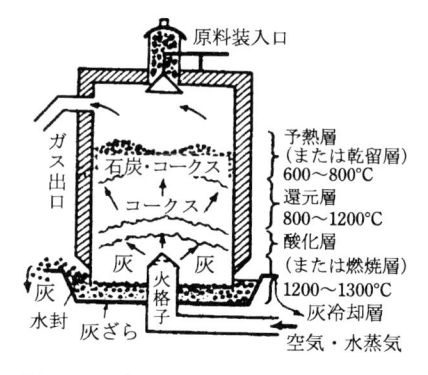

図4.20　ガス発生炉の内部構造と反応層

第4章　窯炉と耐火物

　前記したガラス溶融炉の実験をもとに考案された「窯炉の改善」の発明に対し、1861年にフリードリヒとウィリアムとに英国特許1861-167が許諾されました。この特許はガラス溶融に対し熱再生の原理を適用することについて詳細に論じており、また窯炉本体とは別に燃焼ガスを発生する装置を持つ重要な開発に関するものでした。この特徴を彼らは次のように述べています。

　「我々の発明の重要な部分は、使われる固体燃料、例えば石炭、亜炭、あるいは泥炭などは別の装置でガス分解させ、ガラス窯炉では固体燃料を直接使用することは避けるべきである。ガス燃料は燃焼過程に入る前に高温に加熱され、同様に加熱された空気と共に燃料の経済性に非常に役立つことである。更に大きな利点は、窯炉の作業室に固形炭素や灰塵をもたらさないため、それまではカバーした容器やルツボのみができた作業を無蓋化できたことである。このようにして、我々は鉛ガラスや非常に透明度の高い優れた品質のガラスを無蓋ルツボで溶融することができ……あるいは、鉄鋼やその他の材料を蓋のない火床で悪影響を与えずに溶融することができた。」

　シーメンス兄弟の考案した蓄熱炉の図を示します。図4.21は改良した蓄熱炉の縦断面図を示し、図4.22は窯炉とガス発生炉を連絡する経路を含む第二の縦断面図を示しています。蝶形交換弁はgに示され、その部分でガスは最も左側にある蓄熱室を通って空気はその隣の蓄熱室から入ってくる一方、燃焼ガスは右側の一組の蓄熱室を加熱します。

　シーメンスの蓄熱式窯炉は、より高温での使用を可能にし多大の燃料節約をもたらし、今なお現代のガラス製造の中核となっています。容器ガラスなど現代の大型蓄熱式窯炉では、1トンのガラスを溶融するのに必要な熱量は100サーム［1サーム＝1.055×10^8ジュール］であり、1840年代の従来の非蓄熱式窯炉では1,800サームの熱を必要としていました。

　蓄熱式窯炉の使用においては、1860年代の最初の試験でチャンス兄弟が幾つかの問題を見いだしました。運転開始数週間後に窯炉の天井から高温の影響を受けてドリップが始まり、その後ますますひどくなり、窯炉の天

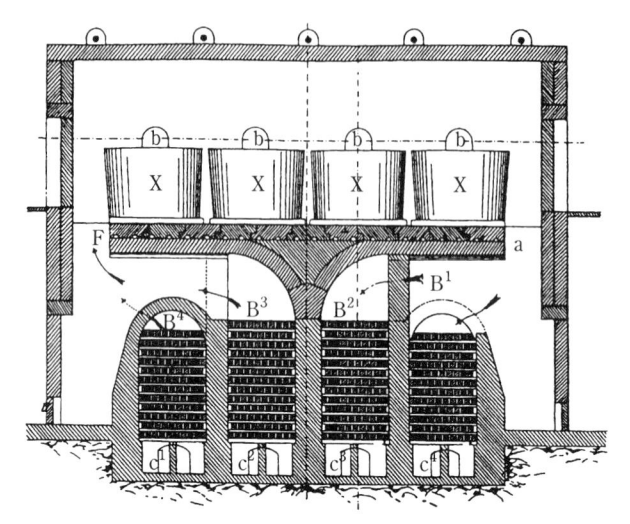

図4.21 ガラス製造に使用されたシーメンスの蓄熱式炉の縦断面図

$B^1 B^2 B^3 B^4$ 耐火レンガで格子積みされた蓄熱室；a. 炉床；X. ルツボ；b. 作業ルツボの炉の開口部；$c^1 c^2 c^3 c^4$ 開口部へ連結する蓄熱室の格子；F. 開口部の基礎。開口部は図4.22で示す。

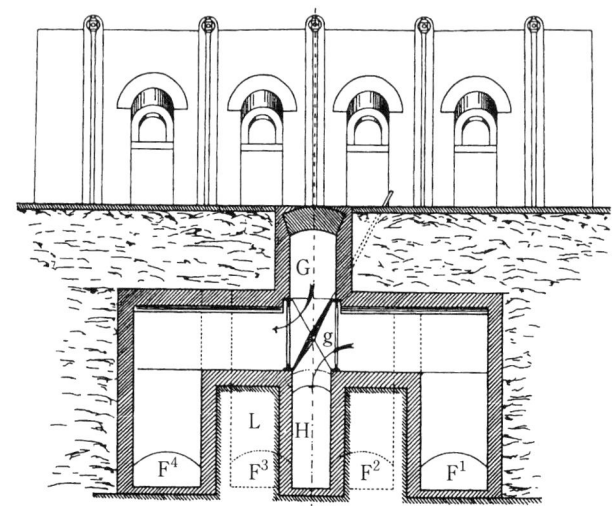

図4.22 シーメンスの蓄熱式炉の交換弁と通路システムの縦断面図

$F^1 F^4$ はガス発生装置からの通路Gと交換弁gを経て煙突への通路Hと交互にかわる蓄熱室 $B^1 B^4$ と連結する開口部。$F^2 F^3$ は空気の通路Lと交換弁を経て煙突への通路Hと交互にかわる蓄熱室 $B^2 B^3$ と連結する開口部。

井、大迫は新しく交換せざるを得ませんでした。この欠点は、新しい大迫を一層のみのウェールズ産レンガでつくることにより解決されました。このレンガを使った大迫は、窯炉の温度が上昇するにつれて膨張して上昇し、温度が下がると収縮も下がり、目地が開くことがなくなったからです。ガス発生炉に連結する煙道には煤(すす)が堆積し、毎週煙道を掃除する必要がありました。この問題は発生炉ガス燃焼蓄熱炉でも同様であり、今でも石炭燃焼窯では一定の期間ごとに煙道の煤を燃やして除去する作業が続いています。蓄熱室の壁からの空気の漏洩は克服されなければならない大きな問題で、また発生炉ガスの品質を制御するのは非常に難しいことが分かりました。

4.9 タンク炉

「タンク」という用語は、タンク炉の発明よりずっと以前にさかのぼってガラス工場で使われてきました。1835年にオーストリアの技術職業訓練の創始者プレヒトル(1778-1854)が著した技術百科辞典の中で、タンクは楕円形か矩形のルツボであると記され、1854年にはこの用語は板ガラスの製造に使われるルツボに適用されました。

ガラス溶融のタンク炉としてのシーメンスの考えは、1858年にウィーンの近くのリーシングに建設されたウェイジマン・シーベル会社の化学工場の水ガラス製造窯炉から発展しました。フリードリヒ・シーメンスは、「炉床で溶融した水ガラス窯炉に対してルツボ窯炉と対照的にタンク炉」といっています。フリードリヒは1859年英国に渡り、1860年兄のハンス・シーメンス(ドイツで)と別にタンク構造での実験を行いました。1860年から1861年にかけての冬、フリードリヒは彼の最初のタンク炉を建設しました。これは今日、間欠炉またはデイタンクと呼ばれているものです。調合原料は夜間に溶融されて昼間に成形作業が行われました。樋の形をした床は溶融ガラスの容器として使用されましたが、清澄工程が欠けていたので、未清澄ガラスは流出され通常のルツボで再溶融されました。当時シーメンス兄弟が書いた手紙は、「タンク炉」という新語を最初に使用した

典拠となっています。

フリードリヒは1863年にドイツに帰国して以降、ドイツのガラス産業の分野で活躍しました。彼が英国で働いていた間、兄ハンス・シーメンスはドレスデンで間欠式ガラスタンク炉に非常に多くの開発と改良を行いました。ハンスは1867年に死に、ドレスデンのガラス工場はフリードリヒに引き継がれました。連続ルツボ炉（図4.23参照）の成功に刺激されて1867年10月1日フリードリヒは、従来の間欠タンク炉を初めて連続操業に切り換えることに成功しました。

ルツボ内での溶融は、時間と共に温度が変化し、一方原料はそのまま変化しないで残るプロセスです。原料の混合物、バッチはルツボが一杯になるまでシャベルで投入され、最初のバッチが溶解し、さらにバッチを追加する空間が生じます。ときには1/3の追加投入が必要となります。それから溶融、清澄を進めるため温度が上げられました。融液が満足の行く条件になったとき、温度はほぼ100℃くらい下げられ、ガラスの種巻きがうまくいくような条件に合わせられます。

一方連続タンク炉の溶融では、火炎はその最高温度（ホットスポット）が原料投入位置からタンクの縦方向の2/3にくるように調整されます。バッチの山は浮きながら沈んでいき、ホットスポットに達する前に消失します。タンクに沿って流動するガラスは、つづいて清澄ゾーンに入ります。それからガラスは流動し、炉床にある小さな開放口スロートを通過して作業槽に入ります。そこで温度を下げ、成型機械に適した条件に整えられます。このようにして溶融ガラスはタンクを通して流動し、溶融から清澄と温度調節の段階を経ます。

1860年代にフリードリヒ・シーメンスは、溶融したガラスの密度は溶融過程が進むにつれて増加するとの観察に基づいて、連続溶融の考えを思いつき特殊なルツボをつくり

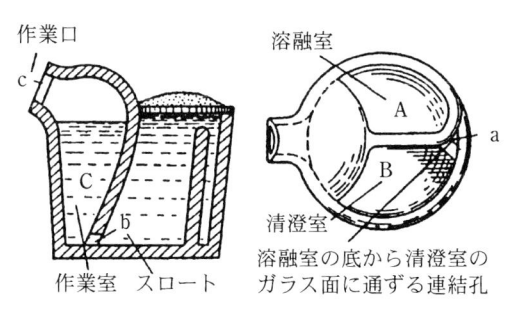

図4.23　連続式溶融ルツボの断面図と平面図

ました。この連続溶融ルツボは三つの部屋から構成され、図4.23に示される通路a, bによって連結されました。取り出し口cは炉壁から突き出しており、清澄したガラスがここからガラス成型のため巻き取られます。二つのカバーのない部分AとBは、それぞれガラスの溶融及び清澄を行います。生原料はAへ投入され、溶融が進むにつれて、より密度の高い、より完全に溶けたガラスがAの底部にたまり、通路aを通過して上昇し、B上部に流れ込みます。この工程はガラスの清澄が完了するまで行われます。ルツボの下側の部分は上部より温度が低いのでBの役割は二つあります。すなわち清澄は上部で進み底部でガラス作業に適した冷却が行われます。通路bを通ってCへ流入したガラスは、すぐにでも作業できる状態となっています。

　この連続溶融ルツボ方式は、すべての種類のガラスに対して全く問題なく使用されましたが、その製造コストが高いため大規模な発展は実現しませんでした。

　フリードリヒの考案した連続タンク炉は、連続ルツボと同様に最初は三つの室、溶融室、清澄室、作業室から構成されました。窯炉は横炎方式で加熱されました。ガス炎がガラス溶融表面をなめるように横切り、溶融室に投入されたバッチを溶解し、溶融したガラスは溶融室の底部に沈み、チャンネルを経由して清澄室の上部に流入します。このチャンネルは溶融室の隔壁の底部と清澄室の隔壁の上部へとつながっています。この清澄室にはガラス表面から数インチの深さで空冷された堰が設けられ、連続ルツボと同様に未清澄のガラスの泡切れを促すため高温の表面に戻すようにします。空冷は堰の内表面から行われ、ガラスとは直接接触しないようにします。清澄後のガラスは、第二の隔壁であるチャンネルを通ってタンクの作業端に供給されます。タンクの床部、側壁部と溶融室と清澄室の間の隔壁は、ガラスの熱や浸食作用を防止するため空冷されます。一つの室から他の室へ移動する箇所でのガラスのよどみは、温度低下の状況によっては結晶化を引き起こしました。このため上昇する通路はできるだけ小さくし、作業室のガラスの深さは同じ理由から浅く保たれました。ここでのガラスの深さは約10インチ(25cm)でした。窯炉の作業室の内寸は、縦24.75

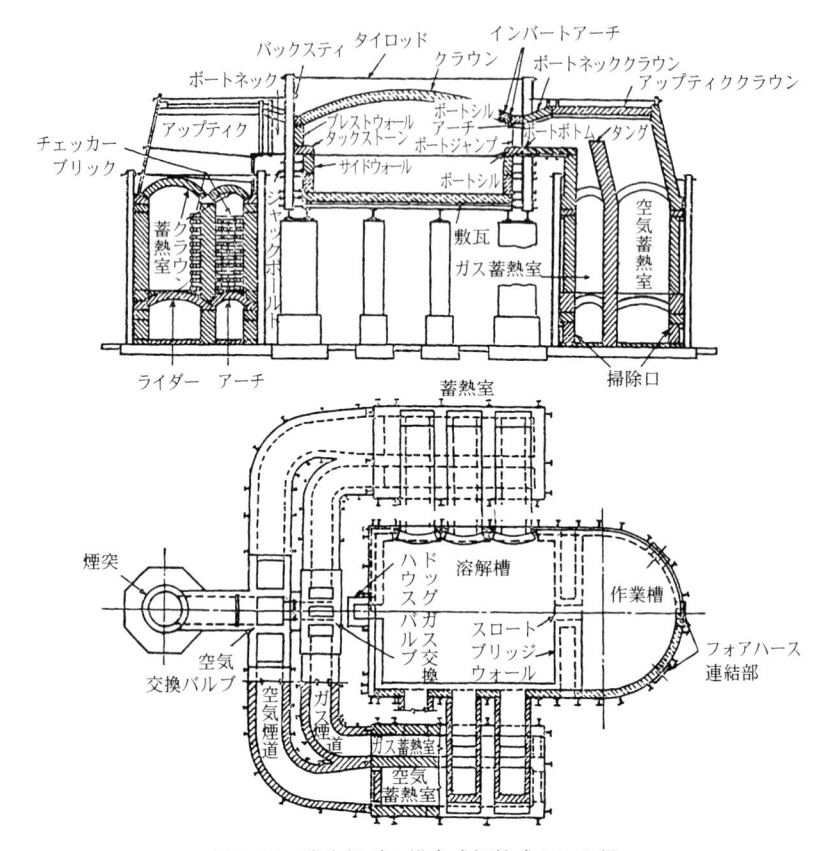

図4.24 発生炉ガス横炎式加熱式タンク炉

フィート（7.4m）、横7.5フィート（2.3m）であり、タンクの深さは20インチ（51cm）でした。

連続蓄熱式タンク炉の場合、通常の作業でシフトごと約4〜5トンの生産ができ、生産能力は通常のルツボ窯炉の約2倍でした。溶融温度は連続的に維持されるので、冷却期間中に失われる熱がなくなり、燃料の節約となりました。さらに原料投入に必要な特別の熟練労働者も必要なくなり、約60％の労賃の節約となりました。古い直火窯炉はバッチの投入や溶融すべての段階で溶融室を管理することが必要でした。ルツボ予熱炉やルツボ送り作業も不要になりました。

第4章 窯炉と耐火物

この新窯炉にも初期には困難な問題がありました。当時の耐火物は新炉の要求にほとんど耐えられるものはありませんでした。フリードリヒは冷却で固まったガラスまたは失透したガラスでスロートが塞がるトラブルに悩まされました。彼は、隔壁内に耐火物の浮輪をうかせてガラスの流れを制御する実験を行いました。また彼は、タンクの外側を空冷する方法も採用しました。その後彼は、炉内の火炎を広く伸ばす方法や窯炉の形状をいろいろ変えるなど幾多の改良を行いました。

現代のタンク炉は矩形であり、火炎がタンク炉の幅まで伸びるようになったので大型タンク炉は横炎方式です。図4.24に改良された1950年頃まで使われた発生炉ガス横炎加熱式タンク炉を示します。

多くの中形タンク炉はエンド・ファイアであり、火炎は炉の端末から入り、炉内を馬蹄形すなわちU字形を描くように回り、燃料の送入が行われるのと同一側のポートを通して排気されます。

図4.25にU字炎のタンク炉の平面概念図を示します。

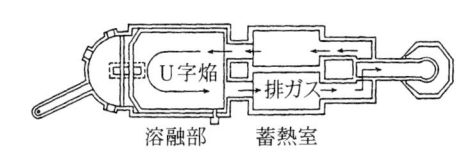

図4.25 U字炎のタンク炉

シーメンス兄弟の画期的な考え方は、現代タンク窯炉の基本的な基準になりました。彼らの発明以来の150年間に、計測機器や制御についての発展も含めて比較的細かな設計項目において多くの改善が行われ、さらに高温を得るための大型蓄熱室の構築が耐火物の改良により可能になりました。

4.10 現代の耐火物

現代の大型横炎式タンク炉の内部を図4.26に示します。この炉は溶融能力320トン／日の重油燃焼炉であり、バッチが供給される端末側の右側から見たものです。写真の最も右側のタンク炉の底面部に見える小さな矩形の開放口はスロートを示しています。

図4.26 現代の横炎式タンク炉の内部

　5個の大きなポートが見られ、そこから燃焼用予熱空気が入ってきます。各々のポート下に2個の円形の孔をもったバーナーブロックがあり、これらをとおして重油バーナーからの燃料が噴射されます。同様のポートとバーナーの配列がタンク炉の右側部分にもあります。バーナーブロックの下の壁を形造っている垂直のブロックは、タンクブロックです。これらのブロックの大きさは高さ1mあり、ガラス面はトップから約4cm下になります。ポートに沿って側壁（ブレストウォール）があり、タンクブロックとブレストウォールの間にバーナーブロックのレベルにタックストーンが並べられます。半円形の屋根はクラウンとして知られており、スロート上部の隙間のある不完全な壁はシャドウ・ウォールと呼ばれ、図にも示されるとおり溶融室から作業室を分離しています。4個の熱電対保護管が炉床から挿入されているのが見られます。

　特殊耐火物はタンク窯炉のいろいろな部分に選択的に使用されています。1930年までは一般的に使用されるタンクブロックの唯一の耐火物は、耐火粘土またはルツボ用粘土、あるいはある種の天然石そのものでつくられていました。ガラス工業は耐火物全生産量の約5％しか使いませんでしたが、ガラス工業を通じて例えば、大迫、ポート、蓄熱室、ガラスと接触する側壁、タンクブロック、種瓦、フィーダ・フォアファースやフィーダそ

れ自身の耐火物など幅広い耐火物を開発しました。

表4.2にタンク炉に使われる耐火物の種類を記しました。

表4.2 タンク炉に使われる耐火物

炉底・敷瓦	粘土質，高アルミナ質，ジルコン質
側壁・タンクブロック	高アルミナ質，ジルコン質，珪石質（上部）
天井・大迫	珪石質
蓄熱室	粘土質，高アルミナ質，マグネシア質
成形部・フィーダー	高アルミナ質，ジルコン質

タンクブロックの開発の沿革をみると、ボーエンとグレイグの状態図（図4.1）に従って行われたことが分かりますし、タンクブロックの開発にとって気孔率や不純物含量が最も重要な要素であったことは忘れてはなりません。

もともと耐火粘土のタンクブロックは、およそ25％のアルミナを含むスタワーブリッジ地方の粘土と類似した粘土からつくられました。天然珪石は、特にデュアハム州のペンショウで1920年代まで使われました。この珪石は80ないし90％がシリカでしたが、均等にガラスへ溶け込み、炉床に対して有効でした。当時のガラス表面温度は1400℃以下であり、炉底部の温度は約800℃でしかなかったため、耐火粘土のタンクブロックは約1年間の使用に耐えました。1920年代の初期には天然のシリマナイトがタンクブロックの原材料として推奨されました。

ボーエンとグレイグが状態図を発表した1924年、珪酸結晶のX線回析の研究によって実際に折出する結晶が特定できるようになり、タンクブロックの焼成の開発研究を進めることができる新局面が開けました。シリマナイトは40％のシリカと55％のアルミナを含んでおり、そのため非常に耐火性があり、シャモットとしてタンクブロックの原料として使われました。

1944年には天然シリマナイトの大きなブロックがアッサム（インド）から輸入され、成形後タンクブロックとして使用されました。また、アルミナ含量43％の中国産粘土にさらにアルミナを添加して成形し、タンクブ

ロックとして使われました。しかし、現代のガラスに接触する耐火物は、今やそのほとんどが原材料をアーク電気炉内で1800〜2000℃の高温で加熱溶解し、型へ鋳造してブロックにつくられています。

1925年に米国のコーニング社のフルチャーが、最初の実用的電鋳耐火物をつくりました。彼は電鋳ムライトブロックの製造特許を取り、さらに1926年には彼独創のアルミノ珪酸分に10から60％のジルコニア（ZrO_2）を添加した第二の特許（US1615751）を取得しました。現代のZACジルコニアーコランダム電鋳耐火物は、フルチャーの耐火物の中から開発されたもので、32から35％のZrO_2，53から54％のAl_2O_3，10から12％のSiO_2の組成からなり、1947年以来広く実用に供せられています。これらは溶融ガラスの侵食に対し非常に強く、ガラス接触の耐火物として最もよく使われています。

図4.27にフルチャーが1925年に考案し、27年に取得した電鋳耐火物製造装置の特許（US1615750）に記載された概念図を示します。

現代のタンク炉は、高温で運転されも非常に長い寿命をもち、生産能率は大戦以前の炉の二、三倍になっています。例えば、1940年にソーダ石灰ガラスを1450℃で溶解したタンク炉は、その寿命は1年または1年半であったのに対し、1990年の炉は溶融温度が1940年の炉より150℃高くなっているのに、寿命は6〜8年と長くなりました。現代の窯炉はその寿命期間中に溶融面積の平方フィートにつきガラス400トンまで生産できます。

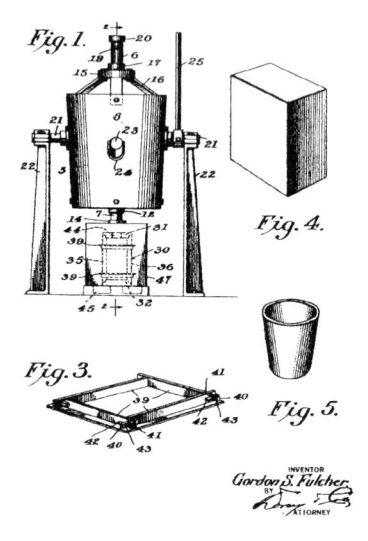

図4.27　フルチャーの特許概念図

4.11 石油燃焼

　ガラス溶融用の燃料は、古代からの木材から石炭に変わり、現在は主に石油や天然ガスが使われています。1950年には、石油はイギリスのガラス工業の主要燃料の27％（年間15万トン）でしたが、1965年には90％（年間65万トン）に増加しました。わが国でも1950年代にガラス炉の主要燃料は石炭から重油に切り替わりました。

　石油はメソポタミアやペルシャで紀元前はるか昔にすでに人々に知られ、用いられていました。それは当時の遺跡や古い記録に残っていて、旧約聖書の創世記にも記されています。このような古い時代には、地表に滲み出た原油やアスファルトが、医薬、宗教上の儀式、灯火をはじめ接着剤、防水材として土建、造船に、また防腐剤としてミイラの保存などに少量使われていました。石油が人類の文明の中で重要な地位を占めるようになったのは19世紀の半ば過ぎです。

　1859年にアメリカのペンシルヴァニア州タイタスヴィルでエドウィン・ドレーク（1819-81）が、綱堀式掘削方法による石油の生産に成功したのが、近代石油産業の始まりです。それから10年ごとに倍増して現在最大の規模をもつ産業の一つに発展しました。

　最初石油が重用されたのは主として灯火用でしたが、1879年のエジソンの白熱電灯出現によりその需要はなくなり、代わりに内燃機関の発明が石油の大きな消費をもたらしました。すなわち1885年にドイツのダイムラー（1834-1900）およびベンツ（1844-1929）によって別個に発明された自動車用内燃機関は、19世紀以降の自動車工業発展の基礎となり、道路交通の石油消費量は膨大な量になりました。また1893年にドイツのディーゼル（1858-1913）によって発明されたディーゼルエンジンは、海上交通に革命的な変化を与え全船舶の90％以上が石油を燃料としています。

　第二次大戦後エネルギー需要の増大と石炭や水力電力の供給の限界から、西欧諸国のように従来石炭に依存していた国々でも石油を工業燃料として大量に使用しています。

石油はクリーンな燃料であり、灰やすすを出す取扱いの難しい石炭より便利で使いやすい燃料です。また他の燃料に比べ給油配管系のコストや燃焼制御系のコストが大幅に低くすむ利点があります。このようなことから上に述べたように現在ガラス溶融の燃料は主として石油です。

4.12 各種溶融窯炉

ガラスの製造にはそれぞれの用途・規模に応じて各種の溶融窯炉が使われています。大規模の板ガラスや瓶ガラスなどの製造には蓄熱式タンク炉が使われ、少量多品種の特殊ガラスの生産には換熱式のポット窯が依然として使われています。5～40ton/day程度の生産規模の溶融にはU字炎方式の重油燃焼タンク炉やユニットメルターが使われています。また近年、溶融ガラスへの直接通電による電気加熱溶融炉が硬質ガラスの溶融に使われるようになりました。

4.12.1 換熱式窯炉

1920年代頃までは多くの製造業者はまだ直接燃焼ルツボ窯炉を使っており、その中でもこの時代にガス燃焼を採用した大部分のルツボ窯炉は、蓄熱式よりも換熱式で設計されていました。換熱式予熱は、燃焼ガスと高温の排ガスとが別々の通路をながれ、排ガスの熱は隔壁を通して燃焼ガスに伝達される熱回収方式です。

換熱式加熱は連続的で交換の必要がなく一組の室でできるので蓄熱式より簡単ですが、換熱装置の壁の熱伝達率が低いため、熱回収率は蓄熱式に比べかなり低くなります。また隔壁のクラック破損により空気と排ガスが混合してしまうなど換熱式窯炉特有の問題を含んでいます。

これらの問題は、耐火物換熱装置に代えて金属製を使うことでかなり改善されるようになりました。金属は、はるかに高い熱伝導率を持ち空気と排ガスとの混合を防止するためにより良く密閉することができました。換熱式装置は熱の伝達を改良するために注意深く設計されました。しかし、燃焼ガスの廃熱を最大限まで活用することは金属製換熱装置（メタルレ

キュペラター）がおおよそ700〜900℃の温度でしか運転できないので困難です。したがって廃ガスの温度は、換熱装置に達するまでに約1000℃まで冷却しなくてはなりません。

換熱式窯炉は、今日ではガラスがルツボで溶解される手作業の小規模な特殊ガラスの製造に一般に使用されています。

4.12.2　ユニットメルター

1951年以来蓄熱式や換熱室を持たない小型タンク炉が多くつくられました。アメリカのハートフォード社の開発したユニットメルターは蓄熱室または換熱室がなく、高品質のガラスを経済的なコストで製造しました。その理由は、築炉費が蓄熱式に比べて安くなり、改修や維持にかかる費用も蓄熱式炉より比較的低くなるからです。また、異なる着色やバッチ組成の変更が非常に早くできました。

ユニットメルターは、溶融槽がきわめて細長く、深さがかなり浅く、かつその加熱方式が従来のタンク炉と基本的に異なっています。一般のタンク炉の溶融ガラスの流れは、単純な引上流だけでなく炉内の温度勾配によって生じる対流をともない、この対流がガラスの清澄と均質化にたいして微妙な影響を与えます。これに対しユニットメルターはその溶融槽の形状が極端に細長くて浅いので、炉内の深さおよび幅方向の対流がほとんどなく、しかも長さ方向の対流も引上流に対して無視できるほど小さいのです。その結果非常に迅速に確実に清澄と均質化が進むと考えられます。

図4.28に色ガラス瓶製造に使われたユニットメルターのレイアウトを示します。

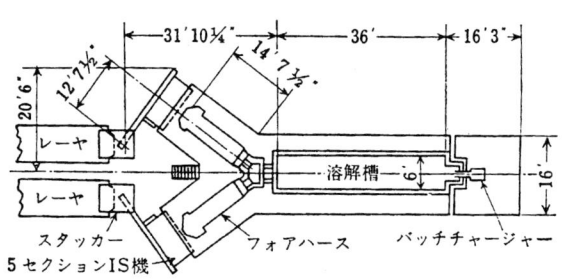

図4.28　ユニットメルターのレイアウト図

燃料は天然ガスや液化石油ガスまたは重油を用い、溶融槽上部構造の両側壁に多数の小バーナーが取り付けられ、個々のバーナーの調整によって適当な炉内温度分布が得られるようになっています。そして燃焼ガスは普通のタンク炉とは逆に作業層側からバッチ投入口の方向に向かい、投入口付近の天井から上方に向かうスタックから排出されます。

4.12.3 電気溶融炉

ガラスは室温で優れた絶縁体ですが、高温では電解質となり電気を伝導します。ガラスの電気抵抗は温度の上昇と共に減少するので、溶融槽の温度が上昇するにつれ急激に電流が流れ始めます。しかし、適切なエネルギー調節装置によってガラスへの電流を制御し、溶融炉の温度を調節するよう工夫がなされてきました。電流は側壁（サイドブロック）またはボトムブロックの穴に挿入されたカーボンまたは水冷のモリブデン電極を経てガラスへ流れます。

電気加熱は、1950年代の初め頃から通常のガスまたは石油燃焼の蓄熱式窯炉の引き上げ量増加を図るために使われるようになりました。これによりガラスの上げ量を2倍にし、同時にガラスの品質向上に役立ちました。熱は直接ガラス中に導入され、ガラスの加熱に利用されるため窯炉の上部構造や排ガスで損失する熱はありません。したがって効率的に操炉を行うことができ、高温でも窯炉の上部構造耐火物を損傷することはありません。さらに全電気溶融炉の場合、溶融ガラスの表面は完全に未溶融のバッチで覆われるように設計されているため、大迫は初めの熱上げ時にのみ一時的に必要となりました。また、電気加熱によって生じたガラスの対流が、溶融炉のボトム周辺にある比較的温度の低いガラス層を表面に浮上させ、火炎加熱による輻射と接触させることにより、溶融効率の向上はもちろん、ガラスの混合を促進し均質性の向上に役立っています。

特に電気代の高価な国では、全電気溶融炉を建設するよりこれらの"電気燃焼混用溶融 mixed melting"を実施する方がより経済的です。しかし全電気溶融炉の建設費は、同等の生産能力を持つ蓄熱式石油燃焼炉の約60%ですみ、炉修費もサイドウォールとスロートの部分のみに縮小されま

す。窯炉の熱効率を向上させ、その電力消費量を低下させることによって、電気溶融によるガラスのトン当たりの実質燃料コストを引き下げる努力が払われてきました。とはいえ、電気の初期コストがしばしば大きな問題となっています。水力発電の豊富な国々では、全電気溶融は急速に進展しています。電気溶融の先駆者であるスイスのガラス溶融炉は、ほとんどがこの方式を採用しており、板ガラスの生産は自国内の全需要を上回る規模に達しています。しかし、冬期には水力発電は電力供給が不足し、窯炉は石油燃焼加熱になります。

　電気加熱で注目される応用の一つとして、通常の燃料による溶融炉で前段階の溶融を行った後に、電気加熱の通路を経て入る小型の清澄室 refining cells がある設備があります。これらの小型の清澄室は通常非常に小さく、長さ2m、幅1mですが混合効果が優れており、着色剤がその最大混合が生ずる個所に投入されるとガラス全体にわたって均質な着色を得ることができます。すなわちタンク溶融の一つの基礎ガラスから多種類の色ガラス製品が同時に得られます。色替えは、ガラスの全引き上げ量に比例して溶融室が小さいため、非常に急速に行うことができます。それにもかかわらずこのような装置の使用が拡大しない一つの理由としては、現代の機械化されたガラス製造工場では、生産計画が色替えなどの変更をできるだけ最小限にするよう注意深く計画されているからです。

A.D. 1856 . . . . N° 2861.

Furnaces.

LETTERS PATENT to Frederic Siemens, of 7, John Street, Adelphi, London, Engineer, for the Invention of "IMPROVED ARRANGEMENT OF FURNACES, WHICH IMPROVEMENTS ARE APPLICABLE IN ALL CASES WHERE GREAT HEAT IS REQUIRED."

Sealed the 27th January 1857, and dated the 2nd December 1856.

---

20 performing the same.

Sheet I. represents a heating furnace according to my Invention. Fig. 1 is a sectional plan of the same; Fig. 2 is a sectional elevation through the line A, B, in Fig. 1; Fig. 3 is a cross section through the line C, D, E, F, in the Fig. 1; Figs. 4, 5, & 6 represent the valve for changing the direction of 25 the current, on an enlarged scale. The furnace consists of the heating chamber P, with a door a, which is separated from two hearths or fire-places Q & Q^1 by fire bridges c & c^1. The fire-places are supplied with fuel through the openings d & d^1, which are closed by doors or shutters e & e^1. f & f^1 are channels through which the cinders or ashes are removed, and which are usually closed 30 by means of shutters or doors g & g^1. Open passages h & h^1 lead from the fire-places Q & Q^1 into the chambers R & R^1, which chambers contain fire brick or other refractory material, presenting large aggregate surfaces for absorbing heat, and which I propose to term "regenerators." Passages i & i^1 lead from the other extremities of the regenerators to the valve V, and hence 35 into the stack or chimney S. The valve consist of a cast-iron casing K, which is open at top and bottom and at two opposite sides; the two remaining closed sides are perforated in the middle to receive a spindle l, upon which the valve plate m is fixed. The moveable valve plate m is made to fit the valve casing K, so as to intercept the direct passage of air upwards into the chimney when

---

フリードリヒ・シーメンスの特許．1頁目（上）と3頁目（下）の一部．近代溶融炉のもとになるフリードリヒ・シーメンスが取得した蓄熱式窯炉の特許です．これにより高温溶融が可能となり，熱効率が大幅に向上しました．なお彼はこの特許の中で熱回収する室を"regenerator"（蓄熱室）と名づけました（下図，下から7行目）．

第5章　光学ガラス

　古代からつくられてきたガラスは、中世やルネッサンス期までその製法に大きな変化はありませんでした。

　またこの頃まで、多くの学者は紀元前350年頃に活躍したアリストテレス（384-322BC）の学問や2世紀頃のプトレマイオス（100-170頃）の天動説を固く信じていました。

　しかし15世紀、16世紀になると、数々の重要な発見があり、大きな変化が生じました。特に重要な発明は、ヨハン・グーテンベルク（1400-68）の活字印刷の発明です。これにより情報伝達が画期的に容易になり、知識の普及に大きな役割を担いました。また新大陸の発見や宗教改革などがおこり、大きな社会構造の変化が生じました。

　16世紀、17世紀のいわゆる科学革命の時代に、学者達は自然を研究し、一切の先入観や偏見をなくし、みずからの手で観察し実験をし、その結果を体系化してゆきました。それにはつねに確実な実証性が要求されていました。

　この道具となったものが、いろいろな科学機器です。特に光学機器は重要な役割を果たしました。望遠鏡の出現により天文学は大発展し、プトレマイオスの世界から脱却しました。また顕微鏡の発明により医学・生物学は近代化されました。

　光学機器に使われたガラスは、光学ガラスといわれ、一般のガラスに比べ優れた特性を持っています。すなわち、1）無色透明で、透過率が大であること、2）製品中に泡、脈理、石、ブツなどの欠点が全くないこと、3）光学的に均質であり、十分な機械的強度を有すること、4）所定の屈折率や分散度などの光学恒数を有すること、5）耐候性が大であること、等です。

　光学ガラスの製造は、一般の容器ガラス、板ガラス、工芸ガラスなどに比べて非常に難しく高度の技術が必要ですが、幾多の困難を乗り越え進歩してきました。

　13世紀末に眼鏡が発明されましたが、そのレンズは普通のガラスから磨

き出したものでした。ガリレオやケプラーなどの時代の科学者は、ガラス塊からレンズを自分で研磨して望遠鏡をつくっていました。レンズの欠陥の色収差（5.3参照）をなくすために色々な工夫がなされました。当時使われたガラスは全てアルカリ石灰ガラスで、光学的な性質はほとんど同じものでした。このためニュートンは色収差のないレンズはつくれないと結論し、反射望遠鏡の開発に力を注ぎました。

しかし18世紀中頃に、ホールによりクラウンガラスとフリントガラスと呼ばれる二種類のガラスを使用した色消しレンズが発明され、ニュートンの説の誤りが明らかになり、屈折望遠鏡は大きく進展しました。19世紀前半にギナンやフラウンホーファーの研究により均質な所定の光学特性の光学ガラスがつくれるようになりました。この技術はフランスのパラ・モントワ社に伝承され、その後イギリスのチャンスブラザース社に伝わりました。さらに40年後の1880年頃から近代的な光学ガラスの開発が、ドイツのショット社で本格的に始まり、硼酸、燐酸、バリウムなどの選ばれた元素を含んだ新しい光学ガラスがつくられ、レンズの設計は新しい段階に入りました。その50年後の1939年に米国のモレーにより、ランタン、トリウム、タンタル等を含む光学ガラスが発明され、光学ガラスは飛躍的な発展をしてきました。

5.1 初期のレンズ

古代カルタゴやエジプト、ギリシャ、ローマ時代の遺跡からレンズの形をした透明の石やガラスが発見されています。

紀元前1600年〜1200年と年代付けできるレンズの形状につくられた水晶が、クレタ島で発掘されました。しかし、古代人はこれを装飾品に使っていました。最古のレンズは、アッシリア帝国のニネヴェから出土した水晶からつくられた凸レンズです。太陽の光を集めて火を熾すのに用いられたと考えられますが、これも装飾品であった可能性もあります。

光学の歴史は古く、季節や月の満ち欠けを知るための暦つくりから始まった天文学は、天体観測をもとにした人類の初めての学問として発達し

ました。古くはエジプトのピラミッドに156フィートにおよぶ長い廊下を地球の経線方向につくり、星の通過を観測して天文学の研究装置としていました。エジプトでは古くから太陽暦が使われていました。ナイル川の洪水に先立って大犬座のシリウスが東天に現われることから、この観察によって1年の長さが知られていました。またナイル川の洪水が農業に大きな影響をもたらすことから、1年365日とする太陽暦が採用されていました。紀元前1世紀には、4年ごとに1日の閏日を入れることが始まりました。

　バビロニアとエジプトの天文学を受け継いで、ギリシャでも天文学が形成され発展しました。

　地球の大きさを最初に測ったのは、ギリシャ時代にアレキサンドリアに住んでいた天文学者エラトステネス（275-196BC頃）です。夏至の6月21日にシエネ（現在のアスワン）では、日光が地上に垂直に直射するのに、北方にあるアレキサンドリアでは7.5度傾いていることに気が付き、7.5度から地球の円周を計算して25万スタジオンとしました。1スタジオンを517フィート（157.6m）とすると、地球の円周は約4万km（39,400km）となり現在の長さに近いものです。

　光の直進性は、紀元前300年頃活躍した『幾何学原本』の著者ユークリッド（生没年不明）によって、正確に認識されました。

　光の屈折の法則は、2世紀のはじめ天動説で有名なギリシャの天文学者プトレマイオスによって発見されました。彼は145年頃天文学の大集成『天文学の偉大な大系』を著しました。この著書は827年アラビア語に翻訳され（アラビア語のタイトルはアルマゲスト Almagest）、のち中世にラテン語に翻訳され天文学の最も重要な教科書となりました。屈折について論じ、10〜80°まで10°ごとに入射角を変えてそれぞれの場合の屈折角を測定し、入射角と屈折角の比がほぼ一定であると結論しました。もちろんこれは誤りですが、近世初期まで正しいと考えられていました。

　ギリシャのこのような科学的知識は、その後アラブ世界に受け継がれ、多くの学者によって発展しました。光学の分野で有名な人物は、イブン・アル・ハイサムまたの名アルハゼン（965-1039）です。

　彼はバスラに生まれ、カイロに「知恵の家」を建てたファーティマ朝の

カリフのアル・ハーキムの治下においてエジプトで活躍し、カイロで死にました。天文学、数学にも通じ、とくに光学の方面で優れた業績を残しました。この分野はアラビアが科学の世界に貢献した最も重要な学問分野でした。彼は視覚器官としての目の構造をくわしく論じ、ガラス体、角膜、網膜などの西洋名は全て彼の『光学の書』に由来するといいます。彼の最大の功績は、ユークッリドやプトレマイオスが視覚について眼球から一種の光線を発してその対象をとらえるとしたのに対して、視覚対象の方に光源があることを実験的に確かめたことです。またとくに光の反射と屈折について詳しく研究し、『光学の書』の主要部分はこれに当てられています。さらに大気における太陽光線の反射によって起こる薄明現象をほぼ正しく論じました。

　彼はガラスの球面の形状と拡大レンズの関係についてその機能を初めて正しく説明しました。またレンズの機能を正しく説明し、今日の反射望遠鏡に用いられるものと類似の放物面をつくりました。一般にアラビアの学者達は、器具の製造技術に優れていました。

　プトレマイオスの光学、アルハゼンの光学の書が、1170年頃中世ヨーロッパで最も優れた翻訳家のクレモナのゲラルド（1114-1187）によって、アラビア語からラテン語に翻訳され、R.ベーコンやケプラーをはじめ、ヨーロッパのいろいろな学者に大きな影響を与えました。

　特に注目に値するのはリンカンの司教ロバート・グローステスト（1175-1253）と彼の弟子ロージャー・ベーコン（1214-94）です。グローステストは16世紀まで存在した屈折の理論によって、虹の色を説明しました。彼は拡大するためにレンズを物体に近づけることを推奨しましたし、ベーコンは老眼鏡用に平凸レンズを使うことを実験しました。

　光学への関心が高まってくるにつれて、1280年頃イタリアで老眼補正用凸レンズを用いた眼鏡が発明され、実際に使われました。1289年のフローレンス人の手書き文書に"最近発見された眼鏡と呼ばれるこれらのガラスは、視力の落ちた老人に非常に大きな好結果をもたらした"とあります。この当時のレンズは、科学的に設計されておらず、眼鏡を選ぶのも、購入者が試行錯誤して行っていました。1300年にヴェネツィアの法定ギルドの

"クリスタレリ"(ガラス工)に関する記事の中に"目のための小さな円板"［近眼用］と、1301年には"読書用眼鏡"［老眼用］のことが記されています。

　眼鏡職人は宝石の表面を仕上げるために行っている粗研削りと仕上げ磨き技法によって容易にレンズを仕上げることができました。

　はじめの眼鏡は、老眼用の凸レンズを取り付けたもので、そのレンズは小さな半径の曲面に磨かれ、比較的つくりやすいものでした。近眼用の凹レンズを初めて述べたのは、1450年のクサのニコラス (1401-64) ですが、16世紀中頃までは一般的な使用には至りませんでした。また彼は、1440年ころコペルニクス (1473-1543) に先んじて地球は太陽のまわりを廻っていると主張していました。

5.2　望遠鏡と顕微鏡用レンズ

　1634年の写本によると、望遠鏡は、1590年頃その当時ガラス製造と光学についての研究の中心地であったイタリアでつくられていました。

　1590年にオランダのツァハリアス・ヤンセン (1580-1638) は、父のハンス・ヤンセンとともに二つのレンズを組み合わせた顕微鏡をはじめてつくったといわれています。1609年にヤンセンは、同じオランダのミッデルビュルヒに住んでいるハンス・リパシー (？-1619頃) と、それぞれ別に最初の望遠鏡を発明しました。

　ヤンセンの顕微鏡を図5.1に示します。オランダのミッテルビュルヒにある博物館に現存する最古の顕微鏡で、伸縮できる円筒に2個の凸レンズを取り付けてあり、中間に球面収差を除くための絞り板が付いています。

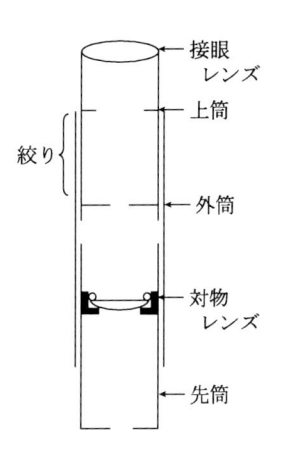

図5.1　ヤンセンの顕微鏡断面図

オランダのレンズ研磨師（眼鏡職人）のハンス・リパシーにより1608年に発明された最初の望遠鏡は、対物レンズとして凸レンズと接眼レンズとして凹レンズを組み合わせた形式で「オランダ式望遠鏡」とよばれるものです。1608年10月2日、リパシーは軍事用の遠距離観察器の試作品を添えてオランダ国会に30年間の特許権を申請しました。これは望遠鏡についての最初の出願でしたが、同年12月15日に「類似品がすでに国内にあり公知公用である」との理由で拒絶されました。オランダで発明された望遠鏡の情報は、1609年にはヨーロッパ諸国に広がり、望遠鏡は各国でつくられるようになりました。

　このうち有名なのはヴェネツィア共和国パドバ大学数学教授ガリレオ・ガリレイ(1564-1642)が、オランダの望遠鏡にヒントを得て、みずからつくった望遠鏡です。彼が最初につくった望遠鏡は、口径42mm、倍率9倍、長さ2.4mのもので、ヴェネツィアの塔の上で高官たちに実演して見せました。ガリレオは9倍から30倍までの望遠鏡を60本以上製作しましたが、レンズは当時最高品質のヴェネツィアのガラスを磨いたものでした。しかしこのガラスは瓶やコップなどの工芸品用のものとしては最高の品質でしたが、透明度も均質度も光学用には不完全なもので、製作した望遠鏡の10％程度しか天体観測には使えませんでした。彼は1637年失明するまで天体観測を行い、木星の4個の衛星を発見(1610年)し、月面の海と山を観測し、1636年には月面が上下左右にゆれ動いて見える秤動さえも発見しました。これは実に近代天文学の開幕を示したものです。

　リパシーやガリレオが製作したガリレオ式望遠鏡は、図5.2のように1枚の対物凸レンズと、もう1枚の接眼凹レンズを両端に嵌め込んだものです。しかし視野が非常に狭いため、今日ではオペラ・グラスにしか使われていません。

　適当な焦点距離のレンズを用いた同じような組合せが、顕微鏡の構成の形式として使われました。

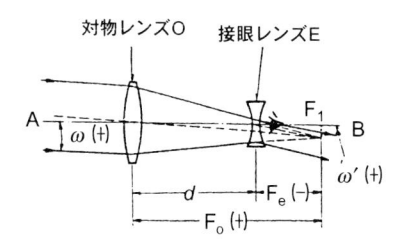

図5.2　ガリレオ式望遠鏡

第5章　光学ガラス

今日一般に用いられている望遠鏡の形式は、1611年に惑星の軌道についてケプラーの法則を打ち立てたドイツの天文学者、ヨハン・ケプラー（1571-1630）によって発明されました。凸レンズの対物レンズと凸レンズの接眼レンズを組み合わせた望遠鏡で、非常に視野が大きく、見える像は倒立です。ケプラーは同時に、もう1枚の凸レンズを加えて像を正立させる地上望遠鏡を発表しました。ケプラー式望遠鏡を図5.3に示します。

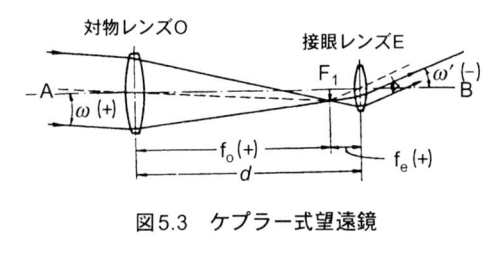

図5.3　ケプラー式望遠鏡

ガリレオ式望遠鏡（オランダ式望遠鏡）やケプラー式望遠鏡のように対物レンズを使用する望遠鏡を屈折望遠鏡（refracting telescope）といいます。

一方、2枚のレンズを用いた複式顕微鏡は、17世紀前半には市販されるようになりました。主に昆虫などの細部を見て楽しむ趣味的なものでした。

顕微鏡を用いて科学的な業績に結びつけたのは、イタリアの医学者マルチェロ・マルピギー（1628-1694）と、フックの法則（弾性の法則）の発明で有名なイギリスの物理学者・天文学者ロバート・フック（1635-1703）です。

マルピギーは、顕微鏡検査の父ともいわれ、1660年にこれまで隠されていた動物や植物の詳細な構造を明らかにしました。また毛細血管を発見し、イギリスの解剖学者ウィリアム・ハーヴィー（1578-1657）の唱えた血液循環説を証明しました。

フックは、凸レンズを2枚組み合わせた倍率150倍の顕微鏡を用いて観察を行い、その成果をまとめ、1665年に名作『ミクログラフィア』を出版しました。240頁を超える大著で118枚の図版が収録されています。昆虫類23種、植物類15種と多く、鉱物の観察も記録されています。

フックの使用した顕微鏡を図5.4に示します。資料に光を当てるのに、

ランプを巧みに利用しました。

　また彼は、コルクの細胞構造を観察し、細胞の発見者とされています。この頃コルク栓(7.2.1参照)が使われるようになり、なぜコルクは軽くて柔らかいのかの疑問から観察が行われました。

　フックの観察したコルクの細胞の観測図を図5.5に示します。

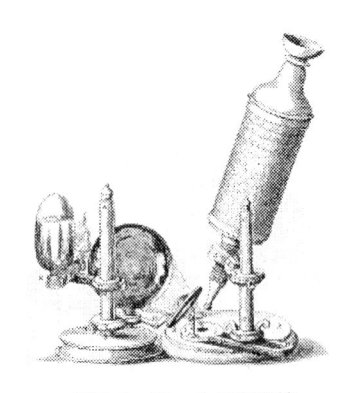

図5.4　フックの顕微鏡

　この二人のあとを引き継いだ最も顕著な研究が、オランダの機器製造職人であり、ずばぬけた才能を持った生物学者アントニ・ヴァン・レーベンホク（1632-1723）によって行われました。彼の顕微鏡は2枚の金属板の間に締め金具で止めた小さな単一レンズを使ったシンプルなものでしたが、当時の複式顕微鏡の性能を超える40～270倍の倍率のものと推定されます。彼はこの最善の倍率の顕微鏡レンズを自身で研

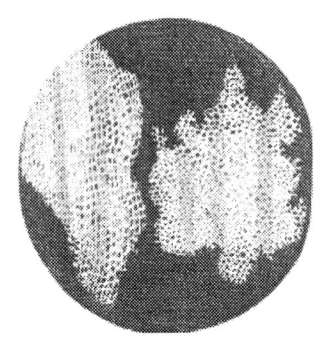

図5.5　コルクの細胞の観測図

磨し、これを用いて数々の発見を行いました。彼は正確に血球を描き、筋繊維、精子、皮膚、毛髪、歯、眼等の構造を観察しました。また彼は、重要な動物学上の調査を行いました。すなわち原生動物の浸滴虫類、輪虫類、アリの卵、蛹、ニチニール、カイガラムシ、ノミ、ムラサキイガイ、うなぎです。彼はこの膨大な研究を90才に至るまで行いました。

5.3　レンズ固有の欠陥

　屈折望遠鏡にはレンズに起因する固有の欠陥がありました。一つのレンズが遠い物体からの光を焦点合わせした場合、レンズの端を通して来た光は、レンズの中心を通してきた光とは異なる焦点を結びます。このことは

不完全な像になることです（図5.6(a)参照）。球面収差として知られるこの欠陥は、哲学者・数学者として知られているフランスのルネ・デカルト（1596-1650）が『屈折光学』の中で楕円や双曲線などの非球面にすれば解決すると発表しました。今日では非球面を持つレンズを用いることで解決しています。

このような非球面レンズの研磨は18世紀から試みられ、20世紀後半にできるようになりましたが、当時正確に且つ安価につくることは非常に困難でした。一般にレンズ研磨は、レンズブランクを曲面に装置し、すべての余分なものが削り取られるまで、類似の鉄製の曲面との間に泥状の研磨剤を入れながら揺動させて行われます。一方は他方の上をどの方向にも自由に滑り動くことができるので、この曲面研磨は両方の表面が球面の場合にのみできます。レンズブランク用の鉄製の保持台は同じ方法でつくられます。このように球面は比較的簡単に正確につくることができます。

収差の2番目は、色収差（図5.6(b)参照）として知られているものです。ガラスの屈折率は光の波長により異なります。異なる波長の光は異なる焦点を結ぶことになり、その結果、像に色のずれ（fringe）が生じます。我々が見る美しい虹は、波長に対する水の屈折率の違いにより生じるものです。レンズではこの屈折の違いは色収差の原因となります。

プリズムに太陽光を当てると、赤、橙、黄、緑、青、紫の各色に分散してスペクトルを生じることを、1666年アイザック・ニュートン（1642-1724）が発見しました。レンズも同じ理由で、色によって焦点距離が異なります。

図5.6にレンズによって屈折した光線により生ずる球面収差と色収差を示します。(a)は球面収差を表しています。レンズの縁を通過した光線とレンズの中心を通過した光線は同じ焦点を

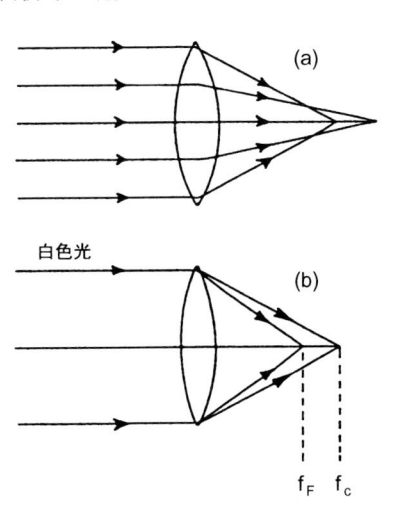

図5.6 球面収差と色収差

結びません。

(b)は色収差を表しています。異なる波長の光線はレンズ軸上の異なる点に焦点を結びます。赤色線の焦点 (f_c) と青色線の焦点 (f_F) を示しています。

屈折望遠鏡の観測者たちは、多くの経験によって、対物レンズの口径の2乗に比例して焦点距離を長くすれば色収差を無視できることを知りました。すなわち口径が大きくなると望遠鏡の長さは非常に長くなります。

1664年オランダの物理学者で天文学者であり正確な振り子時計を開発したことで有名なクリスチャン・ホイヘンス（1629-95）は、図5.7のように対物レンズを塔の上に取り付け、鏡筒を取り払った空気望遠鏡とよばれる望遠鏡をつくりました。彼は物理光学と力学の発達に大きな貢献をし、17世紀の科学に与えた重要性ではニュートンに次ぐといわれています。

彼はこの望遠鏡を使って、土星の最大の衛星タイタンを発見し、長期にわたって土星の輪を観測し、正確に記述しました。また火星の表面の模様をはじめて観測しました。

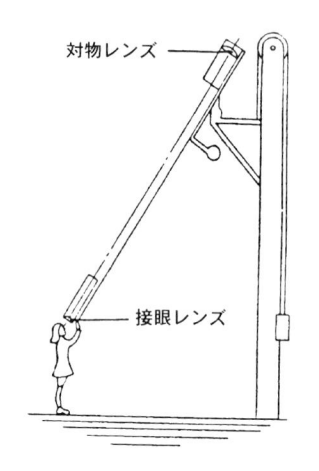

図5.7 ホイヘンスの空気望遠鏡

1675年にボロニア大学天文学教授ジョバンニ・ドメニコ・カッシーニ（1625-1712）は、長さ40mにおよぶ空気望遠鏡を使い、土星の環が惑星を取り囲む1枚の円板でないことを発見しました。この環の隙間は現在カッシーニの間隙として知られています。彼は後にルイ14世に招かれ、初代のパリ天文台長になりました。

ダンツィッヒの熱心な天文アマチュアのヨハン・ヘーフェル（1611-1687）は、焦点距離150フィート（45m）の最長の空気望遠鏡をつくりました。彼の名はラテン名ヨハネス・ヘヴェリウスのほうが有名です。彼は1682年秋に現れたハレー彗星をこの大望遠鏡で観測し、その核が楕円に見えたと報告しました。この望遠鏡はあまりにも大きく、風のある日は観測

図5.8 ヘヴェリウスの空気望遠鏡

が困難でした。

ヘヴェリウス所有の三軒の家にまたがって広がる大きなテラスの上につくられた空気望遠鏡を図5.8に示します。

色収差の原因は、1671年ニュートンによって、波長による屈折率の違いから生じると初めて正しく記述されました。すべてのスペクトル色から成っている白色光が、レンズに突き通った時、それぞれの波長の光は違った量で曲げられ、光路をはずされ、光線がレンズから出ると再び同じことが生じます。偏向角（angle of deviation）は入射光と可視スペクトルの中心に近い、例えば波長5893Å（スペクトルD線）の黄色の一つの透過光の間の角度の違いと定義されます。分散角（angle of dispersion）は、一般には赤色線波長6563Å（スペクトルC線）と青色線波長4861Å（スペクトルF線）を採用されているスペクトルの透過線の角度の差として定義されています。分散と偏向（deviation）は、上記の三つの波長にそれぞれ対応する屈折率N_D, N_C, N_Fを用いて検討することができます。屈折率は入射角のサインと屈折角のサインの比として定義されます。そこで分散能、すなわち相対分散は次のように定義されます。

$(N_F - N_C) \div (N_D - 1) = V$

Vは、偏向の量と分散量との割合を計っています。光学ガラスカタログ

には、収斂値（アッベ数）として知られているVの逆数が一般には使用されています。現代の光学ガラスの収斂値の値は、90（低分散）から21（高分散）の範囲です。

色収差は、光軸上に赤色と青色の像を同一点に結ぶような集光レンズ（converging lens）と分散レンズ（diverging lens）を組合せることによって修正されます。しかし、これでは収差は完全には除くことはできません。その理由は、このシステムは二つの特定した波長に対してのみ修正したからです。しかし、ガラスの種類を注意深く選択し、レンズの設計を注意深く行うことで、収差を大きく減少させることができました。色収差補正の条件は、レンズの焦点距離 f_1 と f_2 と、それらの分散能 V_1 と V_2 とに次の関係が成り立つことです。

$f_1/f_2=V_1/V_2$

ニュートンが使用した当時の多くのガラスはアルカリ石灰ガラスで、相対分散が大きく変わったものではありませんでした。不運なことに彼の観察から、彼はすべてのガラスは、同じ相対分散を持つと信じてしまいました。それによってレンズ系での色収差の補正は、不可能であると結論してしまいました。この見解は最初の色消し二重レンズ系がつくられた、75年後まで続きました。

色収差を修正できないと結論付けたことから、ニュートンは、この欠陥の影響を受けない反射望遠鏡の開発に関心を向けました。1668年にニュートンは初めての球面反射鏡を用いた望遠鏡をつくりました。引き続き1671年にイギリス王立協会の求めに応じ、改良2号機をつくりました。

図5.9にニュートンの反射望遠鏡の原理図を示します。

ニュートン式反射望遠鏡を図5.10に示します。

筒にはいった光は、金属の凹面鏡（A）で反射して、平面鏡（D）に進み、反射して接眼レンズ（F）をと通って目に入り

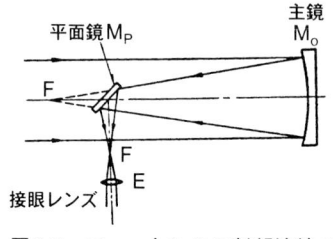

図5.9　ニュートンの反射望遠鏡の原理図

ます。ネジ(N)で凹面鏡と平面鏡の距離を調節して焦点を合わせます。

ニュートンが試作した望遠鏡は、主鏡の有効径50.4mm、筒の長さ6インチ、反射鏡の曲率半径13インチ、接眼レンズの焦点距離1/6インチ、倍率約38倍のものでした。これは色収差がなく、鏡筒が短く使いやすいものでしたが、ベル・メタルでつくられた反射鏡の光の反射率が20％程度しかなく、屈折望遠鏡に比べ像が暗いものでした。ニュートンが試作した望遠鏡は、

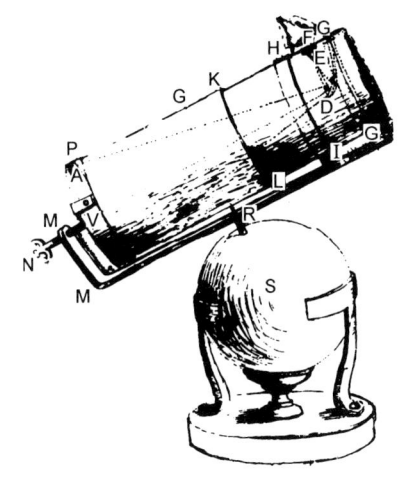

図5.10 ニュートン式反射望遠鏡

天体観測に使えるものはありませんでした。これは色収差がなくなりましたが、球面収差の問題は依然として残りました（図5.11a参照）。鏡筒が短く使いやすいので、長い間玩具として使われていました。

球面鏡と放物面鏡の反射光線の軌道を図5.11に示します。
(a) 球面鏡：それぞれの光線は異なる焦点を通過しますので、像は乱れます。
(b) 放物面鏡：遠距離物体から鏡に入るすべての光線は、同じで焦点に反射されます。したがって像は鮮明です。

この情況が変化したのは、はるか後の1723年にイギリスの数学者・発明家ジョン・ハドレー（1682-1744）がつくった最初の放物面反射望遠鏡の製作からです。放物面鏡は、入って来た軸に平行なすべての光線を反射し、その軸上に一つの焦点に結ばせることができる

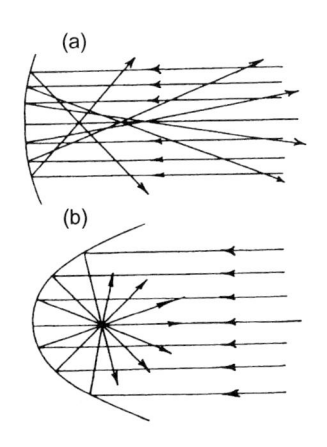

図5.11 球面鏡と放物面鏡の反射光線の軌道

特性を持っています。このようにしてこの天体望遠鏡は、球面鏡より球面収差のない、十分に満足できるものとなりました（図5.11b参照）。反射式望遠鏡が商業用につくられたのは、さらに10年以上後の1740年頃です。スコットランドのジェムス・ショート（1710-68）が、いろいろな方式の反射式望遠鏡を大量に製作し、販売しました。

　しかし金属放物面鏡は、製作の困難さや、鏡面が錆びて曇り、反射率を良好に保つため磨き直す必要があり、その都度面精度が変わるという問題を抱えていました。このようなことから、かつて長く使われた屈折望遠鏡を使用しようとする動きが生じてきました。色収差を補正しようとする努力がさかんに行われるようになり、1733年にイギリスの法律家で望遠鏡に興味を持つアマチュアのチェスター・ムアー・ホール（1704-71）が、収斂クラウンレンズ（ソーダガラス）と発散フリントレンズ（鉛ガラス）を組み合わせた色消し対物レンズ（アクロマート）を発明しました。彼はニュートンの見解にかかわらず、色収差の補正は必ず可能であるという信念を持って、実験を遂行しました。その理由は「人間の眼のレンズシステムには、色のずれた像が現れることはない。神様のつくったものにムダはない」という考えからです。実際には、眼の色収差はあるが、それはほんのわずかで許容できる程度のものです。

　色消し二枚レンズは、17世紀後半イギリスでジョージ・レーヴンスクロフト（1618-81）が発明した鉛ガラスが実用になった時、つくることができるようになりました。18世紀のフリントガラスは高鉛含有でした。比重も大きく、屈折率もクラウンガラスよりはるかに大きいものでした。それはまた、分散も非常に大きく色消し二重レンズをつくるのに適していました。

　凸のクラウンレンズと凹のフリントレンズの貼り合わせから成っている色消しレンズの特許は、1758年光学者であり光学機器製作者であるジョン・ドロンド（1706-61）に認可されました。

　色消しレンズを図5.12に示します。

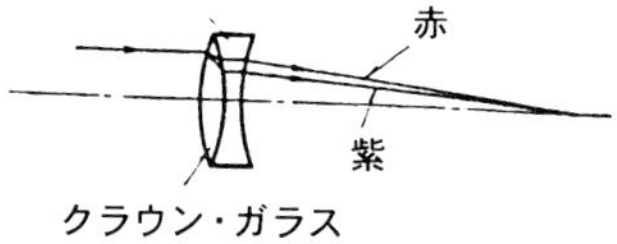

　光学特性の異なる凸レンズのクラウンガ

図5.12　色消しレンズ

ラス（例：屈折率1.5168、アッベ数64.2）と凹レンズのフリントガラス（例：屈折率1.6200、アッベ数36.2）をバルサムで貼り合わせ、単色光D線とG線の二つに対して色消しを行いました。

　ドロンドはチェスター・ムアー・ホールの発明した二重レンズを、ムアー・ホールのためにレンズをつくっていた研磨職人から学びました。ドロンドのレンズは商業ベースでつくられましたが、品質は劣っていました。ドロンドの息子ピーター・ドロンド（1739-1820）がその特許権を強く行使した結果、色消しレンズの競合製品がなくなり、品質は低いままでした。しかしドロンドの研究により色消し顕微鏡がつくられ、大きな成果を収めました。

　色収差の解決により、色消し望遠鏡は、反射望遠鏡と屈折望遠鏡との競争の時代に入りました。

　ドロンド父子商会は、色消し望遠鏡を盛んに製造販売しました。その対物レンズは、最大の口径が125mmのもの1個で、他は95mm以下でした。大きなガラス素材が入手できなかったからです。

　18世紀の終りまで、レンズ用ガラスは、他のガラス工業分野の副産物として入手されていました。レンズは小さく、一般に光学的な品質の低いものでした。多くは泡を含んだり、未溶融の原料を含むため不均質であったし、ガラス中への不純物のため色づいていたものでした。レンズは厚いクラウンすなわち板ガラスから切断され使われていました。そのため"クラウン"ガラスという名称は、ソーダ石灰シリカ系の光学ガラスに対して初めから使われました。

　色消しレンズが開発されたことで、望遠鏡は理論と製造の両面で新しい局面を迎えました。微積分学の発展に尽くしたスイスの数学者レオナード・オイラー（1707-83）は、1769～71年に光学計算の基礎となる『屈折光学』Dioptrica 全3巻を著し、パリの数理物理学者アレクシ・クロード・クレロー（1713-65）は、レンズの球面収差をはじめて研究し、スウェーデンの物理学者サムエル・クリンゲンシュティールナ（1697-1765）は、色収差のない光学機器をつくる最良の方法を考案しました。このようにレンズについて理論的に研究されるようになりました。

5.4 光学ガラス製造法の開発
ギナン、フラウンホーファー

　無色透明で一定の屈折率をもつ均質な光学ガラスを製造する技術は、18世紀末スイスの職人ピエール・ルイ・ギナン（1748-1824）によって大きく進歩しました。彼は時計ケースの木細工職人でしたが、後に金属職人として腕を磨き、時計用のベルを鋳造する仕事を行っていました。1768年頃から望遠鏡用のガラスに興味を持ち、溶融について長期間にわたって多くの試験を行っていましたが、うまくいきませんでした。ガラスの均質性を改善するために、溶融ガラスを撹拌するという革命的なアイディアは、彼が時鐘を鋳込む作業をしていた時に浮かんだものといわれます。それは、時鐘つくりに使用される溶融金属は、正確に均質化するためには鋳込みに先立って必ず撹拌しなければならなかったからです。別の話では、溶けたチーズに円やかな味付けをするため、バターや卵を入れた"フォンデュ"を撹拌している時に閃いたともいわれています。

　光学ガラスを製造する技術の基礎は、1774〜1805年の30年間の実験により固められました。1784年ギナンは、フランス国境に近いブルネの村にガラス工場を建設し、1790年頃に、直径20インチ（508mm）までの無色透明均質なソーダガラスの製造に成功しました。これが世界最初のクラウンガラスの大塊でした。

　1798年の夏、初めて撹拌棒を使用しました。この撹拌棒は茸の形をしているもので、うまくはいきませんでした。しかし、1805年までにギナンは、後に広く使用されるようになった多孔性の耐火粘土を焼成した中空の円筒状の撹拌棒を考案しました。同じ原理のものが今でも光学ガラス製造のために使われています。しかも、はるかに厳しい制御条件の下で行われています。撹拌はガラスを均質化するただ一つの有効な手段です。

　ガラスのいろいろな成分が、内部拡散によって均質化するには非常に長い時間を要します。したがって不均質な部分がごく小さくなるまで、撹拌作用によって不均質な部分を拡散させ、均質化する必要があります。すな

わち内部拡散では非常に僅かな距離しか移動しないので、撹拌により均質化を促すのです。撹拌が必要なことは、コップの中の水に砂糖が溶けて行くのを観察すれば容易に理解できます。ガラスの中で自然に拡散が進む速さは、撹拌によるより約1万倍も長い時間を要します。

　均質化の問題は、特にフリントガラスに重要です。フリントガラスでは、比較的高比重の酸化鉛が、ガラス中で不均質な分布をする傾向があるからです。ギナンは光学ガラスの製造について画期的な方法を考案しました。その方法は、ポットの中で撹拌され均質化されたガラスをポットごと冷却するものでした。冷却固化されたガラスは大小いろいろな形状の塊に割れます。この塊を肉眼で選別し、泡、石ブツ、脈理などの欠点のないガラスを取り出します。これを再加熱して所定のガラス塊を得ます。なおこの光学ガラスの製造法はこの後150年以上も使われてきました。

　ギナンはこの製造法を固く秘密にしていました。1800年頃直径15インチ（381mm）までのフリントガラスの製造に成功しました。

　撹拌により、バッチに重い比重の原料を多く加えることができるようになり、ガラスの組成範囲を広げることができるようになりました。撹拌時間を伸ばすことによって、溶融中に発生するガス泡をなくす助けにもなります。

　ギナンの世界最初の高品質フリントガラス製造の成功の噂が広まった頃、バイエルン選帝国では、ミュンヘン市長を務めたヨーゼフ・フォン・ウッツシュナイダー（1763-1840）、ライヘンバッハ（1772-1804）、リープヘルの3人が測量器製造を目的に、1802年に首都ミュンヘンに研究所を設立し、同市の南約50kmのベネディクトボゥルンに光学工場を建設しました。ウッツシュナイダーは、1805年にギナンを技術顧問として招き、光学ガラスの製造を指導させました。また若い科学者ヨーゼフ・フォン・フラウンホーファー（1787-1826）に光学ガラス製造法を教育させました。フラウンホーファーはギナンから手ほどきを受け、熱心に研究活動をしました。彼らは撹拌工程を改善し、良質のクラウンガラスとフリントガラスを製造し、さらに高密度のフリントガラスとクラウンガラスの範囲を広げました。やがてフラウンホーファーは、屈折望遠鏡の黄金時代を築き上げました。

フラウンホーファーは、1814〜15年の間いろいろなガラスの屈折率を調べていた時に、太陽スペクトルの中に暗線574本（フラウンホーファー線・現在では数万本）を発見しました。これを基準として光学ガラスの屈折率を正確に測定し、回折格子を製作して光の波長を測り、ガラスの量が少なくて、しかも光学特性の優れたフラウンホーファー型という薄肉の望遠鏡の対物レンズを設計しました。また干渉縞による簡単なレンズ面検査法（ニュートン・リング法）を考案し、収差の三角追跡法を開発し、工業的なレンズ製作法の基礎を確立しました。

図5.13にフラウンホーファーがウッツシュナイダーらに分光器を説明している絵を示します。また彼は、ガラスの化学的耐久性について研究し、混合アルカリのガラスが耐久性に優れていること（混合アルカリ効果）を発見しました。

彼は多くの発見をし、高品質の光学ガラス製造法の開発にも成功し、光学の発展に大きな貢献をしましたが、ただ

図5.13　フラウンホーファーが分光器を説明

の技術者ということで、学会に出ても発言は禁じられていました。しかし結核のため若くして40歳で亡くなった彼の墓碑には、「彼は星を近づけた Approximavit sidera」と刻まれ栄誉を称えられました。

ギナンは1814年にスイスへ戻り、1824年に亡くなりました。撹拌工程に関する秘密は、彼の息子アンリ・ギナン（1771-1851）に引き継がれました。アンリは1832年に、パリに光学ガラス工場を設立しました。今や他の国々は、光学ガラスをつくるのに非常に関心を持つようになり、撹拌工程の一層詳しい内容を得ようと切望していました。しかし、イギリスでは、商業的な光学ガラスの製造は、バーミンガムのチャンス兄弟によって始まった1848年まではできませんでした。

5.5 ファラデー、ハーコートの光学ガラス研究

フラウンホーファーが行った製造条件による屈折率の依存性に関する研究論文を受け取った英国王立協会（1660年創設）は、大陸で盛んにつくられていた光学ガラスの製造法の導入に先立って、化学者としてのマイケル・ファラデー（1791-1867）、天文学者のジョン・ハーシェル卿（1792-1871）と光学器械製造業一族のジョージ・ドロンド（1774-1852）の三人に光学ガラスの製造法についての研究を要請しました。光学機器に使用するガラスの改良を課題とする一つの委員会が、1824年王立研究所（1799年創立）に設置されました。

ガラスの製造について全く知識も経験のないファラデーに、ハーシェルとドロンドの光学機器に使うガラスブランクの製造と供給する責任が与えられました。彼はブラックフライアーのファルコンガラス工場で実験を開始しました。政府は、この仕事が実用的な成功を収めるまで、実験に対する消費税を免除し、炉、原料、労働に要する費用を負担することに同意しました。ファラデーは、初めにフリントとクラウン両方のガラスについて研究しました。高温のルツボ中でガラスに脈理や筋が、フリントガラスでより多く生じるため、1828年以降彼はこれらの問題を解決することに集中しました。

図5.14に王立研究所にあるファラデーの実験室を示します。

図5.14　王立研究所にあるファラデーの実験室

ファラデーは、シリカ、硼酸、酸化鉛の三原料からなるバッチを使って、粘土ルツボで粗溶解ガラスをつくり、これを四角の白金フォイルに移して再溶融し、容器の中で白金撹拌板を水平に往復運動させて、均質ガラスをつくることを試みました。白金容器でのガラス溶融の利点と、均質性を高める撹拌の重要性を論証しました。また彼は生原料の純度に大きな注意を払い、これによってガラスに濃い紫色が生じるマンガンの効果を発見することができました。この効果は通常のフリントガラスよりはるかに顕著に現れます。また彼は、鉄はガラスを非常に濃く着色させる原因になることを述べ、光学ガラスは、調合作業中に汚染物となる金属が入らないようにすることが重要性であると報告書の中で強調しています。

　彼はガラスのプロセス研究に初めてモデル実験を行いました。溶融ガラスの分相、撹拌による均質化、清澄などの問題研究のため、ガラスと同等の粘性液体として、白砂糖からつくったシロップを使い、モデル実験を行いました。

　ファラデーは、その当時つくられていたフリントガラスの約2倍の高比重6.4のガラスまで、広範囲のガラスを製造することに成功しました。この重いガラスは、60〜82％の酸化鉛を含む鉛硼酸シリカガラスです。彼は、そのガラスを、高品質の対物レンズをつくるのに使用しました。

　細心の注意をはらったこれらの研究の成果は、不幸なことにその当時実用的な効果としては小さなものでした。そして工業経営者達が、良質の光学ガラスを大陸から輸入ができることを認めた1830年に、研究は中止されました。しかし鉛硼酸ガラスについての彼の研究は、むだにはなりませんでした。1845年9月13日に彼は、ファラデー効果として今日知られている光と磁気との間の相互作用を、鉛硼酸ガラス中で観測しました。それは、イギリスの物理学者ジェイムス・クラーク・マックスウェル（1831-79）に、19世紀の古典物理学の中で、傑出した功績である光の電磁気理論を生み出す影響を与えました。ファラデー効果を観察するには、一つの平面での偏光をつくる必要があります。今日では人造偏光板でごく普通に得られますが、当時は臨界角での反射か、一方向にしか光の波動が透過しない偏光板のような働きをする電気石の結晶によって得られていました。こ

第5章 光学ガラス

の偏光が、磁場中に置かれた重フリントガラスのブロックを透過すると、その結果偏光面は回転します。この効果は最近レーザー技術に使用されています。

ガラス特性と広い範囲の成分元素との関係効果について、最初の広大な研究をイギリスの牧師のウイリアム・ヴァーノン・ハーコート（1789-1871）が行いました。18世紀後半から19世紀前半は、化学が発達し、新しい元素の発見や分離が行われた高度な顕著な進歩があった時期です（3.5参照）。1834年からハーコートはガラスの光学特性について、多くの新しい元素が及ぼす効果について研究を開始しました。

最初にガラスに用いた元素はベリリウム、カドミウム、弗素、リチウム、マグネシウム、モリブデン、ニッケル、タングステン、ウラニウムとバナジウムでした。彼はまた先に他の研究者によって行われていた元素、アンチモン、砒素、バリウム、ボロン、燐、錫、亜鉛の効果についても研究しました。ハーコート時代にガラス製造に使われた元素を表5.1に示します。

ハーコートの水素燃焼の溶融実験装置を図5.15に示します。その装置は、

表5.1 ハーコート時代にガラス製造に使われた元素（長周期型周期表）

周期・族	1	2	3	4	5	6	7	8	9	10	11	12	13	14	15	16	17	18
2	*Li*	*Be*											**B**			O	*F*	
3	Na	*Mg*											Al	Si	**P**	S		
4	K	Ca		*Ti*	*V*	*Cr*	**Mn**	Fe	Co	*Ni*	Cu	Zn			As			
5		**Sr**				*Mo*						Cd		**Sn**	**Sb**			
6		**Ba**				*W*					Au		**Ti**	**Pb**	**Bi**			
					U													

ローマン体（Siなど）通常使用されていた元素
太字（**Sr**など）他の研究者が試みた元素
イタリック（*Be*など）ハーコートが始めて用いた元素

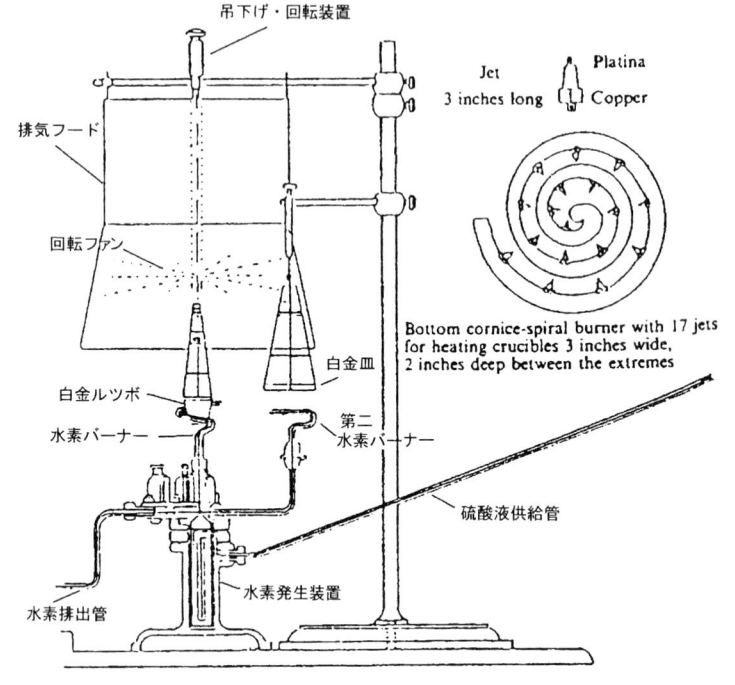

Figure 3. *A diagram of Harcourt's hydrogen furnace: from the report of the 1844 British Association meeting*

図5.15　溶融実験装置（水素燃焼）

　白金ルツボを用いた非常に小規模なものでした。彼の溶融方法は、ゼンマイ仕掛けで回転する小さなルツボ（口径75mm、深さ50mm）と、水素を燃料に使用したスパイラルバーナーで行われました。彼がガラスを撹拌しなかったのは、精密な光学機器を製作するのに必要な、再現性のある光学特性のガラスを得るのに、彼はいつも失敗していたためと考えられます。

　ハーコートの水素発生装置は、高圧に耐えうる鉛内張りの金属容器でつくられていました。その中に426gの亜鉛薄片を入れておき、6ℓの水と375ccの濃硫酸の混合液を冷やしてから、注入して水素を発生させました。

　白金ルツボを均一加熱するため、上部吊下げに時計の回転機構を取り付け、回転させましたが、さらに後では、ルツボ周辺の空気を対流させるた

めに回転ファンを取り付けました。

　ハーコートの研究は珪酸塩ガラスに限るものではありませんでした。珪酸塩に溶かし込んで均質なガラスにすることが難しかった一部の元素は、燐酸塩、硼酸塩、チタン酸塩に溶かし込み、少なくとも166種のガラスをつくりましたが、彼は発見したことを論文として広く発表することはありませんでした。

　有名な数学者で物理学者のジョージ・ストークス（1819-1903）が、ハーコートの研究を学び、彼と協同して1871年に研究結果をまとめて発表し、科学団体の注目を受けました。しかしこの年にハーコートは死にました。1874年ストークスはハーコートのあるガラスを使い、英国王立協会に二次スペクトルを除去した非常に小さな三枚構成の対物レンズを提出することができました。また小さな二枚構成のレンズをつくりました。ハーコートのガラスは完全には均質ではありませんでしたが、種々の異なるガラス製造用原料を使用して、分散と屈折率を変えたガラスをつくった彼の研究により、その当時の光学問題解決の糸口が開かれました。

　ハーコートの研究によりイギリスのガラス工業は、ガラス組成の違いによる光学特性の効果についての研究が一層促進されました。しかしながら、バーミンガムのチャンス・ブラザーズ社による、標準光学ガラスのクラウンとフリントの製造に比べると、これはほんの僅かなものでした。新組成ガラスの開発の実験は、その当時のイギリスでの全てのガラス製造に課せられていた過大な税金によって、強く制約されていました。そのためチャンス・ブラザーズ社は、溶融撹拌による標準ガラスの品質の改善にのみ集中していました。したがって、ガラス組成の研究の主導権は、フラウンホーファーとハーコートの研究をもとに進めたドイツのガラスメーカーに移りました。

　先に述べことから明らかなように19世紀後半までの新ガラスの開発は、偶然的な発見から行われました。これら初期の研究は、要求からの動機で行われましたがシステマティックには行われませんでした。均質なガラスをつくることが難しく、ハーコートの研究を除いてはごく限られた少ない原料を使用して行われていました。

5.6 ボンタンとチャンスの協力

　光学ガラスの性能改良への関心が増してきたこの時期、ギナンの秘密製造法の詳細な知識を身につけようとする多くの試みがなされました。

　ショワァシィ・ル・ロアにガラス工場を所有しているフランスのガラス技術者ジョルジュ・ボンタン（1801-1882）は、フランス科学アカデミーからガラスについての賞を獲得しようと努力していました。彼は光学者であるルルボーからアンリ・ギナンを紹介されました。そして、この3人は、1827年、ギナンの秘密製造法を購入して、ボンタンが開発する契約を結びました。不運なことにアンリ・ギナンは彼の父より撹拌に関する知識が劣っていたため、この契約は、ショワァシィ・ル・ロアでの実験が失敗した後打ち切られました。ボンタンは引き続き研究を行い、1828年には、12インチの満足できる品質の光学ガラス円板を科学協会に提出することができました。

　板ガラスの開発に関するボンタンとバーミンガムのチャンス・ブラザーズ社のルーカス・チャンス（1782-1865）との研究については、第6章で述べます。1832年この分野で彼らの協同作業が始まりました。1837年に、ボンタンは彼らの共通の友人で、イギリスに板ガラスの製造技術を導入することに協力しているアントニ・クロード（1797-1884）と、光学ガラスについて協議を始めました。ショワァシィ・ル・ロアの工場は、今まで10年間定期的に光学ガラスを製造してきて、かなりの大きさのフリントとクラウンの光学ガラスの円板をつくることができるようになりました。

　スメスウィックのチャンス・ブラザーズ社スポン・レーン工場で、光学ガラスを製造する契約折衝が、1837年5月に始まりました。ボンタンは、チャンス・ブラザーズ社が彼の知識に対して合計3,000フランの金額を支払うことで合意しました。この金額は彼が同じ技術情報に対してギナンに初めて支払ったのと同じ額です。なおこの金額はチャンス・ブラザーズ社が、同じ額の利益を生み出したとき支払われることになっていました。ギナンの製造法の特許は、1838年3月にルーカス・チャンスが取得しました。

幾つかの理由から、光学ガラスの研究はなかなか進みませんでした。板ガラスの新しい製法の開発試作に多くの時間を取られたこと、チャンス・ブラザーズ社とフランスのボンタンとの間の情報交換がうまくいかなかったことも理由にあげられます。1840年6月ルーカス・チャンスは製造工程を完全にするため、イギリスにボンタンを招待しました。ボンタンはこの招待に同意するに当たり、一人の熟練工を先に送ることを提案しました。しかしウィリアム・チャンス(1800-72)は、この提案に強く反対しました。それは、光学ガラスをつくることは、他の開発計画と比べはるかに重要性に欠けているし、またすべての開発は、会社の組織の中で行われなければならないと信じていたからです。彼の見解は、ルーカスに打ち勝ちました。その結果、光学ガラス製造は8年間延期されました。

1848年ボンタンは、ルイ・フィリップ（在位1830-1848）を退位させた二月革命に関係したためフランスを離れなければならなくなりました。そして彼はチャンス・ブラザーズ社と、彼らの事業の多くに対し全面的に奉仕する契約をしました。彼がイギリスに到着した時、ボンタンは直ちにカメラ用の軟クラウンと軽フリントと、望遠鏡用の硬クラウンと重フリントの製造を始めました。硬クラウンは、普通のクラウンガラスと似た組成ですが、アルカリとしてソーダの代わりにカリが用いられました。軟クラウンは砂に対する石灰と鉛丹の相方の割合は砂100パートに対し9.66パートでした。チャンス・ブラザーズ社の古い筆記帳にこの情報が書かれていますが、ボンタンがその後つくったガラスのアルカリ量については書かれていません。最初の重フリントガラスは、同じ量の砂と鉛丹を含有しています。しかし、ボンタンは1867年まで、鉛の量を徐々に増やし砂5パートに対し鉛丹9パートを使用した2倍の屈折率の超重フリントガラスをつくり出しました。彼はひきつづき、鉛の含有量を変え、ある程度アルカリを補正した6種のフリントガラスを、チャンス・ブラザーズ社で製造しました。これらのガラスは、新しい光学ガラスがドイツのショット社によって売り出された1870年代まで、チャンスの標準品となっていました。

光学に関する事業は、やがて非常に繁栄し、利益の出る事業になりました。チャンス・ブラザーズ社は、1851年の万国大博覧会で画期的な光学ガ

ラスの展示を行いました。その傑出した展示品は、直径29インチ、厚さ$2\frac{1}{4}$インチ、重量200ポンドの円板状の重フリントガラスで、それは折れ込みも、脈理も、泡もないほぼ完全なものでした。チャンス・ブラザーズ社は、25インチ径までの完全なレンズを成形できることを示しました。この円板は評議会メダルを取得しました。その審査決定は、"当時最も大きな対物レンズは、プルコワと米国のニューケンブリッジの径16インチのものでしたが、この円板はそれよりはるかに大きく、非常に優れた成果である"との評価から行われました。

5.7 光学機器工業の発展

　チャンス・ブラザーズ社の光学ガラス製造の成功によって、光学機器工業からのガラスの需要が拡大しました。19世紀の中頃まで、高品質の光学ガラスはイギリスでつくられました。そして、ニュートン、ムアー・ホール、ドロント、ファラデー、ハーコート等の研究により新ガラスや新光学システムの開発と供給の上で、イギリスは他の国々をリードすることができました。しかし18世紀から産業革命を興し多くの分野で指導的立場にあったイギリスは、1850年代には光学ガラスの分野でその地位を失いました。その地位をドイツに取られたのです。

　この変化の理由は複雑ですが、一番大きく寄与した要因は、ドイツの科学者、ガラス製造者、光学者、機器メーカーの間に、お互いに快く情報を交換しあって共同で開発を進めて行くという緊密な関係ができたからです。エルンスト・アッベ（1840-1905）とオットー・ショット（1851-1935）が新種の光学ガラスを開発した時、ドイツ政府は、成長工業への一定の支援、特に教育の分野で支援を行いました。19世紀の第四四半期に、多くの町に職業学校が設立されました。学校には機器をつくるための科学研究室や工作室が付属していました。これにより学生と科学者と機械工との間に密接な接触が出来るようになりました。一方イギリスでは、だいぶ後の1917年に、ロンドンの帝国カレッジで応用光学のプログラムが設立されるまで、大学での光学の技術的な教育は行われませんでした。

第5章　光学ガラス

　ドイツの光学機器工業は、ベネディクトボルンでのフラウンホーファーの光学ガラスの改良研究から（1805～25年の間）始まったといわれています。しかし、彼は光学ガラスをつくるために完全に信頼性のある商業的な製法を考案することはできませんでした。彼は19世紀ドイツにおいて、ガラス職人と機器製造職人と緊密に仕事した科学者の代表的な例です。1807年に彼は、1802年にガラス製造業者ウッツシュナイダー、ライヘンバッハ、リープヘルによって設立された機械光学専門学校に参加しました。後にフラウンホーファーとウッツシュナイダーの2人は協力して、ミュンヘンの光学機器工作所の所有者になり、光学ガラスの改良を進め、工場の各作業を標準化し、屈折望遠鏡の黄金時代を築きました。このようなタイプの協力体制は、最初に光学協会が設立された1889年まで、イギリスには全くありませんでした。イギリス科学機器協会は、1918年になってやっと設立されました。

　フラウンホーファーと彼の協力者が、成功したドイツ光学工業の成長のための基礎がためを行っている間、イギリスはこの分野での地位を保持するため、大きな困難を経験していました。開発に影響を及ぼす主な要因は、フリントガラス、特に天体望遠鏡に要求される大型レンズに賦課される政府の重税です。18世紀、19世紀中のガラスにかけられた一般税による影響については1.11節でも触れました。光学工業は、これらの抑圧的な手段から被害を受けたものの一つでした。光学ガラスへのガラス税は1845年に撤廃されました。これは政府の政策が、奨励産業の一つとしてやっと認めたからですが、遅きに失しました。

　このようにして1850年代にイギリスは、望遠鏡製造の上でフランスとドイツに追い抜かれました。しかし、イギリスの顕微鏡の対物レンズは19世紀の最後の年まで最優秀品として認められていました。

　イギリスのガラス品質は非常に優れていましたが、顧客から改良された新しいガラスの要求が全くなかったので、光学ガラス工業は同じタイプのガラスをつくることに甘んじていました。1850年代と1860年代のチャンスの標準ガラスは、すべてのイギリスの要求を満たしていました。しかし1880年代の後半になって、イギリスおよび海外の機器メーカーが、ドイツ

からの広範囲の改良した光学ガラスを使い始めるようになり、チャンスのガラスの販売は減少して行きました。イギリスでは、18世紀からの伝統ある大部分の光学機器製造者から、30年以上も新しいガラスに対する要求はありませんでした。

5.8 アッベ、ショット、ツァイス

ドイツの機器製造者のカール・ツァイス（1816-88）は、1846年にイエナに光学作業所を開設しました。作業所は主として顕微鏡の製造に使われました。彼は初めからイエナ大学と緊密に連携し、特にイエナ大学に従事している数人の科学者と共同研究を行いました。ツァイスは彼の最初の研究において、植物学教授マティアス・ヤコブ・シュライデン（1804-81）から手厚い援助を受けました。シュライデンは、植物組織を顕微鏡で観察し、1838年に細胞が植物の基本的要素であることを発表し、翌年には動物細胞についての研究を体系化した高名な学者です。1842年には『科学的植物学の原理』を出版しました。

シュライデンはフランス、イギリス、アメリカとの競争に勝てるような、高品質の顕微鏡をつくることをツァイスに勧めました。

ツァイスは、1860年代までに光学機器製造に関して非常に多くの体験をしました。彼は大学で機械工になり、その大学で最終的には光学ガラスの開発について、彼と協力し合う物理学教授の科学者エルンスト・アッベと会いました。アッベは後の1875年にツァイスのパートナーになりました。しかも彼は1905年に死ぬまで教授として大学と密接な関係を持ち続けました。

その時代のレンズづくりは職人の技巧で行われていたし、開発は試行錯誤で行われていました。ツァイスは光学機器の考案は、科学的・数学的な根本原理に基づかなければならないと信じており、レンズによる像形成の物理的な研究を行うことをアッベに強く依頼しました。

アッベは、顕微鏡製造に応用された物理光学と幾何光学について、多くの基礎的な発明を行いました。彼はまた光学や機械部品の検査のため、新

しい測定器のシリーズを開発しました。長い期間行った実験の後、作業所で科学的に設計された顕微鏡の製造に成功し、他の光学機器製造工場のものを追い越しました。

しかし、アッベは使用できる光学ガラスの物理特性の範囲がごく限られていることから、十分な理論的な好結果が得られないことを認識していました。1876年彼は次のように記しています。

> 「顕微鏡の一層の改良は、主としてガラス職人の手仕事に懸かっている。特に願望したいことは、二次スペクトルを除去するのに都合の良い色分散の分布と、分散と平均屈折率との間の関係の上でもっと大きな変動量が欲しいことです。イギリスのストークスは、光の屈折についてある塩基性物と酸性物（光学ガラスをつくる上で）の特有な効果に関し有効なヒントを与えた。現存ガラスの光学品質上で現われる不均質性は、多分主としてこれらをつくるのに使用される材料の数が非常に制限されているためだろう。硅酸、アルカリ、石灰や鉛の他に、多分アルミナとタリウムを除いたほとんどいかなる物質も試みられたことはない。」

アッベはさらに光学ガラスの進歩が、光学ガラス製造の独占的な性質からと、当然生じるべき競争の欠如からいかに妨げられているかを述べています。伝統的なしきたりが進歩を抑えているのです。そしてそれに対する変化は、第一には高い実験費に対する公共の経済的援助によってと、第二には高度化した社会からの科学的な援助によってのみ行われました。彼は将来の研究方針について次のように述べました。

> 「この組成について、狭い決まりきった筋道が取り除かれたとき、拡大した規模で、規則正しい研究が、化学的な成分の組合せと、光学特性との関係について行われる。我々はある自信を持って、大きな変化に富んだ製品ができることを予期している。」

アッベの意見は、ガラス溶融中に起こる化学反応について、大きな興味をもって研究していたドイツの化学者オットー・ショットに読まれました。ガラス製造を創立した一族の一員であるショットは、アッベの研究に使用してもらうことを期待して、彼が調製したリチウムガラスのサンプル

をアッベに送りました。1881年に彼らはこの問題解決のため共同研究を始めました。

5.9 光学ガラス新範囲

　オットー・ショットは生まれながらのガラス屋でした。父シモン（1809-74）はロレーヌのヴォージュ山脈のハレベルグで生まれ、1832年ウエストファリアのヴィッテンへ移り、窓ガラス製造を行いました。オットーは小中学をヴィッテンで、高校をハーゲンで学び、アーヘン工科大学で化学と鉱物学を学び1年間の軍事勤務の後、ライプチッヒで学業を続けました。「ガラス製造の理論と実際について」と題する博士論文をイエナ大学に提出し、1875年博士号を取得しました。

　1879年ショットは、ヴィッテンの父の家の地下室の小さな実験室で試験溶融を開始しました。その炉はコークス燃焼でルツボは $20\sim30\mathrm{cm}^3$ の小さなものでしたが、リチウム入りガラスをつくりアッベに送りました。ウィッテンでショットが最初に行ったガラス溶融実験は、非常に小さな規模のものでした。これは彼ができるだけ多くの新しい組成のガラスの、光学特性に及ぼす影響を研究する狙いがあったからです。ここでつくられたガラスは、イエナのアッベによって試験されました。1881年末には大変有望な結果が得られましたが、商業生産の観点から大規模な実験を行う必要が生じました。1882年にショットは、ガス燃焼炉や、1873年に初めて実用になった電気モーター送風機のようなすべて必要な装置が完全に設置されている、特別な研究所のあるイエナに移りました。ここで彼らは10kgまでのガラスを溶融できるようになり、さらにその後25kgのガラスを溶かしました。彼らはまた、1883年末までのほぼ2年近くの間、化学分析者として、またガラス製造の熟練工として仕事を行い、実用光学の要求から生じるいろいろな問題解決に意を注ぎました。

　1886年の商品カタログに、これらの要求について彼らは次のように記しています。

　　「第一の問題解決は、今までに使用されていたガラスより高度の色

消しを可能にするため、スペクトルの異なるすべての部分の相対分散が出来るだけ近い値を持った一組のクラウンとフリントをつくることだ。
こうして、クラウンとフリントの分散の分布が異なるため決して色消しの組合せができなかった硅酸塩ガラスの強い二次色収差はなくなった。
　第二の問題は、今までに一般的に認識されてきたものではないが、平均屈折率と平均分散値（アッベ数）についての大きな多様性を得ることだ。ガラス組成の中の各種の化学成分をシステマティックに使用することで、等級を付けることができるようになった。このようにして今までのような直線的な性質のガラスに代わり、二次元的になった使用できるガラスを選択することができるようになった。」
　アッベとショットの実験の初めの時期には、光学効果がよく分かっている製造用酸化物はわずか五つでした。これらの酸化物はシリカ、カリ、ソーダ、鉛酸化合物と石灰でした。その当時には酸化硼素、酸化燐共にガラス製造用の酸化物として良く知られていましたが、これらを使用すると容易に曇り、耐久性の非常に悪いガラスになることが伝承的に分かっていました。アッベとショットは酸化硼素と酸化燐を、広範囲の金属酸化物と組み合わせる試験を始めました。硅素、カリ、ナトリウム、鉛、カルシウムと酸素の元素に、徐々に他の28もの元素を少なくとも量の上で10％も加えました。この実験で彼らは屈折率と分散との関係が、古いガラスと全く異なるガラスを見出しました。しかしこのように多くの元素を加えても、比例分散（proportional dispersion）をもった組合せレンズをつくることはできませんでした。さらに実験を進め、フリントガラスのバッチに大量の硼酸を加えたり、クラウンガラスの成分として弗素を使用したりしました。その結果、可視スペクトルの種々の部分の部分分散が変化でき、非常に色収差が改善された組合せレンズをつくることができました。

　ガラスバッチへの弗素の添加は、残念ながら溶融中に鼻を刺激する煙を放ち、またガラスの均質性を非常に悪くします。1883年の秋までに、この

二つの問題は効果的に解決されました。そして、ボロシリケート・クラウン、バリウム・クラウン、バリウム・フリントのような画期的な新しい光学ガラスが商業生産され、引き続き硼酸塩ガラス、燐酸塩ガラスがつくられました。

ドイツ政府はこの研究を大きく評価し、1884年にショットと同僚のイエナ・ガラス研究所（Laboratory for Glass Technology Schott & Genossen）に6万マルクもの多額の助成金を与えました。1884年のイエナ・ガラスの研究所の外観を図5.16に示します。

図5.16　1884年のイエナ・ガラスの研究所

1884年頃のショットの光学ガラス製法は、フリードリヒ・シーメンス（1826-1902）の開発した蓄熱式ガス燃焼炉で400ℓのルツボを高温加熱し、セラミック製の撹拌棒で撹拌しながらガラスを溶かしました。ルツボごと冷却後ガラスを小さく割り、無欠点のガラスを選んで耐火粘土の型に入れ、加熱してガラスを軟化させ、型にたれこまし、四角のスラブをつくりました。いわゆるショットのサグ方式です。歩留まりは低く15～20%でした。

図5.17　ショットのサグ方式

ショットが開発したサグ方式を図5.17に示します。

この会社の成功は目覚ましいものでした。1886年に光学特性（屈折率と

第5章 光学ガラス

分散)とプライス・リストを初めて載せたカタログを発行しました。これには導入した19の全く新しい組成のガラスを含め44種の光学ガラスが記載されていました。1888年の最初の増刊には、屈折率に比べ非常に小さな分散を持った、すばらしい8種のバリウム系の軽フリントガラスを含む24種のガラスが追加されました。

　フリントガラスでは、鉛含有量を少なくした光の吸収が非常に小さく、品種が記載されていました。新ガラスは、2、3年ごとにそのリストに加えられました。そうして光学システム製造に及ぼす効果によりドイツは非常に成長しました。ドイツはかつて使用する光学ガラスの90％をイギリスとフランスから輸入していましたが、今やこれらの国々に輸出を始めました。このようなドイツの光学ガラス工業のめざましい発展は、従来から存在していたイギリスやフランスの光学ガラス製造会社を、10年足らずのうちに事実上消滅させました。第一次世界大戦が始まるまでの約30年間、イエナは光学ガラス製造の上で実質的に世界的独占を保持しました。

5.10　顕微鏡の改良

　新発明のガラスがもたらした光学機器への効果は、アッベ自身の研究によっていっそう高められました。ツァイス工場の技術的な資源と、開発された新ガラスを用いて、彼は今や顕微鏡の改良を、彼の計画に基づいて実行できるようになりました。従来のクラウンレンズとフリントレンズの組合せレンズでは、スペクトルのたった二つの特定の波長にしか合わないため、ごく限られた色収差しか減少させることができませんでした。その他の波長に対する共通した焦点がないことから、残留すなわち二次スペクトルは非常に大きなものでした。

　図5.18に二次スペクトル改善の原理図を示します。使用できる古い従来の硬クラウンと、重フリントの最良の組合せレンズ(1)と、燐酸塩クラ

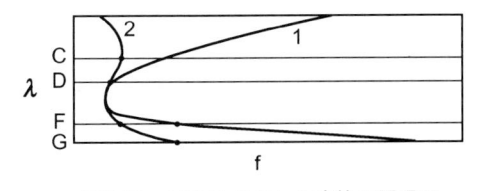

図5.18　二次スペクトル改善の原理図

ウンと硼酸塩フリントの二枚レンズ(2)との波長による焦点の変動を示します。水平の線はそれぞれ、赤、黄、青と紫に相当する波長、C, D, FとGに対応しています。燐酸塩クラウンと硼酸塩フリントの組合せレンズでは特性曲線がC線、F線を焦点距離が同じ値の所を横切っています。すなわち赤と青線が同じ焦点の所にきます。このレンズシステムはこれら二つの波長について色収差が修正され、色収差ははるかに小さくなり、顕微鏡に使われた時非常に高い倍率が得られ、像の品質も改善されます。

　燐酸塩クラウンと硼酸塩フリントの組合せでは、波長に対する焦点距離の変動は非常に小さくなり、赤、黄、青線の集点距離はほぼ同じ値になります。このようにしてこの組合せレンズは三つの波長を修正し、三次スペクトルとして知られている残留スペクトルが、従来の伝統的なクラウン・フリント組合せレンズの二次スペクトルよりはるかに小さくなります。

　アッベは、二次収差を除去した硼酸塩ガラスと燐酸塩ガラスからつくられる対物レンズに対して、アポクロマート(色収差、球面収差を除いた)と名付けました。臨界倍率すなわち、鮮明度検査に合格する最高の倍率のレンズとして、最大の口径比が少なくとも12から15のものがつくられました。また中程度、小程度の口径比のものが、非常に多くつくられました。レンズ系に光を入れようとすると開口はより広がり、これにより良い像を形づくることはますます難しくなるということから、比較的小さなレンズ開口に対する臨界倍率を改善する問題が起きてきました。アッベは硼酸塩フリントと燐酸塩クラウンの対物レンズと、4ないし5種の古い珪酸塩ガラスからつくられた最良のレンズとを比較評価しました。アポクロマティックレンズは2色に対する球面収差も修正することができましたが、珪酸塩レンズ系ではわずか一つの波長のしか修正できませんでした。

　図5.19に標準的なレンズ配列図を示します。

　(a)は顕微鏡の中心部の球面収差、色収差(赤と青の2色)を除去した標準的な対物レ

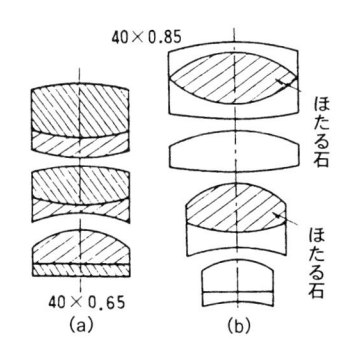

図5.19　標準的なレンズの配列

ンズで、アクロマートといいます。

　(b)は高級な対物レンズで、アクロマートのほかに赤、青、黄の3色の色収差を補正したレンズで、アポクロマートといいます。光学ガラスのほかに蛍石CaF_2がよく使われます。性能上のこの改良は、アポクロマティックシステムが倍率の範囲を広げることができ、同時に像の品質を改善することを意味しています。

　1886年、ツァイスは最初の蛍石を使用した高性能のアポクロマート顕微鏡を市場に出しました。品質の優れていることから大量に販売されました。

　アッベは顕微鏡の性能改善のために、他の多くのシステムの開発を行いました。例えば、集光レンズ付の反射鏡、コンペンセーション型接眼レンズ、血液カウンター、ドローイング・アタッチメント等です。

　新顕微鏡は、その当時始まった生物学や細菌学の研究にすぐに用いられました。実際に微生物を調査するために必要な像の大きさと質を、大きく改善できた新顕微鏡なしでは、このような研究は不可能でした。アッベによって設計された進歩した顕微鏡が実用化された時、さらにより小さな組織を調べることができるようになりました。一般に細菌学的な技法の創始者といわれているドイツの細菌学者ロバート・コッホ (1843-1910) は、彼の成功の大部分はアッベの非常に優れた顕微鏡によるものであると、1904年に述べています。彼の発見はその当時の医学に革命を起しました。彼はコレラや結核の病原菌を発見しましたし、その当時大流行した炭疽病の原因が、一つの病原菌であることを立証しました。

5.11　第一次世界大戦中の光学ガラス

　第一次世界大戦は光学兵器が、第二次世界大戦は電波兵器が重要な役割を果たしました。

　第一次世界大戦の勃発より、今まで依存していたドイツからフランス、アメリカ、イギリスへの光学ガラスの供給が停止しました。大量の光学ガラスが、眼鏡、カメラ、銃砲の照準器やその他の軍事用機器に使われてい

ましたので、各国は重大な事態に陥りました。光学ガラスは、フランスではパラ・モントア社で、アメリカではボシュ・ロム社で、イギリスではチャンス・ブラザース社でつくられていましたが、ドイツのショット社に比べ十分な大きさの規模ではなく、また満足できるような広範囲の組成のガラスを入手することはできませんでした。

チャンス・ブラザース社は、実際にはショット社のイエナ工場に依存していた時も研究を続けていました。1895年にイエナガラスのある種のガラス製造について実験を開始しました。そして、ボロシリケート・クラウンガラスの製造に成功しました。彼らの研究は、バリウム原料中の不純物がガラス着色をおこすため、バリウム系の軽フリントと重クラウンガラスについては成功しませんでした。しかし、これらの困難な問題は1914年までに解決され、商業生産に向かって僅かに進展しました。

同じような状態がフランスのパラ・モントア社にもありました。彼等はショット社のガラスをコピーすることに専心し、1914年までにショット社の開発した新ガラスの製造に成功しましたが、完全なものではありませんでした。

軍需品の調達に問題ある事を認識したイギリス政府は、1915年の春に軍需省を設立し、光学兵器とガラスに関する部を設置しました。チャンスへの資金的な援助を行い、光学ガラスの研究・開発・製造の促進を促しました。チャンスの光学ガラスの生産量は、1914年上半期の2,600ポンドから1918年上半期の92,000ポンドに上昇しました。そしてチャンスは大戦末にはロシアに対して光学工業設立の援助を行うことができるまでになりました。後の第二次世界大戦時に、彼らはカナダに光学ガラス製造工場を設立するために非常に重要な役割を果たしました。

多くの重要な技術的な問題が解決され、ジィンク・クラウン、重バリウム・クラウン、軽バリウム・フリントが1914年後半に利用できるようになりました。ガラス原料として欠くことのできないカリ塩が、ドイツのシュタッスフルトからの供給が打ち切られた時、新たな難事が起こりました。しかし、すぐにブリティシュ・シアニド社が、非常に高価ですが純度の良い炭酸カリを供給しました。この会社は自ら調達できるバリウム鉱石を、

純度の高い炭酸バリウムや硝酸バリウムにする精製法にも成功しました。

　1917年6月、完全稼働になったチャンス・ブラザース社の新開発研究所で研究された最初の課題は、弗化クラウンガラスの乳光と消色に関することでした。このガラス開発により、ショット社のどのガラスより分散の少ないガラスが開発されました。1917年の後半、数種のバリウム・クラウンとフリントガラスの製造を要求していた空軍委員会から、非常に大量の写真用レンズを急ぎ提供するよう要求がありました。この問題について行われた集中的研究の結果、軽・中・重のバリウムガラスと硼硅酸クラウンガラスが、1918年までに規則正しくつくることができるようになり、かつまた溶融技術、屈折率の迅速測定やガラスの試験について多くの改良が行われました。

　1917年頃、F.トゥワイマンが、光学ガラスのアニーリングについての研究を科学的な原則に基づいて行いました。彼は、ガラスの歪(ひず)みの変動を時間の関数として測定し、適正なアニーリングのスケジュールと温度を決定しました。トゥワイマンの研究はアメリカのアダムスとウィリアムソンに引き継がれ、彼らはアニーリング・プロセスについての広範囲な数学的研究論文を発表し、また撹拌による均質化について、詳細な理論的な研究を行いました。

　アメリカは1917年4月に第一次世界大戦に参加しました。それまでは光学ガラスや光学機器についてドイツと非常に良い関係にありました。しかしイギリスでの光学ガラス調達の問題から、国防省は、その当時珪酸塩系の相平衡について研究を行っていたワシントンのカーネギー工科大学の地球物理研究所と、ガラスとセラミックの研究を行う国家標準局と、光学会社ボシュ・ロムとの緊密な共同研究プロジェクトを組織化しました。研究の目標は光学兵器に使うクラウン、硼硅酸クラウン、軽・重バリウム・クラウン、軽・重フリントの6種の製造でした。この研究プロジェクトは、光学ガラスの分析法、原材料の調達方法と純度などを含む多面的な研究に取り組み、光学ガラスの製造について多くの改良がなされました。輸入に頼っていたアメリカの光学ガラス工業は、1918年にはイタリアへ供給できるようになり、戦争の末期までにはフランスとイギリスへの大きな依存か

ら脱却することができました。

　アメリカの研究所と工場の研究は、製造についてのすべての面にわたっていました。G.W.モレーは、溶融時間を3日から1日に短縮しましたし、機械的撹拌が1915年ボシュ・ロムに導入され、後にフリントガラスの撹拌改善のため上下運動方式が導入されました。アニーリング・プロセスの研究が、初めて完全な物理学的原則に基づいて行われ、偏光光線がガラス中の残留歪の実験に初めて使われました。少量生産方式であった光学ガラスを、大量に生産することが考えられ、光学ガラスをシート状にローリングすることが行われました。この製法は、その時ロール成形されたシートには一平面方向のみにある薄い脈理が存在しましたが、光学特性には影響を及ぼさず、光学要素としては十分満足できるものでした。すぐに多くの種類の光学ガラスがこの製法でつくられました。

　第一次世界大戦の後、多くの科学論文がこれらの研究を記述し、物理特性と化学組成との関係についての有益な情報を多く加えて発表されました。

5.12　稀土類と弗化物ガラス

　1920年代と1930年代の間に、光学ガラスの新開発により、光学設計者に役立つガラスのタイプが大きく拡大されました。図5.20は屈折率n、収斂値νとの関係を図示したグラフです。一つの特定したガラスは、この図表の上に一つの点で表されます。アッベとショットの研究に先立って使われていたガラスの範囲は、ごく限られたものでした。それらは伝統的なクラウンまたはフリントタイプで、分散と屈折率との間に直線的な関係がある特徴を持っていました。これらのガラスは図の黒色部分で表されています。

　図5.20の斜線の部分は、1934年までに主としてアッベとショットの研究により拡大された範囲です。これらのガラスは屈折率と分散が、一次直線的に増加する関係にないガラスで、今日も使われています。これらのガラスを使用したレンズは、二次スペクトルが無視できるものとなります。

第5章 光学ガラス

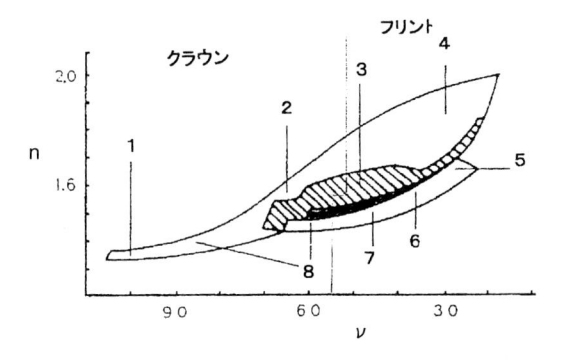

図5.20 屈折率nと収斂値すなわち相対分散νの光学ガラス歴史的経過
曲線内の無地部:モレー等の開発した最新のガラス
1は弗化物ガラス、2は硼弗酸塩ガラス、4は稀土類硼酸塩ガラス、5は弗化ゲルマネイトガラス、6は弗化シリカガラス、7はチタンガラス、8は弗燐酸ガラス
曲線内の斜線部:3はショットらの開発したガラス(1880-1934)
曲線内の黒色部:1880年以前に開発されていたガラス

いろいろな分散や屈折率をもった広範囲のガラスは、現代のレンズ設計者に用途の広い光学システムをつくることを可能にしました。

無地の部分は、1934年以降売り出されたガラスです。光学ガラスの最新の範囲の大きな部分を形作っています。これらのガラスの多くは、アメリカのモレーと彼の同僚の研究の結果つくられたものです。モレーは、光学ガラスは形成酸化物(ガラスの主構成成分)として珪素に基づく必要はないことを立証しました。その代わりとして彼は、ガラス形成酸化物として酸化硼素単体を用い、例えばランタンのような稀土類酸化物を加えて、非常に高い屈折率でしかも低分散の光学ガラスをつくることに成功しました。

稀土類酸化物・硼酸塩ガラスは耐火物を極度に侵蝕しますので、溶融は白金または白金内張りのルツボで行われました。この製法はずっとさかのぼり1820年代、ファラデーによって採用されたものです。初期投資の費用は高くなりますが、白金ポットは何回も使用できること、バッチ原料のあるものは高いコストであることと、屑ガラスが再使用できることから実用化されました。この製造は、アメリカにおいてちょうど第二次世界大戦の

前に始まり、非常に大きな高精度の写真用レンズのガラスをつくるのに使われました。

同じ屈折率の伝統的フリントガラスより大きな分散を持つフルオロ珪酸塩フリントまたはスーパーフリントの開発によって、使用できる分散と屈折率の範囲は、さらに拡大しました。図5.20から、一つの重要な範囲が、例えばフルオロ硼酸塩、燐酸塩、ゲルマネイトのようなガラスと、珪素、硼素、燐酸の代わりに弗素をガラス形成酸化物として用いたオール弗化物ガラスで埋まっています。これらの非常に低い分散と屈折率のオール弗化物ガラスは、赤外線と紫外線の両方の透過範囲が拡大でき、光学システムの要素として非常に有効です。このようにして現代の光学設計者は、いろいろな分散と屈折率とをもった非常に拡大した範囲のガラスを使用することができます。一方この拡大した範囲により用途の広い光学システムの設計ができるようになりました。また設計者は電子計算機を使用することにより、設計の仕事が容易になりました。

5.13 光学ガラスの溶融

光学ガラスの製造法は19世紀初頭ギナンとフラウンホーファーの開発した製法（5.4参照）が踏襲されていました。第二次世界大戦までは幾つかの改善はありましたが、あまり大きな変化はありませんでした。第一次世界大戦後、手動撹拌から機械撹拌に置き換わり、また撹拌棒とルツボの品質が、良い品質の粘土を使用することと、ガラス組成とルツボ侵蝕作用とに関連する耐火物の材料組成について、一層の注意が払われたことによって徐々に改良されました。

ポット自身の構造は、スリップ・キャスト製法を採用することによって大きく改善されました。この方法は、アメリカの国家標準局（NBS）のブレインインガーとその同僚達によって開発されました。これは、陶器製造業において長年実際に使用された製法の新しい応用であり、底から層を積み重ねてルツボをつくりあげる骨の折れる伝統的なルツボ製造が、この方法により大幅に変わりました。

第5章 光学ガラス

　光学溶融のポット溶融方式は間欠的であり、比較的小規模のガラス製造にしか使用できません。しかし、溶融光学ガラスを長方形の鉄の容器に鋳込むという一つの製法が開発されました。そしてこれをレンズブランク用の適当な大きさの多くの小さなガラス片に切断し、成形しました。この方法は、光学ガラスに対する大きな要求のあった、第二次世界大戦まで行われてきました。

　光学ガラスの連続溶解は、アメリカのNBSで大戦後軍用目的のBK7をつくる炉を構築し、試験をしましたがうまくできませんでした。商用的に生産できるようになったのは1960年代からで、フランスのパラ・モントア社、イギリスのチャンス・ブラザース社、アメリカのボシュ・ロム社、ドイツのショット社の各社が独自の方式を開発しました。

　連続光学ガラス製法は、非常に効果的な撹拌法を付加したタンク炉で、通常のガラスを製造する方式と原理的には非常に似ているものです。図5.21にその概略図を示します。ガラスは電気加熱の白金内張りのタンク炉の中で溶かされ、清澄され、均質化されます。清澄工程はフリントガラスでは1400℃、クラウンガラスでは1550℃で行われます。清澄の後、ガラスは白金撹拌棒で撹拌され、均質化されます。ガラスはタンク炉から出てきて、フィーダーによってゴブに成形されたり、肉厚の棒やリボンにロール成形されたり、帯状のガラスや窓ガラスに押し出し成形されたり、ブロックに鋳込んだり、レンズやプリズム・ブランクに成形されます。これらのブランクは、ソーダ石灰ガラスの連続的にプレスされるガラス製品と同様に自動プレス機で成形されました。アニーリングもまた連続で行われ、最初の冷却速度は1時間当り1℃よりより小さいところから始まり、温度が

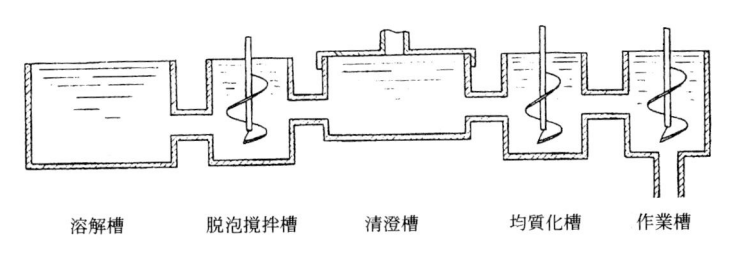

図5.21　連続光学ガラス製法

下がるにつれ時間当り360℃に増大します。このアニーリングは、単に歪を除去するだけでなく、ガラスの光学特性をも調整します。屈折率は、冷却速度によって変化します。そのため、アニーリングのスケジュールは、ガラスのどの部分も同じ時間－温度サイクルを経て、冷却されるよう設計されなければなりません。

　この製法により、高品位光学ガラスが溶融タンク炉から連続的に板ガラス、細長ガラス、ブランク、またはレンズやプリズムのブランクに成形されるようになりました。
　連続プロセスは、溶融・清澄、均質化に二昼夜約48時間を要していた間欠ポット溶融方式よりもはるかに速く、安くそしてより制御されたガラスをつくることができます。ルツボに一杯のガラスは、長時間かけて冷却した後、砕かれ、選塊され、そのほとんどは約25％の良品しか取れませんでしたが、白金内張ルツボの使用により、耐火物からの溶出による汚染物を除去することができました。
　ガラスの品質は、純度の高い生原料や化学製品の使用の拡大によって、また改善されました。1948年に国家標準局（NBS）が、光学ガラス製造に使用される主な生原料の純度に関するアメリカ標準を設定しました。主要汚染物質は鉄酸化物のFe_2O_3とFeOであり、NBSは、光学ガラス製造用のシリカ・サンドには、Fe_2O_3 0.02％以下の含有のものを使用することを指定しています。1958年の英国標準は、瓶ガラス用の最大許容レベル0.03％と対照して、光学ガラスは最大値0.008％と指定しました。マンガンやセレンを添加することによって、鉄による着色を中和し、消色することができます。しかし、マンガン添加により無色ガラスをつくることが出来ますが、過剰なマンガンは全体の透過光を減少させる原因となるので、光学ガラスにとってマンガン添加は望ましいことではありません。また、マンガン含有のガラスは長時間太陽光に晒されたとき、紫色に着色するソーラリゼーションを起こす欠点をもっています。
　化学工業は、また純度の高い化学製品を一層多く供給出来るようになりました。アメリカは、今や光学ガラスの世界的な一流製造国の一つになり

ましたが、1937年ではまだ、バリウムやカリ塩の品質は悪く、炭酸バリウムや硝酸カリウムの国産品はありませんでした。しかし一つの製造会社がちょうどその時、炭酸バリウムに置き換えできる水酸化バリウムの製造を開始しました。そしてまた、十分満足のできる炭酸カリウムの製造も行われるようになりました。非常事態宣言が行われた1939年に、重要な材料のうち硝酸バリウムのみが、国内調達できないものでした。しかし、この状態は1940年には改善されました。そしてすぐその後に、材料製造業者達は、ジルコニア、酸化バリウム、酸化チタン、稀土類酸化物等の高純度のものを供給ができるようになり、これによりアメリカ光学ガラス工業のめざましい発展の基礎が築かれました。

5.14 わが国の光学ガラス

欧米ガラスメーカーの長年の研究と努力によって発達してきた光学ガラスは、現在世界の生産量の約70％がわが国で生産されています。これは光学ガラスを用いる光学・電子機器類がわが国で開発され、世界の市場を優位に支配しているからです。すなわち最近のデジタルカメラ、ビデオカメラ、カメラ付携帯電話や半導体露光装置をはじめ、従来からのスチールカメラ、交換レンズなど圧倒的に世界市場を占めています。ほかに光学ガラスは各種工業用・医療用カメラ、光ディスク、ファクシミリ、液晶プロジェクター、測距儀、天体望遠鏡、顕微鏡など、わが国の得意な分野に広く使われています。

このように世界のトップ産業に成長したのは、写真工業、光機工業、光学・電子機器類にたずさわる関係者・技術者のたゆまざる努力によるものです。その経過を以下に記します。

わが国に最初に渡来した光学ガラスは、1550年（天文19年）にキリスト教の宣教師フランシスコ・ザビエル（1506-52）によりもたらされました。ザビエルは、眼鏡、鏡、時計などを持ってきましたが、眼鏡に光学ガラスが使われていました。

その後貿易船の入港ごとに、光学ガラスの使われた製品が輸入されました。1814年（天保12年）カメラレンズつきの写真機が初めて輸入されました。このレンズは記録によると老眼鏡に近い凸レンズであったようです。

　明治以降のわが国のガラス産業はその技術が未熟であって、当時必要な光学ガラスは主としてドイツのショット社をはじめ欧米から全て輸入していました。

　第一次世界大戦（1914年）が始まると、欧州各国の光学機器の需要が急増したため、光学機器並びに光学ガラスの輸入が途絶え、その必要性を感じた岩城硝子や東京電気㈱が研究に着手し、フリントガラス、クラウンガラスを生産して、少量軍用に納めましたが、大戦が終ると製造は中断しました。また、東京計器・岩城硝子・藤井レンズが合流し、1917年に三菱の出資により日本光学工業㈱を設立して、軍需用光学機器の自給自足に取り組みました。

　1915年（大正4年）に海軍は、独自に光学ガラスの研究を計画し、海軍造兵廠内で研究・試作に着手しました。当初は光学用に使えるガラスはつくれませんでしたが、次第に技術が向上し、クラウン、フリント、硼珪酸フリント、バリウムフリント、軽フリントの製造に成功しました。

　1923年（大正12年）海軍造兵廠の研究部門は海軍技術研究所と改められ、実際の生産は日本光学工業㈱に委ねられました。また陸軍でも、関東大震災で東京砲兵工廠が壊滅し、光学兵器の製造は日本光学工業に委ねることにしました。陸・海軍からの技術や人員（技術スタッフ）が導入され、研究、製造はきわめて活発化し、第二次世界大戦まで光学ガラスの製造を同社一社だけが行いました。

　一方農商務省所管の大阪工業試験所において、1921年（大正10年）に光学ガラスの本格的な試験・研究が始まりました。原料の分析、選定、溶融設備や溶解撹拌、耐火物やルツボの材質などについて研究が進められました。戦争たけなわの1942年（昭和17年）に極めて完備した設備の研究所が池田市に設置されて、光学ガラスの研究・試作が続けられ、戦争末期までに45種の光学ガラスがつくられました。

第二次大戦に突入以来陸海軍の要請により、大阪工業試験所の技術指導のもと、小原光学、富士写真フィルム、千代田光学精密、東京芝浦電気の4社が光学ガラスの研究と製造を行いましたが、当時37種の光学ガラスを生産していた日本光学に比べその量、ガラス種は僅かでした。

大戦後の光学ガラス業界は、戦前の技術を受け継ぎましたが、ショット社の長年にわたる蓄積した技術に比べ相当劣るものでした。戦後当時世界で最も技術的に優れていたショット社の技術情報を詳細に記述したPBレポートが公開されると、光学ガラスを製造していた各社はこれを専心学び、その後の技術進展の重要な基礎としました。

戦後の光学ガラスの発展は、双眼鏡とカメラの需要の急増によるものです。双眼鏡は、進駐軍兵士の土産品として人気がありましたが、次第に輸出が増大し、昭和30年代から昭和40年代にかけて繁栄をきわめました。しかし現在ではこの生産は製造コストの安い中国をはじめ開発途上国に移りました。

カメラは、わが国光学ガラス発展の原動力になりました。1950年12月10日に、朝鮮戦争従軍の『ライフ』社の報道カメラマンのダンカン(1916-)が、日本製レンズ(ニッコール)の優秀性に着目し、ニューヨークタイム紙にそのシャープな写真を発表し、Japanese Cameraという大見出しで、日本製カメラとレンズはドイツ製よりも優秀であると称讃した記事が記載されました。これが日本製カメラ飛躍のいとぐちとなりました。

急増する需要に対応して、光学ガラスメーカーは種々の技術上の改良を進めてきました。

高性能レンズの設計・製作に寄与する新ガラスの溶融に各社が着手しましたが、いろいろな問題に直面しました。問題解決のため通産省の工業化試験助成金を受け、関係5社で共同実験を行いました。研究の対象は、PBレポートの他に、1939年にモレーが開発した新種ガラス(EKガラス)で、ランタンやトリウム原料の精製、ガラス組成の決定、ルツボの組成決定、溶融法の解決でした。　関係技術者の努力により、この共同実験は成功し各社の技術レベルは向上しました。

米国では、1945年、イーストマン・コダック社でランタン系新種ガラス

の工業化で白金ルツボ法が開発され、また1960年、ボシュ・ロム社でメガネガラスの連続溶融法が行われていたことから、光学ガラスメーカー各社は、欧米の進んだ技術の情報をもとに、光学ガラスの開発を進めてきました。その主なものは、

①粘土ルツボ溶解ガラスの鋳込み方式の開発－写真用フィルターの大量生産が実現した。
②新種ガラス溶解用の白金ルツボの導入－高品質のEKガラスの生産が可能となった。
③光学ガラスの白金連続溶融法の開発－均質ガラスの大量生産が実現した。
④光学ガラスの直接プレス成形・直接アニール法の開発－レンズ、プリズムの大幅なコストダウンが実現した。
⑤光学特性上必要であった原料の鉛、トリウム、カドミウム等の代替の開発－原料からの公害物質の除去が実現した。
⑥低融点ガラスと非球面レンズ高精度プレス法の開発－光学系のコンパクト化と光学設計の自由度の飛躍的向上と大幅なコストダウンが実現した。

等です。

　これらの結果、現在では欧米と遜色のない技術レベルになり、わが国の量産技術により高品質・低価格の光学ガラスが大量に生産されています。

第6章　板ガラス

　明かり取りや、風雨を防ぐための窓の材料として、古くから雲母や薄くスライスしたアラバスター（縞目大理石）、布や獣皮、穴明きボードなどが使われてきました。ガラスが窓材として使われたのはローマ時代からです。その試みは、ポンペイの遺跡やローマの邸宅跡に見られます。

　最初の窓用ガラスは鋳込みという方法でつくられたと考えられています。平たい石の上に砂を敷き、その上に溶融ガラスを流し込んで板状にする方法です。できたガラスは比較的分厚く、片面はマット状になっています。この最初の板ガラスは、緑色を帯び、泡が多く、板にするときに付いた傷が表面にたくさんある粗末な品質のものでした。

　後に、クラウン法によってガラスがつくられるようになりました。このクラウン法は、4世紀頃シリア人によって発明されたと考えられています。ファイア・ポリッシュされた光沢のある表面を持った板ガラスが得られるようになりましたが、その寸法は限られていました。初期のクラウン法のガラスは非常に小さく直径15cm程度でしたが、後には直径80cm程度のものがつくられるようになり、その技法が比較的容易であるため、18世紀後半まで広く使われました。

　次の手吹き円筒法でより大きな板ができるようになりましたが、表面は再び輝きの乏しいものになってしまいました。これは、円筒を開き、平らにする段階で、表面が多くのものに触れるためです。この円筒法は、11世紀末のドイツ僧テオフィルスの著述にあることから、それ以前に発明されたものと考えられます。製法が難しいためあまり普及しなかったようですが、13, 14世紀フランスのロレーヌ地方ではこの方法で板ガラスがつくられていました。18世紀後半から19世紀前半にかけて、製造技術の進歩により大幅の寸法の板ガラスがつくれるようになり、クラウン法と置き換わりました。

　このように板ガラスをつくるには、鋳込み法、クラウン法、円筒法の三つの方法がありました。

　鋳込み法は、最も古い製造法ですが、1668年にフランスのベルナール・ペ

ローが大規模な設備を用いて磨き厚板ガラスの製造に成功しました。これによりそれまで依存していたヴェネツィアからの鏡ガラスを凌駕して、フランスの板ガラス産業は、欧州第一の地位を確保しました。この鋳造法は、1919年ドイツのビシェルーが複ロール法による厚板ガラス製造を考案するまで、唯一の製法として200年以上存続しました。

　板ガラスの製造は、20世紀初頭に各種の機械成形法が発明されて飛躍的に増大しました。すなわち1901年のベルギーのエミール・フルコールによる板引法の発明、1902年のアメリカのジョン・ラバースによる機械吹円筒法の発明、1905年のアーヴィング・コルバーンの板引法の発明等です。

　これらの発明やその後の改良・発明により、ファイア・ポリッシュされた表面を持つ板ガラスの連続製造法、および連続的に研削・研磨された磨き板ガラスの製造法が開発され、窓ガラスや鏡は我々の大変身近なものになりました。1959年にはイギリスのアラステア・ピルキントンが開発した世紀の発明といわれる画期的なフロート法プロセスにより、板ガラスに関する以前からの諸問題が一挙に解決されました。研削や研磨の必要が全くない光沢のある表面を持つ板ガラスが、連続的につくられるようになりました。

6.1　初期の窓ガラス

　窓にガラスを使うことは、ローマ帝国時代初期から広まっていました。紀元前16世紀頃からつくられた容器ガラスの利用よりも、1500年ほど後のことです。21インチ×28インチ（53cm×71cm）のガラス板を嵌め込んだ青銅の窓枠が、ポンペイで出土していますし、また、同じ市内の浴場の窓には、40×28×1/2インチ（101×71×1.3cm）のガラスが嵌まっていました。多くのローマの窓ガラスは、厚みが1/8インチ（3mm）以上の緑っぽい青色の小さなガラス片を、ステンドグラスのように多く組み合わせて、多少とも装飾の入った木製の窓枠に納めたものでした。

　また、ローマ帝国属州の北西ヨーロッパのローマ軍駐屯地の居住跡から、窓ガラスの破片が多数発掘されています。例えば古代ローマ軍団要塞のブリストル近くのカーレオンから紀元70～130年頃の窓ガラス片が多数出土し

第6章 板ガラス

ています。

4世紀ころシリアで、直径15～20cmの窓用のクラウンガラス円板が初めて出現しました。中世につくられたノルマン人の"クラウン法ガラス"の先駆をなすものです。

ローマ帝国が衰えた後も、窓ガラスは、規模は小さくなったものの、まだ西方でつくられていました。その主要な用途は、当時の幾つかの手書きの文書に記録されているように、教会の窓へのガラスの嵌め込みでした。聖ルッガー（809年没）の奇跡の物語の一つは、種々の色を持ったガラス窓について触れています。

教会の窓には多くはリネンや孔を開けたボードが使われていましたが、次第にガラスが使われるようになってきました。例えば7世紀の終わりまでに、ヨーク大寺院の窓は、ガラスに置き換わりました。

カロリング朝時代（751～987）から、さまざまの色のガラス片を組み合せて絵柄をつくったステンドグラスの原形が出現しています。イングランド北東海岸のジャロウで発見された多数の有色の小さな窓ガラス片をもとにつくられたビード修道院美術館蔵の修復パネルは、685～800年頃のガラスと考えられています。図6.1に修復パネルの図を示します。

当時イギリスでは、窓ガラスをつくるには、フランスからのガラス職人を頼りにしていました。イギリス教会史の著述で有名なビード（673？-735）は、675年にモンクウエアマウスの教会のグレージングにやってきたフランスの職人たちが、"彼らは求め

図6.1　修復パネル　高さ：32cm

られた仕事をやった上、イギリス人たちにそのやり方を教えた"と述べています。しかし、外国のガラス製造者たちがイギリス人たちに行った訓練は、成功したようにはみえません。

ジャロウの僧院長は、758年、彼の僧院で仕事をするためのガラスはめ込み職人を技術習得のためラインランドへ送っています。

最も古いステンドグラスは、ドイツのロルシュ修道院で発見されダルムシュタット美術館が所蔵するキリスト頭部の絵図で、9～10世紀の作と考えられています。図6.2にキリスト頭部の絵図を示します。

完全な形で残存している世界最古のステンドグラスは、1065年建造のアウグスブルグ大聖堂にある五人の預言者の像です。

図6.2　キリスト頭部の絵図

6.2　ステンドグラス

800～1200年頃のヨーロッパの気候は、過去2000年の間で小最適期といわれる最も温暖な時期でした。農業革命の推進と気候に恵まれ、北西ヨーロッパの農業生産は、飛躍的に増大しました。その結果北西ヨーロッパの人口は、12～13世紀の間に約58％も増加しました。このようなことがヨーロッパ発展の大きな原動力になりました。

一方この頃のヨーロッパの人々は、主の受難から1000年目が、世の終りというキリスト教の終末思想を持っていました。猛威を振るったヴァイキングは、10世紀末までにはヨーロッパに定着し、その習慣、制度にとけこみ、彼等の活動は沈静化しました。こうして無事に11世紀を迎えることができた時の、ヨーロッパの人々の喜びと驚きは想像を絶するものでした。

ヨーロッパの繁栄はこの時から始まりました。はじめはゆっくりと、やがて速度を速めて繁栄が進みました。こうしてヨーロッパ史上、最も建設的な12世紀を迎えました。

12世紀の教会は巨大な権力を持ち、めざましい復興をとげました。修道院は各地に増え、司教は大きな都市に大聖堂を競って建てるようになりました。石レンガ積み法、支柱基礎工事の技術開発などの土木建築技術の進歩に

より、教会のゴシック建築は大きく発展し、やがて完成の域に達しました。教会建築の特色は、特に石工と大工の協力による穹窿(きゅうりゅう)工事にあります。建築中の穹窿には大工がつくったせり枠がしつらえられ、石工がつくった要石がアーチの頂点から正確にはめこまれて、せり石が互いに組み合わされました。モルタルが固まると支えの木枠がはずされて穹窿が姿を現わします。

ゴシック以前のロマネスクの教会は、上部構造の重量を支えるためにどっしりとして丈夫な壁や柱を持ち、窓は大変小さいものでした。

1137年、パリ近くのサンドニの僧院長シュジェール（1081？-1151）は、その僧院を建て直すことになり、ゴシックスタイルで設計された最初の教会を建てました。

このゴシックスタイルは、尖頭アーチ、肋骨穹窿（オジーヴ・アーチ）と、飛梁（フライング・バットレス）という、三つの技術的要素から成り立っています。ゴシック大聖堂の高さを表現するため、ロマネスクで使用されていた半円アーチは、尖頭アーチに替わりました。ロマネスク聖堂で用いられた交差穹窿で生じる対角線上の稜線（ここが力学的弱点）を、肋骨（リブ）で補強することから考案された肋骨穹窿は、穹窿架構法を容易にし、天井の重圧力を、それを支えている四隅の柱に集中させました。その柱を補強して重圧力を支え、さらに外部から、蜘蛛の脚のような飛梁で穹窿の横圧力を支えることによって、柱と柱の間を大きく窓として開放することを可能としました。図6.3にゴシック建築の構造図を示します。

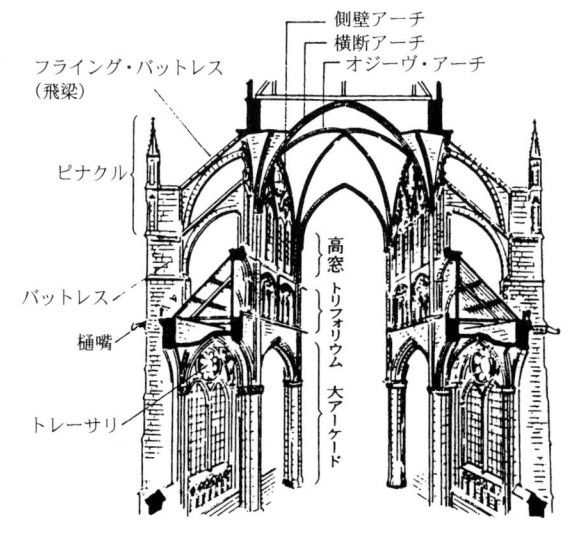

図6.3　ゴシック建築の構造図

このようにして建物の開口部は増大し、構造は軽快となり、宝石のようなガラス板がはめ込まれて"光の壁"を形作ることができるようになりました。教会の内部は、その光る壁からの明かりによって、神の神学的理想を反映する輝きと非現実的な色彩に満たされました。また多くの装飾彫刻によって、石でできた聖書となるよう意図されました。さらにゴシックの特徴である大聖堂の扉口を飾る数々の彫像は、全体で一つの流れを持っていました。シャルトル大聖堂の装飾は、自然、理論、倫理、歴史という四つのプログラムで構成されていて、当時の思想体系に一致していました。

　それらは、文字の読めない人々に、生き生きと平易に聖書の物語を伝える役を果たすことにもなりました。この一風変わった教会を訪問した者は、そこで古い教義の中で、神に祈ること、ステンドグラスを見ながら建物を歩き回ることを教えられました。ステンドグラスの人気は、新しい建築スタイルとともに広がり、窓ガラスの生産は、北西ヨーロッパで、増大し始めました。

　中世の色ガラスは"ポット・メタル・ガラス"といわれます。これはガラス製造の初期の段階で、溶融ポット（ルツボ）の中にガラスと着色剤（一般的には金属酸化物）を混合して入れ、加熱溶融して色ガラスを得ていたからです。色が濃すぎて光が透過しにくい赤色だけは例外で、透過を得るために無色ガラスの上に色ガラスを被せる手法でつくられました。すなわち溶けた赤ガラスの中に、まだ固まらない無色の透明ガラスを浸す被せガラスの手法です。

　中世のステンドグラスは、20世紀に入ってからの種々の研究の結果、銅は濃いルビー赤と青、鉄は緑、コバルトは青、マンガンは紫、硫黄や煤は黄色を出すといわれてきました。しかし最近、ステンドグラスの研究家ロイス・ロルは、この見解が間違いであることを指摘しています。すなわちステンドグラスに使われたガラスは主にヴァルトグラスと呼ばれるガラスで、原料として使われた植物の灰の中にマンガンと鉄が多く含まれているため、着色剤だけで希望する色を得ることは難しかったと述べています。

　一般的にガラスの色を決めるのに二つの大きな要素があります。一つは上に述べた着色剤としての金属酸化物の存在であり、もう一つはガラス溶融室の酸化か還元かの燃焼雰囲気状態です。

12世紀の二つのガラス製造テキストである、エラクリウスの『色と技芸』と、テオフィルスの『さまざまの技能について』に色ガラスのことが記述されています。この二つのテキストには、銅以外のいかなる着色剤も基本調合に加えることは書かれていません。2パートのブナの木灰と1パートの砂から、無色、紫色、肌色、黄色を生じ、これに銅を加えることによって、赤色、青色、緑色のガラスを得る、と記しています。

中世のガラス職人は、燃焼雰囲気を制御することによっていろいろな色をつくっていましたが、原料のブナ灰中のマンガンと鉄は、ブナの成育する土地によりその含有量が大きく変わるので、制御できないものでした。マンガンによる着色は、酸化状態（3価のMn）では濃い紫色、還元状態（2価のMn）では薄い青味がかった黄色になります。一般的に高マンガンは紫色と肌色を出し、低マンガンでは黄色と無色となります。鉄は、酸化状態（3価のFe）では青味がかった黄色または褐色、還元状態（2価のFe）では薄い青色になります。2価と3価の鉄が同等にあるときは緑色になります。複雑なことに鉄とマンガンは、溶融ガラス中で互いに反応し、同時に酸化還元反応を生じます。このような反応を利用すると、マンガンは鉄の消色剤となります。

ガラス職人は、炉の雰囲気をコントロールすることによって、原料中の鉄分がマンガンに比べて多い場合は、薄い黄色、褐色、薄い青色、緑色のガラスを得、逆にマンガンが鉄分に比べ多い場合、紫色、薄い黄色、ピンクがかった肌色のガラスを得ていました。銅を着色剤として入れることによって、容易に三つの色を得ていました。すなわち酸化状態で青色、強い還元状態で赤色、若干の酸化のある還元状態で緑色のガラスです。

これらをまとめたものを表6.1に示します。

このような雰囲気制御の他に、中世のガラス職人は、目的の色を出すために着色カレットを頼りにしていました。マンガンリッチなブナの木が豊富に採れる地方のガラス職人は、濃い紫色のガラスカレットを容易につくれましたが、このようなブナのない地方のガラス職人は、紫色をつくるために高い金を払ってそのカレットを求めていました。

初期のステンドグラスには、鮮明な黄色や無色ガラスをつくることは、炉の雰囲気の微妙なコントロールの難しさと、ブナの木灰からのマンガンと鉄

表6.1 ヴァルトグラス組成でつくられる色彩

ガラス成分		燃焼雰囲気	つくられる色彩
発色の容易なもの			
Fe が Mn より多い	酸化雰囲気		緑色
	還元雰囲気		薄い青色
	強い還元雰囲気（硫黄による）		黄褐色〜褐色
	中性雰囲気		明るい緑味青か緑色
Mn が Fe より多い	酸化雰囲気		紫色アメジスト
	還元雰囲気		薄い黄色
	中性から弱い酸化雰囲気		紫色（黄色味がかった）
	中性から弱い還元雰囲気		ピンク
Cu の添加	酸化雰囲気		青色
	強い還元雰囲気		赤色
	弱い再酸化のある還元雰囲気		緑色
発色の難しいもの			
Fe と Mn が等量	還元雰囲気（Fe 強い還元）		金黄色
Fe と Mn が等量	還元・酸化雰囲気（Fe 酸化、Mn 還元）		無色

D.Royce-Roll による

の含有により大変難しかったのです。この技術的問題のためロマネスク時代の教会と大聖堂には黄色や無色ガラスは少ないのです。しかし青、赤、緑は、銅を添加することによって容易につくることができました。

この時期のステンドグラス（シャルトル、サンドニ、ルマン、ポアティエ）に見られる代表的な色は、色数も少なく容易につくれる赤と青と緑で、色合いも鮮明なものです。それだけに赤と緑、橙黄と青といった対比色を組み合わせた作風は、簡明にして雄渾な印象を醸し出します。コバルトブルーは、地中海地域で使われていましたが、この時代の北ヨーロッパにはあまり使われていません。当時酸化コバルトはダマスカス顔料といわれ、多額の費用をかけてレバントから入手していて、大変貴重なものでした。

黄色や無色ガラスの製造は、13世紀後半には新しい技術が開発され容易になりました。

無色ガラスは、砂の精製による金属酸化物の除去と、マンガン（パイロリュウサイト鉱MnO_2）の添加による鉄分の消色によりつくれるようになりました。ヨーロッパ中世のガラス技術はローマの技法を受け継いだもので、ソーダベースのガラスにマンガンを加え消色することを知っていました。こ

のように13世紀のガラスは、原料の精製、炉での清澄、燃焼方法の改善により以前のものより良い品質になりました。

黄色ガラスは、イスラムガラスで開発されたシルバーステイン技法を導入してつくることができるようになりました。この技法は、銀の粉末と硫化アンチモンとの混合物を、黄色に絵付けしたいガラス部分に薄く塗り、低温で焼き付ける方法です。ガラス面に焼き付けた色合いは、ステイン溶剤の成分や、ガラスの材質、炉の温度によって淡いレモン色からオレンジまでさまざまです。ステインは色ガラスに施すこともあり、たとえば青色ガラスにこの方法で着色すると、明るい緑色が得られます。なお現在も実用しているのは、銀黄と銅赤です。

この技法は簡単で、ブナの森林地帯にあるガラス工場でなく、教会や大聖堂の中のガラス枠づくり職人の工房で行うことができました。ステンドグラスの権威者グロデッキーによると、この技法は1276〜1279年の間に開発され、ただちに全ヨーロッパに広まったとしています。

12世紀の教会や大聖堂内部に、ある神秘的な雰囲気を醸し出した濃い赤と青に、透明グリザイユや黄色が加わりました。こうして建築の発展とともに、ゴシック大聖堂の雄大な、優雅なセッティングが創造されました。

6.3 クラウン法

板ガラスをつくるには上に述べてきたように、鋳込み法、クラウン法、円筒法の三つの方法がありました。クラウン法は、比較的つくりやすいので18世紀ころまで使われてきました。

4世紀頃ガラス製造の中心地のシリアで始まったといわれています。その後ヨーロッパで盛んにつくられました。初期のクラウン法の板ガラス製作の概念図を図6.4に示します。

吹き竿の先端に溶融ガラスを巻き取り、空気を吹き込んで小球をつくり、金板また

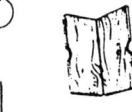

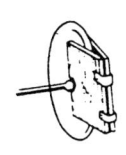

図6.4 初期クラウン法の概念図

は石板に押し付け、円盤状にし、これを蝶番付の挟み板型で挟み、回転しながら所定の寸法の円板をつくります。その後吹き竿を切り離すと中央にブルス・アイが残った15cm前後のガラス円板ができます。これを鉛の枠に嵌め込んで、窓ガラスとして使いました。

この窓ガラスは、北西ヨーロッパの古い教会、修道院、城などで見られます。図6.5は、マイセン大聖堂の回廊の小板窓ガラスです。

図6.5 マイセン大聖堂の回廊の窓ガラス

小型円板窓ガラスより大きな板ガラスをつくるために用いられた、クラウン法の概念図6.6と、18世紀に著されたディトローとダランベールのエンサイクロペディアからのクラウン法による板ガラスの成形の絵図を図6.7に示します。

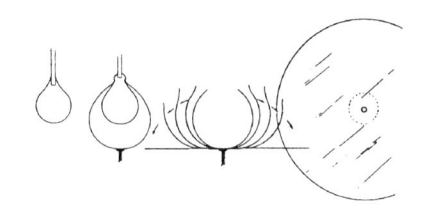

図6.6 クラウン法の概念図

フランスのノルマンディ地方では、この方法で大型のガラス円板をつくっていました。一般的にこの方法は18世紀の終わり頃まで使われていました。そのプロセスを図で説明します。ガラスは吹いてつくられるので、鋳込み磨きガラスに比べて、薄くできています。ガラスは、ルツボの中で糖蜜くらいの硬さになるまで冷やされ、ついで吹竿に巻き取られました。溶融ルツボの中には、ガラスの質を落とすスカムが入り込まないように、耐火粘土製の浮輪が浮かべてあり、ガラスは浮輪の内側から巻き取られました。1回の種取りで充分な量のガラスが巻き取れなかったときは、繰返して種が取られ、石、鉄、木などの上で転がして形を整え、ガラス種は円錐状にされました。補助者の一人が竿を吹いて球をふくらませ、ガラスが固まるのを防ぐため、随時、窯の口に入れて再加熱されました。溶融したガラスを少量付けたポン

テ竿を、ガラス球の、吹き竿の反対側に取り付けます。クラックオフして吹き竿を球から切り離すと、ギザギザの小さな開口部がガラス球に残ります。高度な技術を持った成形職人が、球を再加熱窯に入れ、そのままの形を保ったまま回転させます。球が充分に加熱されて、ある点に達した瞬間、ポンテ竿に付けられた点を中心として、遠心力によって、球は瞬間的に平らな円盤になります。この円盤は、直ちに窯から出され、冷えて固まるまで回転が続けられ、次いで、ポンテ竿を切り離し、徐冷窯に入れられます。この円盤から切り出すことのできる窓ガラスは、四角形にすると小さいものですが、広幅ガラス（次項参照）の板に比べて、表面はファイア・ポリッシュされて輝きがありました。

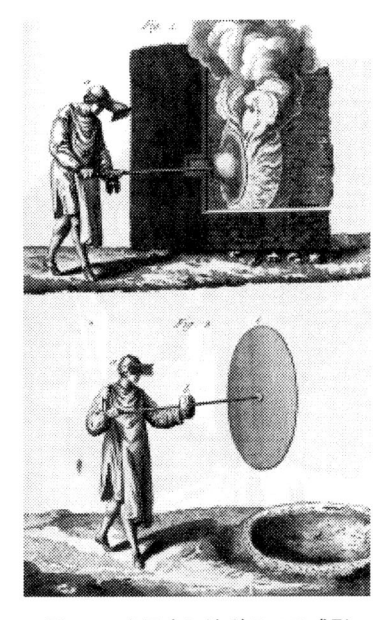

図6.7　クラウン法ガラスの成形

この製造には数人の職工と、少年が一組となって当りました。少年は単純な仕事を受持ちました。

6.4　円筒法

円筒法は広幅の板ガラスをつくるために20世紀前半まで使われた製法です。テオフィルスは、窓に用いるガラス板の製造について、その著書『さまざまな技法について』Schedula Diversarum Artium の中で広幅ガラスについて説明していますが、あまり明確ではありません。

1500年以上続いた円筒法は、初期（ローマ時代から中世前半頃）、中期（中世中期から17世紀頃）、後期（18世紀から19世紀頃）と時代とともに技法が改良され、より大きな板ガラスがつくれるように発展してきましたが、基本的な製造の原理は変わりません。

その基本プロセスの概念図を図6.8に示します。

吹き竿の先端に溶融ガラスを巻き取り、空気を吹き込み小球をつくり、これを吹き竿を振りながら遠心力と重力により伸ばし円筒状にします。吹き竿を切り離し、さらに両端の碗状部をクラック・オフして円筒にし、縦方向に切り開きます。これを延べ窯に入れ、徐々にガラスを開きながら伸ばし、板に仕上げます。この方法でつくられたガラスは、クラウン法ガラスに比べて、より大きく、より実用的なガラス板をつくることができましたが、仕上がった面は、クラウン法ガラスとは異なりファイア・ポリッシュされていませんので光沢のないものでした。

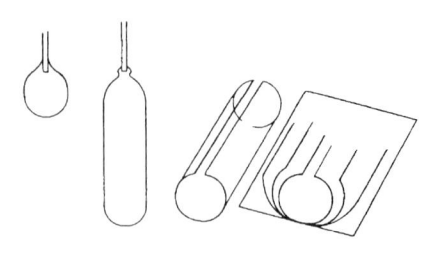

図6.8　円筒法の概念図

初期の円筒法でつくられた板ガラスは、溶融ポットの容量が小さく、大きな寸法のものはつくれませんでした。中世のステンドグラスの多くは、この方法でつくられました。その主な製造の中心地は、ブルゴーニュ、ロレーヌ、ラインラント地方でした。ノルマンディ地方は、伝統的にクラウン法で板ガラス

図6.9　円筒法の製造図

図6.10　円筒の拡張とスリット入れ

第6章 板ガラス

を製造していました。

中期に入ると、技術の進歩とともにより大きな板ガラスがつくれるようになりました。吹き成形した円筒を、徐々に広げ大きな径の円筒に仕上げ、これを開いて延べ窯内で平らな板にしていました。この製造の現場の様子がよく分かる絵図を、前と同じようにエンサイクロペディアより引用し、図6.9, 6.10, 6.11（プロセス図）に示します。

図6.9は円筒吹きのプロセスを表している絵図で、窯から溶けたガラス種を巻き取り（中央奥）、大き目のパリソンをつくり（中央の台）、竿を振り回して伸ばし（左手）、それを冷却しながら固まらせて保持しています（右隅）。

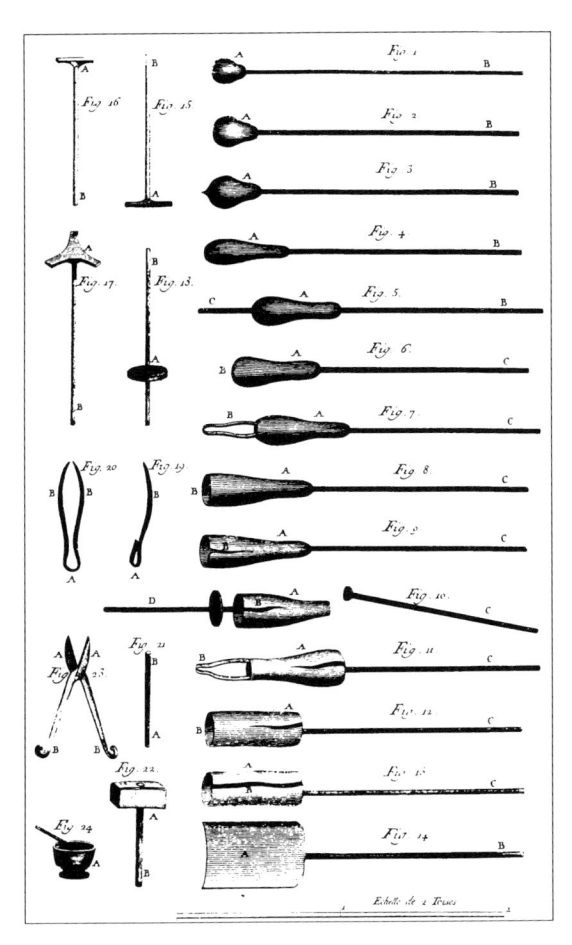

上でできた円筒を再加熱し、底に穴を開け（右端）、洋ばしか広げ棒にて回転させながら穴を広げ（中央左手）、ガラスを加熱しては押し広げることが繰り返され、円筒の直径は次第に大きくなっていき、ある大きさになったら円盤のついたポンテ竿がはめ込まれ、反対側の吹き竿が切り離されます。続いて吹き竿側も同じように押し広げ

図6.11　円筒法による板ガラスの製造工程

が繰り返され、全体が大きな円筒にされます。でき上がった円筒の径は不明ですが、13〜15cmから25cmと推定されます。続いて適当な温度に再加熱してシアーズ（はさみ）で切り開き（中央下部）、徐冷炉の中に入れ徐冷します。

板ガラス成形プロセスの詳細を図6.11のFig.1〜14に示しています。ガラスを細長い円筒に吹き、その両端をカットし、順次広げて行き、最終的に円筒を縦方向に切り開き、平らな板にします。

6.5　中世の森林ガラス工場

ローマ時代にはガラスは、都市部周辺でつくられていましたが、金属工業、陶業と同様に人口の増大と需要の拡大により、燃料の確保に問題が生じてきました。

都市部周辺の森林の木材は、大量に暖房用にとして使われました。このためガラス製造に必要な木材は、都市から離れた丘陵地の森林から求めざるを得なくなりました。ヴァルトグラスは、8世紀末頃からラインラントの森林地帯でつくり始められ、生産の拡大とともに北西ヨーロッパ各地の森林地帯に広がっていきました。ガラスの製造は、ガラスに適する原料（主にシリカサンド）、耐火物用の粘土が近くにあり、水利の良い、ブナの木の多い森林地帯で行われました。特にブナの木は、その灰に原料としてのカリを多く含み、燃料としても高カロリーのためガラスの製造に最も適していました。主なガラス生産地は、ロレーヌ、ノルマンディ、アルデンヌ、シュペザート、チューリンゲン、バイエルン、シレジア、ボヘミア、ウィールド等の森林でした。

巨大なブナの森を持つフランスは、ローマ時代から中世へかけて、窓ガラス工業の一大センターとなっていました。1500年に至るまで（大部分は14、15世紀）、フランスには168のガラス工場があり、ボヘミアには20工場、イギリスに21工場あったと記録されています。いかにフランスのガラス産業が大きかったかがこの数字から想像できます。その多くがガロ・ロマン時代から存続していたようです。

ロレーヌとアルザスにまたがるヴォージュ山脈の山麓や、ダーヌイ地域は、古く3～4世紀からローマ時代のライン地方の重要なガラス生産地でした。ガラス製造の伝統が引き継がれ、ヴァルトグラスの一大製造中心地になりました。この地域は、最もカロリーのあるブナと樫の豊かな広大な森林があり、良質の砂と、カリウムがとれるシダが豊富にありました。またこの地方は古代の各都市、教会を結ぶ交通の要衝でした。特に南ヨーロッパ市場とを結ぶソーヌ川と、ライン川へつながるモーゼル川が、大きな水路の役割を果たしていました。主要な製品は窓ガラスで、テオフィルスによって書かれたような彼らの伝統的な、吹いて、割れ目を入れる円筒法で、良質な広幅ガラスがつくられました。中世フランスのステンドグラスに使われた素晴らしい色ガラスはこの地方でつくられました。

　ロレーヌのガラス職人は優れた技法を各地に伝えました。15世紀後半には、ロレーヌのロバートがムラノに行き、赤色のステンドガラスの製造を教えました。また16世紀中頃には、ロレーヌのガラス職人ヘネッツェル、ティエトリー、ティザックの三家族がイギリスに渡り、イギリスのガラス工業の基礎を築きました。

　ドイツ中央部の広大なシュペザート、チューリンゲンの森林地帯もまた、ローマ時代からのライン-マインのガラスの生産地でした。カロリング時代以降今日までガラス製造の中心地として栄えています。

　15世紀初頭には、シュペザートのガラス職人達は協定を結び、互いにガラス職人の地位を守るため、年間稼働日数や生産量を決め過剰生産を禁止し、秘密の漏洩を厳重に防ぎました。特に板ガラスについて延べ窯を1基と限定し生産量を規制していました。（シュペザート地域のガラス職人達が1406年に締結した協約書に詳しく記されています）。また彼等はステンドグラスの耐候性向上と、木材節約のため低カリのガラスを開発しました。

　16世紀以降、大量の飲用容器のヴァルトグラスをつくり、広く周辺諸国に出荷しました。この地域は、木材は豊富で、カリ、ソーダを含み鉄分の少ない良質の砂と、耐火度のよい粘土が容易に入手でき、マイン、ヴェラ、ザーレの各河川の水利に恵まれていることからガラス容器製造の中心地となりました。

中世のガラス工場は、瓶やコップ等の日用品と窓ガラスやステンドグラスをつくっていましたが、どのくらいの量をつくっていたか定かではありません。工場の生産量についてはシュペザートの協約の制約した稼動日数と生産数量から、中世ヨーロッパの一ガラス工場の年間生産量は、約15トンと推定できます。

板ガラスの生産量を教会の窓から推定してみます。12世紀に入ると多くのゴシック建築の大聖堂が、北フランスを中心に各地で建てられました。例えばフランスではサンス1133年、ノワイヨン1151年、ラン1160年、パリ・ノートルダム1163年、ブールジュ1192年、シャルトル1194年、ルーアン1202年、ランス1211年、ル・マン1217年、アミアン1220年、ボーヴェ1247年などを始め、12〜13世紀に建てられた大聖堂は25あります。またゴシック建築の教会や修道院の数は27もあり、合計52の大聖堂、教会、修道院にステンドグラスが使われました。

代表的なシャルトルの大聖堂の場合、窓ガラスの数は176枚で、その面積は2,200平方フィートです。この窓ガラスの量は、ガラスの厚さを5mmとすると25トンになります。しかし実際のガラスの生産量は、枠付け、色付け、寸法取りなどでの不良があり、この量の倍近くの値であったと思われます。したがってほぼ150年間に25の大聖堂に要したガラスの量は約1,250トンで、27の教会，修道院に要したガラスの量は、大聖堂の1/2として約670トンで、合計約2,000トンです。この数量は年間おおよそ15トンに当たります。すなわち1工場分です。

ドイツのウェデポールが、大聖堂、教会、修道院の数と人口規模からガラスの使用量について次のように述べています。

「中世ドイツの最大の都市であったケルンの大聖堂には、25トンのゴシック窓ガラスが使われた。人口20,000〜25,000人のリュベックやエルフルトの町中の教会には最低50トンの窓ガラスが使われた。人口6,000人のゲッティンゲンの町中の教会には、最低13トンの窓ガラスが使われていた。中世ドイツで1300年から1500年の200年間に建てられた教会・修道院には最低10,000トンの窓ガラスが使われた。」

この数量は年間おおよそ50トンで、3〜4工場分に当たります。

この期間ペストの流行による停滞がありましたが、領主や都市住民の富の増大により窓ガラスが、大聖堂、教会、修道院等の使用量と同程度のガラスが使われていました。

瓶やコップ等の日用ガラスは、破損しやすいことから、教会でのガラス使用量の何倍も多かったと思われます。何倍かをドイツの場合で推定してみます。いくつかのレポートによると、ドイツの中世後期の工場数は20以上で40はあったと考えられています。中間をとって30工場とすると年間450トンの生産量となり、窓ガラス使用量の約4.5倍が日用ガラスに使われていたと考えられます。

6.6 厚板ガラスの鋳込み法

17世紀中頃に、鏡の需要が、特にフランスで出てきました。王権の確立とともに、権力の象徴として新しい館を鏡で飾ることが強く望まれました。当時ガラス鏡はヴェネツィアから輸入されていましたが、非常に高価なものでした。

古代から使われてきた鏡は、金属鏡でした。12世紀頃ロレーヌやドイツで、ガラスに錫や鉛を裏打ちした鏡がつくられました。錫アマルガム法によるガラス鏡は、ヴェネツィアのガラス職人によって1317年に発明されたといわれています。1507年にダル・ガロー兄弟に、考案した錫アマルガム法の25年間の独占製造権が与えられました。15世紀に開発された無色透明なクリスタッロに錫アマルガム法を施したガラス鏡は、その美しさと完全性とから、北ヨーロッパの王侯貴族を魅了し、以後200年以上の間ヴェネツィアの最も重要な製品としてつくられ、ヨーロッパに輸出されていました。

鏡をつくるには大きく厚い高品質の磨き板ガラスが必要です。この要求を満たすには、クラウン法ガラスは、表面はファイア・ポリッシュされていたものの、薄過ぎて寸法も小さ過ぎました。また円筒法の広幅ガラスは、磨き板ガラスをつくるのに適しているとはいえませんでしたが、17世紀末まで磨き板ガラスはこれを素板にしてつくられていました。窓ガラス用より純度の高い原料を使い、厚い円筒が吹かれるようになりましたが、寸法は依然と

して不満足なままでした。ベルサイユ宮殿の鏡の間の美しいパネルが、円筒法でつくられたガラスを使ってつくられました（1678～84年）。しかしこの鏡は、小片を組み合わせてつくられており、そのガラス板には明らかな歪みが見られます。

　鋳込み法は、14世紀の初めヴェネツィア人によって、さらに後にニュルンベルクで、若干の進歩が図られましたが、板の寸法は依然として小さいものでした。

　厚板ガラスの鋳込み法は、イタリアのアルタール（ジェノヴァ近く）からの移住者であるベルナール・ペロー（1619-1709）によって開発されました。アルタールは1495年にガラス製造のギルドが設立されたガラス製造の中心地の一つで、ヴェネツィアの強力な競争相手でした。

　ペローは、画期的な平板ガラス鋳込み法を開発した、17世紀に生きた最大のガラス職人であり、秀でた発明家でした。1647年に叔父カステラノとともにフランスのヌベールに王室ガラス鏡工場を設立し、15年間の共同活動の後、叔父と別れ、1662年にオルレアンに自身の工場を持ちました。彼はこの工場で平らな精度の良いガラスの鋳込み法と色ガラス（オパール、乳白、クリスタルなど）の新しい製法を発明しました。これに対しパリの科学アカデミーは二つの特許を許諾しました。すなわち1668年12月7日と1672年9月22日で、後者は10年間延長されました。

　1676年、フランスの政治家コルベール（1619-83）は、ノルマンディで鋳込み法磨き板ガラスを製造することが有利であると判断し、王室ガラス工場を設立して、責任者として専門家であるノルマンディのガラス職人、ルカス・ド・ヌウーを起用しました。

　1688年にコルベールの死後に彼を継承したルヴォアの支援のもとで、アブラハム・トゥバールが経営に当りましたが、不良品が多く、また経理上の支援も無く困難な状態でした。

　1693年に製造の原価を下げる目的で、人件費が低く、燃料の木材の豊富で原料の安い、交通の便の良いピカルディ地方のサンゴバンに工場を移転しました。

　1695年に新しいフランスガラス王室製造会社が、サンゴバンに30年のラ

イセンス付で設立されました。オルレアンで今まで製造していたペローの鋳込み板ガラスとの競合を避けるため、ペローの発明した鋳込み法の技術ライセンスは剥奪され、彼の製造装置は没収されサンゴバンに運ばれ、今後ガラス製品の製造は禁止されました。一切の抗議も受け入れられず、たった500フランの年金（後に800フランに増額）がペローに与えられただけでした。

　なおオルレアンの工場でこのプロセスは大いに改良され、1691年には充分な品質を持った長さ180cm以上の厚板ガラスがつくられるようになっていました。

　多くの困難を経た後、彼らは商業的に成功し、1725年には700トンのガラスがつくられ、1760年までには年産1,150トンに達していました。

　ペローが発明した鋳込み法について、18世紀のエンサイクロペディアに記載されている図6.12, 6.13, 6.14を用いて説明します。

　磨き板ガラス用の窯については第4章で述べました。バッチ原料は、溶融に先立って小型の窯でフリット化され、若干のガラス屑すなわちカレットを加えて、ルツボに入れられます。ルツボには、200ポンド（約90kg）のガラス素地を入れることができました。初めの一層の原料が溶融され、さらに次の原料層が加えられ、ルツボが一杯になるまで次々に原料が投入され、その間、窯は赤熱の状態に置かれていました。続いて窯の温度が上げられ、ガラスの清澄のため、24時間高温の状態に保たれました。これは、プロセスの中の難しい段階で、窯の温度が十分高くなければ清澄がうまく行かず、高過ぎればルツボが溶融して、ガラス中に入り込む危険がありました。ルツボには、当初覆いがありませんでした。これは燃料に石炭を使用したとき発生する、硫黄の蒸気や、黒い点が現れるのを防ぐ必要がなかったからです。表面に発生するスカムは、時々大きなひしゃくで取り除かれました。

　ついで清澄されたガラス素地は、鋳込みテーブルに移されました。ルツボから溶融ガラスが、直接ひしゃくで汲み出されることもありましたが、多くの場合、四角い耐火容器、すなわちキュベットが用いられました。これらの容器は、予熱のためルツボと一緒に窯の中に置かれ、窯の側面の窓から長いひしゃくを入れて、清澄されたガラス素地をルツボからキュベットに移しました。しばらく置いたのち、長いかぎの付いた鉄棒が、窯の中のキュベット

の回りや下に差し込まれ、キュベットが引き出されました。二輪車で鋳込みテーブルに運ばれると、まず、表面のスカムが除かれ、ついでキュベットは、滑車システムの鎖の先についた鈎（フック）にしっかりと固定され、キュベットが持ち上げられ、ひっくり返されて、中身が鋳込みテーブル上に流されます。

図6.12は鋳込み法の装置図で、鋳鉄製の大きなテーブルの上に、左右に長い案内幅板があり、その上にローラーが置かれています。テーブル上方に上から支えられた溶融ガラスを入れるキュベットがあります。テーブル上に流されたガラスをローラーを右手に移動させて板ガラスをつくります。板ガラスの幅は、案内幅板の左右の間隔で決まり、長さはキュベット内のガラス量で決まります。

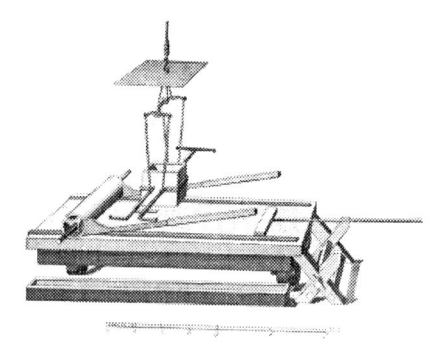

図6.12　鋳込み法の装置

図6.13は、ガラスが鋳込まれ、ガラス板がロールがけされる様子を示しています。案内幅板の上を鉄製のローラーが走り、職工は迅速にガラスを均一の厚みにします。ガラスの冷却が速いので、作業は1分以内に行われました。大きな板をつくるときには、数人の職工が重いローラーを扱う必要がありました。ロールがけが終わった板は、低い平らな炉の中で約10日間かけて徐冷されました。図6.13で、左側背後に見えるのが徐冷炉です。

図6.14に見える作業者たちのグループが、徐

図6.13　鋳込み法現場の図

第6章 板ガラス

冷炉からガラス板を取り出しています。板は大変大きく、大勢でないと持ち上げられません。

さらに後の時代には、キュベットを使う代わりに、ルツボそのものが窯から取り出されるようにな

図6.14　徐冷炉からの板ガラスの取り出し

り、必然的に、ルツボは当初のものより小さめのものになりました。その運搬には危険が伴いましたが、プロセスは溶融ガラスの損失の少ない経済的なものになり、ガラスそのものも、汚れの少ない高い品質が維持できました。

　徐冷後、ガラスはグラインディング（粗摺り）され、ポリッシング（仕上げ磨き）されました。

　ガラス板を粗摺りするときは、きめの細かい砂岩か石灰石でつくった平らな床の上に、ガラス板が動かないように焼石膏を用いて貼り付けられました。床の回りには、保護用の木製の小幅の板が置かれました。粗摺りには、ガラス片を用いて、研磨剤を板にこすり付けました。水と粗い砂が最初に使われ、順次きめの細かい砂が用いられ、最終的には粉末ガラスが使われました。作業はすべて手で行われ、18世紀末に機械による粗摺り・仕上げ磨きシステムが導入されるまで、この長い単調な工程が続けられていました。ここで表面削磨されるガラス板は、作業者によって、前後に動く水平な車を取り付けた木の厚板の上に貼り付けられ、順次摺り削られます。両面が摺り上げられたガラス板は、ここで磨かれました。

　仕上げ磨きには、極めてきめの細かいロットン石（風化した珪酸質石灰石の一種）の粉末、エメリー（アルミナと酸化鉄の混合物）、ベンガラなどの研磨材と、フェルトのローラーが使われました。

　鋳込み法磨き板ガラスの製造には、かなりの投資を必要としました。建物は大きく、当時の小さな普通のガラス工場から見れば、むしろ大ホールのような規模でした。溶融窯も大きく、徐冷炉も、大きなガラス板に合わせ

て大きいもので、ガラスの移動、摺り、磨きの設備にも多くの費用を要しました。幅30インチ（約76cm）、長さ160インチ（約400cm）の板がしばしば壊れ、費用がかさみ、それはガラス工場を破産の危機に追い込みかねないものでした。また作業には多数の職工を必要とし、したがって人件費も多額でした。

　フランスでは王室と貴族が巨額の資金を提供しましたが、他の国では資金を集めることができず、例えばイギリスの磨きガラスの発展は、およそ100年の遅れをみました。

　フランスがいかに他の国に比べて豊かであったかは、表6.2の17世紀中頃のヨーロッパ主要国の人口表から容易に分かります。広大な肥沃な土地を持つフランスが、当時文化、産業の中心地でした。

表6.2　17世紀中頃の欧州の人口（1650年）

単位万人

スカンディナヴィア	260	北イタリア	430
イングランド・ウェールズ	560	中部イタリア	270
スコットランド	100	南部イタリア	430
アイルランド	180	スペイン	710
オランダ	190	ポルトガル	120
南ネーデルランド	200	オーストリア・ベーメン	410
ドイツ	1,200	ポーランド	300
フランス	2,000	スイス	100
		16ヶ国合計	7,460

　厚板鋳込み法は、18, 19世紀に引き続きフランス、ドイツ、イギリス等で使われていました。1802年にサンゴバンで2.5m×1.7mの鏡がつくられました。

　1835年にドイツの化学者、J.ホン・リービヒ（1803-73）が、錫アマルガム法に変わる、銀鏡法を発明し、1840年には商業ベースの生産に入りました。銀鏡法は、溶液中の銀酸化物を還元して銀をガラス面に沈着させる方法です。水銀アマルガム法より安価で良質の鏡をつくることができ、なによりも水銀中毒に悩まされていた鏡職人を救いました。等身大の大きな鏡が、サロンや寝室に盛んに使われました。

6.7　イギリスの板ガラス産業

　1691年、一つの特許がロバート・フックとクリストファ・ドッズワースに与えられました。それには"今までイングランドでもいかなる他の国々でもつくられたことのない、大きな鋳込み法ガラス、特に姿見用ガラス板の技術"と記されていました。この特許と、それに続く"ガラス製造会社"設立の試みは、結局は失敗しましたが、1692年6月には、多くのガラス製造業者のグループが、彼らの商品を、"あらゆる種類の、極めて美しい姿見用ガラス板、馬車用ガラス、サッシュ、窓用その他の用途の光沢のあるガラス"という華々しい言葉を使って宣伝していました。18世紀の初頭に、かなり大規模な通商が行われていたこと、ヴォクスホールのガラス工場では、見事な鏡の製造が行われていたことで有名です。これらの所有者たちは、資金回収が不確実で、費用のかかる製造設備に投資する危険の増大を喜ばなかったし、小さな寸法の板をつくる現状の製造ラインで十分な利益を上げることができたので、鋳込み法磨き板ガラスに関心を持ちませんでした。

　18世紀の後半に入ると、事情は大きく変わってきました。以前にフランスで起こったように、イングランドでも、高級な大きな磨き板ガラスに対する需要が増大してきました。1773年頃まで、イギリスはフランスの工場から、毎年6万ポンドから10万ポンドの磨き板ガラスを輸入していました。人々は、このような明らかに拡張しつつある事業に投資することを望み始め、1770年代の初め、イングランドにおいて製造を推進する動きが生じました。ブリテッシュ厚板ガラス製造会社の設立を発起人たちは企画し、当時ガラスに課せられた税金の軽減を図るために、これを議会の特別立法による21年間の持株会社として法人化しようとしました。株主により4万ポンド、後に株主の3/4の同意を得て、さらに2万ポンドの出資を募ることとなりました。

　18世紀末期のこの特別立法による法人組織の設立は、新しい展開を見せることになりました。この組織は、製造業者がこの危険の大きい企業を続けやすいように、有限責任となっていましたが、これが公共の利益に反するの

ではないかとの声が、各所から上がってきました。下院は、その検討のため委員会を組織し、委員会は、技術の専門家として、以前サンゴバンで製造に当たっていたフィリップ・ベスナールを招聘しました。ベスナールは、イングランドでの鋳込み法磨き板ガラスの製造が実行可能であると判定しました。その理由は、輸入のバリラを除くすべての原料が地元で入手できること、さらに石炭が燃料として使えるならば、イングランドはフランスに比べて燃料費が安く済むであろうことを上げました。この法人組織は、最終的には1773年4月に議会を通過しました。

燃料費が安いことが決定的理由となって、新しいガラス会社はランカシャー州セントヘレンズの近く、レーブンヘッドに建てられました。出資者の一人は、この地域の炭鉱に多大の関心を抱いていました。チェシャの製塩業者と、リバプールの輸出貿易が、石炭の主な需要先でしたが、銅の精錬やガラス製造のような窯を使う工業がこの地域に出現したことが、利益と市場を創り出しました。そのため、炭鉱業者は高品質の石炭を特別有利な条件で提供しました。このことは、なぜ新しい板ガラス工業が、古くからガラス工場のあったタイン川流域でなく、レーブンヘッドに設立されたのかの説明にもなります。

この工場の最初の管理者は、フランスで修行したガラス職人、ブライヤーのジャン・バプティスト・フランシス・グローで、熟練した職工たちもフランス人でした。管理がうまくいかず、製造プロセスに対する税金が高く、製品の破損率は大きく、これらが新しい会社の発展を阻害していました。しかもフランスの職人たちは、石炭燃焼窯を上手に使いこなせませんでした。1792年にロバート・シャーボーンが新しい管理者に就任し、ルツボに蓋をして溶融ガラスに汚れが着くのを防止し、石炭燃焼窯を成功させました。結局、この会社は認められ、競争相手のサンゴバン社が戦争で体力が弱っていたことが幸いして、イングランドの鋳込み法磨き板ガラスは商業的成功を見るに至りました。

鋳込みプロセスは、当初はフランスで行われていたのと同様の方法で行われましたが、次第に独自の工夫が加えられるようになりました。レーブンヘッドの最初の鋳込みテーブルは、当時フランスで用いられていたもの

と同様、固い石で支えられた銅製でした。熱いガラスがこのテーブルに流されると、しばしば銅にひびが入り、その取替えに要する費用、労働力、時間損失は多大でしたが、1843年頃、大きな鉄板が使えるようになりました。鉄はガラスを変色させる危険がありましたが、その問題が解決され、さらに鉄テーブルにキャスターが取付けられ、徐冷炉にそのまま押し込むことができるようになり、固定した銅テーブルは完全に置き換えられました。磨きプロセスにも改善が行われ、1800年頃から、ジェイムス・ワット（1736-1819）によってつくられた蒸気機関が、研磨用動力として導入され使用されるようになりました。

　19世紀の前半には、大英帝国における磨き板ガラスの製造は、およそ6企業で行われており、そのうちのレーブンヘッド工場を含む3企業は、セントヘレンズ地域にありました。1860年代後半には、イギリスの磨き板ガラスの生産量のおよそ2/3が、これら3企業でつくられていたといわれました。しかしレーブンヘッド工場は困難な状況に陥り、1868年にロンドンとマンチェスターの磨き板ガラス会社に接収されました。この時期、他の企業は磨き板ガラスの製造に関心を示しており、とくにセントヘレンズのピルキントン・ブラザースがそうでした。

　この企業は、もともと窓ガラス製造を目的として1826年に設立され、セントヘレンズ・クラウンガラス社と呼ばれていました。この会社は最初からさまざまな優れた事業者たちと提携していましたが、最初のパートナーにウィリアム・ピルキントン（1800-72）と義兄のピーター・グリーナル（?-1845）がいました。ピルキントンは軍医の息子で、セントヘレンズでワインとスピリッツの事業を順調に経営していました。グリーナルはセントヘレンズ醸造所の経営者で、最初のセントヘレンズ建築学会の指導的な後援者でもありました。19世紀を通して、ピルキントン社は、消費者の需要の予測に優れた先見の明を発揮し、競争者の操業に関心を払っていました。1873年、磨き板ガラスの需要の増大に対処するため、同社はセントヘレンズのカウリーヒルに磨き板ガラス工場の建設を決めました。工場は約3年をかけて完成し、1878年にレーブンヘッドに匹敵する量の磨き板ガラスを生産するようになりました。ウィリアム・ピルキントンの甥であるウインドル・ピルキン

トン（1839-1914）は、ルツボを鋳込みテーブルに運ぶ新しい形式の可動クレーンや、ガラス板をより均一に加熱することのできる徐冷炉など、多くの技術的な改善を行いました。

　これらの革新は、アメリカでの磨き板ガラス工業の成長によって、イギリスからアメリカへの輸出が激減した時期であるにもかかわらず、磨き板ガラス事業に多くの利益をもたらしました。アメリカへの磨き板ガラスの主要供給国であったベルギーは、大英帝国に新しい市場を求めようと試み、イギリス国内の市場に対する競争も激化しました。既に極めて低い利益しか得れなくなった多くのイギリスのガラス会社が倒産しました。1901年にはピルキントン社はレーブンヘッド工場を買収し、カウリーヒルの製造能力を補いました。同社の生産は増大を続け、20世紀の初めには、大英帝国で唯一の磨き板ガラス製造者となりました。

6.8　大型円筒法

　窓ガラス製造のための大型円筒法は、6.4で述べた円筒法ガラスのプロセスから発展したもので、18世紀頃からフランスとドイツで盛んに行われていました。円筒法ガラスの製造の場合よりも大きい球が吹かれ、長い円筒を成形するため、深い溝の中でガラス球が振り伸ばされます（図6.17参照）。円筒状に長くなったガラスに更に息を吹き込んで、最終的には、長さ70インチ（約180cm）、直径12～20インチ（約30～50cm）の円筒がつくられます。この円筒は冷やされ、熱した鉄かダイヤモンドカッターで長さ方向に切り口を入れられ、延べ窯の中で再加熱して円筒を開き平らな板にされ、その後焼鈍炉に入れ歪を取り、完全な板ガラスとされます。

　1830年代に円筒法は、ヨーロッパ大陸の他にアメリカで大規模に採用されましたが、イングランドでは大部分の窓ガラスは、依然としてクラウン法で製造されていました。高い関税のため、非常に小さな円筒法板ガラスが、輸入されていました。イギリス人は、彼らの家の窓のこの小さな光沢のあるガラス板に満足していました。またクラウン法による板ガラス製造プロセスが、イングランドにおいて完成の域に達していたこともあって、この方法

は、ヨーロッパ大陸におけるよりも長く生き残り、他の板ガラス製造方法が重要性を増した1860年代になってようやく衰え始めました。

　1832年、アイザック・クックソン社が円筒法の導入を試みましたが、成功しませんでした。つくられたガラスが、低品質のクラウン法ガラスにすら及ばなかったためです。同じ1832年、バーミンガムのチャンス・ブラザース社のルーカス・チャンスとフランス人のガラス事業家で優れた技術者のジョルジュ・ボンタン（5章参照）は、この製造法に熟練した外国のガラス職人を雇って、チャンス社のスポン・レーン工場で、円筒法板ガラスを製造する計画に乗り出しました。

　チャンスとボンタンは、"我々に可能な限りの良いガラスをつくること、不良品を売りさばく最良の市場を開拓すること"を方針としました。彼等の二番目の意図は、品質の悪いガラスを、海外品との競合のないイギリスの植民地に輸出することで達成されました。正にそのような"粗末な"クラウン法ガラスの等級は"アイリッシュ"として知られていました。ヨーロッパ大陸の状況と比較して、イングランドには良質なガラスに対する大きな需要があり、この要求に応えるため円筒法に様々な改良が行われていました。例えば、円筒はより幅広く吹かれていましたし、表面品質の良い板が得られていました。改善は、きれいで純度の高いバッチ原料にも及んでおり、砂は洗われ、長年使ってきた植物灰からのアルカリ（ケルプ）に代わって、この頃実用化された人造ソーダや硫酸ソーダが用いられました。種々のバッチ原料に対し注意深い試みが行われ、遂には"我々のガラスの明るい色合いに、従来の市場にかつて見られなかった名声が与えられました"といわせるまでになりました。

　図6.15に1857年頃のチャンス社のスポン・レーン工場の外観を示します。

　板ガラスの品質は、いろいろの方法で改良が続けられてきましたが、平滑化の段階でガラス板が他のものと触れることから、表面の輝きが失われる問題が残っていました。厚い磨き板ガラスは粗摺り・仕上げ磨きができましたが、薄い、大きい円筒法板ガラスの場合、厚さ1/4インチ（約6mm）以下のガラスは、研磨時の応力に耐えられずに破損したり、表面が一様でないため穴があいてしまったりして、この方法で研磨することはできませんでした。

図6.15　1857年頃のチャンス社のスポン・レーン工場

　1838年、ルーカス・チャンスの甥のジェイムス・ティミニス・チャンス(1814-1902)は、この問題を完全に解決する方法を特許に取りました。粗摺りと仕上げ磨き中のガラス板は、水に浸した皮その他の材料で覆われたスレートに吸着によって固定することで、完全に平面の状態に保たれました。このガラス板の支持材料は固すぎることがなく、しかもしっかりと板を支え、研磨作業中のガラスにかかる応力を減少させました。これによって破損の危険性は大幅に減少し、ガラス表面は一様に研磨されました。

　ティミニス・チャンスは、ケンブリッジ大学で数学を学び、第一級優等合格者として卒業し、ただちに一族の会社の共同経営者になりました。彼は、数学的な才能を活かし数々の技術の改良を行い、会社に大きな利益をもたらしました。また彼は有名なマイケル・ファラデー(1791-1867)や、地球物理学者のジョージ・B・エアリー(1801-92)の援助を受け、光学ガラスの開発に努めました。大きな業績として光源の集光レンズとそれを覆う厚い板ガラスを使用した灯台の建設があります。18世紀末までにイングランドから中国までの航路に100台以上の灯台を建設し、その功績によりヴィクトリア女王（在位1837-1901）より準男爵位を与えられました。

　ティミニス・チャンスの特許による磨き板ガラスプロセスは即座に成功を収め、1841年には毎週4,000フィート以上の生産ができるようになり、馬車の窓、飾り鏡、額縁用ガラスなどの多くの需要を賄いました。最初の大きな注文は、国会議事堂の28,000平方フィートの窓ガラスでした。

第6章　板ガラス

このガラスは、クラウン法ガラスに比べれば表面の輝きは少なかったものの、吹かれる円筒の限度一杯の大きな寸法のものがつくれたし、大きな面積の透明ガラスが必要なところには極めて有用でした。

特許磨き板ガラスが開発されていた頃、チャンス・ブラザース社は磨いてない円筒法板ガラスの生産でも拡大を続けていました。1850年、同社は、1851年に開催が予定されている万国大博覧会の会場として使われるジョゼフ・パックストン(1801-65)の設計したクリスタル・パレス(水晶宮)に、ガラスを嵌め込む請負契約を審査のうえ得ました。図6.16にクリスタル・パレスの外観図を示します。

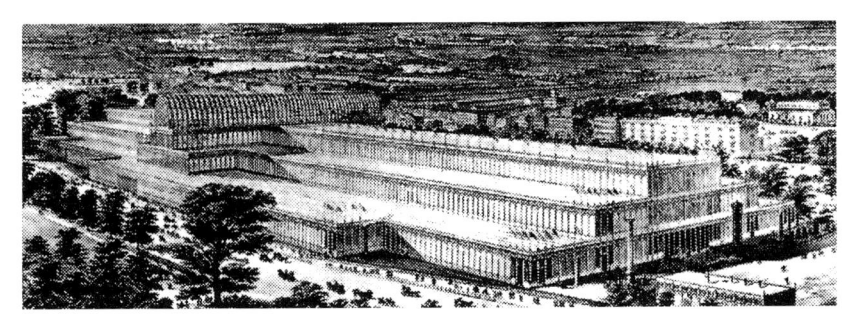

図6.16　クリスタル・パレス

この契約では、数カ月の間に、通常の生産に加えて200トンのガラスをつくることが要求されていました。ルーカス・チャンスの息子ロバート・チャンスは、この特別の追加の作業を遂行するために、30人の熟練した吹き手と契約し、フランスのルーアン近くのリヨン・ラ・フォーレの工場に送りました。従来の従業員も昼夜を分かたず働くことを要求され、閉鎖されていたチャンス社の工場の一つも再開されました。生産量は連続的に増大し、1852年1月には2週間で60オンス(約1.7kg)の

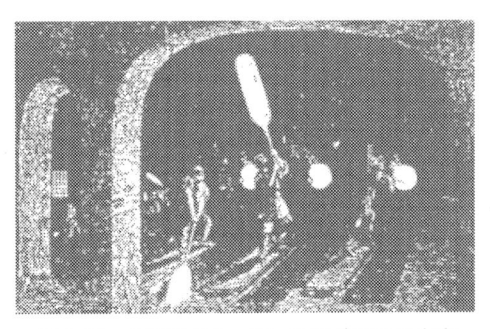

図6.17　クリスタル・パレス用ガラスの生産

板が6万3千枚つくられました。この月の終りまでに、作業は終了し、およそ100万平方フィート（約93,000m^2）の板ガラスがクリスタル・パレスに納入されました。

図6.17は、クリスタル・パレス用ガラスを生産するため工場の吹き手が巨大な円筒を形づくりしている所を示しています。長い円筒を成形するため、深い溝の中でガラス球が振り伸ばされている様子を示しています。

6.9 鋳込み法の改良

19世紀中頃のイングランドの板ガラス製造は、セント・ヘレンズのピルキントンとスメスウィックのチャンスの他に、イングランド北海岸のサンダーランドのハートレイ社で行われていました。サンダーランドは17世紀後半からのガラス製造の一つの中心地で、1696年にはガラス製造のギルドが設立されました。多くのガラス工場が板ガラスと瓶ガラスを製造していました。特に瓶ガラスが主力で週に4000種の瓶を製造し海外に輸出していました。

ジェイムス・ハートレイ（1811-86）は、薄い鋳込み法磨き板ガラスの製造法を開発しました。これは基本的には、ルツボから溶融ガラスをキュベットに移し、厚い磨き板ガラスを鋳込むという、フランスの鋳込みプロセスと同様のものでしたが、ハートレイのプロセスは、キュベットを使わず、ガラス素地をルツボから直接鋳込みテーブルに汲みだし、ロールがけする方法です。つまり、清澄キュベットの段階を省略するものでした。1847年に特許が与えられ、この鋳込みガラスは、特許磨き板ガラスとして知られていますが、チャンス社の円筒法による特許磨き板ガラスとは異なります。このようなつくり方をされたガラスは、磨かずに使われることが多く、表面は粗く半透明でした。クラウン・ガラスや普通板ガラスと同様に、徐冷窯に重ねたまま入れて徐冷することができることから、板ガラスの一般的に高い徐冷コストを、大幅に下げることができました。その主な用途は天窓、屋根、教会の窓で、特に当時急成長していた鉄道の駅舎の屋根に使われました。

特許磨き板ガラスは、厚みを1/8インチ（約3mm）まで薄くすることがで

き、任意の寸法で鋳込むことができました。ハートレイ社は、1851年の万国大博覧会建物に、チャンス社の製品より僅かに高い価格で入札することができたましが、最終的にはチャンス社が円筒法板ガラスによって受注しました。ハートレイ社が提案した特許ロール法磨き板ガラスの1枚の寸法は62インチ×21インチ（約157cm×53cm）で、これはチャンス社の49インチ×10インチ（約124cm×25cm）に比べて大きく、フレームの量を大幅に減らすことが可能でしたが、このように重いガラスを大規模に嵌め込むことは、未だ経験がなく、危険が大きすぎると判断されたためです。しかし、厚さ1/8～1/4インチ（約3～6mm）の大きな板ガラスが、当時用いられていた他の方法よりも有利に製造できるため、単にロール法磨き板、あるいは未加工ロール板法としても知られている特許ロール法磨き板ガラスは、他の企業でも大規模に採用されるようになりました。この新しい製法により、表面に模様を付けることもでき、また色ガラスを板成形することもできました。

　ハートレイ社は、1870年代から労使関係の拙さから度重なるストライキと、ベルギーのガラスメーカーとの競争により衰退に向かい、ジェイムス・ハートレイの死後、1894年に閉鎖されました。

　19世紀は多くの教会が建設され、ステンドグラスの再復興の時代といわれています。板ガラスの市場は拡大を続け、1870年代の後半には、ハートレイ社のロール法でつくられた色ガラスのカセドラルガラスが、教会向けに大量につくられるようになりました。

6.10　ラバース式円筒吹き機

　手吹き円筒法およびロール法磨き板のプロセスは、窓ガラスの製法として20世紀に入ってもいまだ使われていました。1903年にアメリカン窓ガラス（AWG）社が、自動的に円筒を吹く機械の開発に成功しました。19世紀を通じて機械化の試みは幾つか行われていますが、いずれも不成功に終わっていました。1896年頃、AWG社のガラス板延べ工であったジョン・H・ラバースは、円筒吹き機械の開発を始めました。1903年、彼の特許は、AWG社に買い上げられら、1905年まで改良が続けられ、手吹き円筒法の強力な競争相

手に育ちました。その作業はまだ間欠的で、しかもガラス円筒は切り開いて平板化しなければなりませんでした。比較的大口径の円筒でも手動の場合よりはるかに速く成形でき、作業者のチームも熟練度を必要とせず、熟練した吹き手や種巻き取り工が必要なくなったことから早急に各国で採用されました。1910年イギリスのピルキントン・ブラザース社に導入され1933年まで使われていました。 1914年にわが国の旭硝子にも導入され、板ガラス製造の主力機として大正・昭和初期に活躍しました。

図6.18にラバース機の概念図を示します。

ラバース法は、円筒1個分の十分な溶融ガラスを窯から汲み出し、引上げ装置の下に設置した加熱されている回転式二重ルツボに流し込みます。ルツボの直径は約42インチ（105cm）でそれぞれ約500ポンド（230kg）のガラスが入ります。先端にフランジ型の金属円板、すなわちベイトを取り付けた吹き竿を、ガラス素地に下ろし、このフランジにガラスを付着させます。ベイトを案内シャフトに沿ってゆっくりと引き上げ、同時に圧縮空気を吹き竿から吹き込み、ガラスを所定の太さの円筒にします。ガラス円筒の厚みと直径は、引上げ速度と空気の吹き込み量によって制御されます。最大高さ40フィート（約12m）、直径40インチ（約1m）の円筒をつくり出すことができました。ルツボがほとんど空になった頃、引上げ速度を急に増すと、ガラスはルツボの底の部分で割れて、ルツボから引き離れます。吹き上がった円筒を、支持台の上に置き、いくつかに輪切りにし、開き、再加熱し、平らにし、徐冷します。空になったルツボを上下を逆

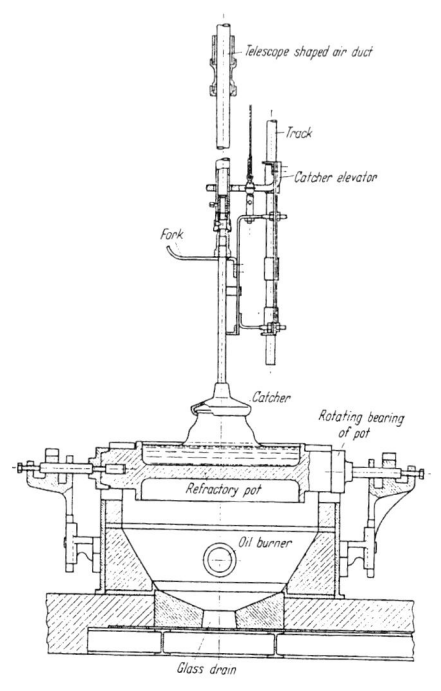

図6.18　ラバース機の概念図

第6章 板ガラス

転させて、下側が表にでるようにすると、これもルツボになっており、次の円筒を吹くためのガラスを入れることができます。最初のルツボに残ったガラスは加熱して溶かし出して、再び使われます。

図6.19は円筒ガラス引き上げ開始時のベイトとルツボの様子を示します。図6.20は、引き上げた円筒を支持台に下ろそうとしている様子を示しています。円筒ガラスはその後所定の長さに切られ、開かれ、平らにされ、徐冷されます。

初期のラバース機には、二つの大きな欠点がありましたが、やがて改良されました。欠点の一つは、吹き竿から吹き込まれた空気がガラスに接触したとき、急に膨張してガラス素地面を波立たせてしまうことでした。もう一つの欠点は、引き上げ中にガラス円筒がベイトから離れて落ちることで、これは、金属円板の縁とガラスの熱膨張係数が異なることに起因していました。この他に、最後まで完全には解決されない問題がありました。それは、レヤー中でガラスが延びるときに表面に生じるさざなみ状のマークの除去で

図6.19　引き上げ開始時のラバース法　　図6.20　円筒ガラスの支持台

した。しかし、それでも、ラバース法板ガラスは、手吹き法に比べればはるかに優れていました。熟練工は、長さ5〜6フィート（約150〜180㎝）、直径12〜14インチ（約30〜35cm）の円筒を吹くことができましたが、ラバース法では、1917〜1920年ころの実績として、少なくとも長さで5倍以上の、直径で2倍以上の21〜24インチ（約50〜60㎝）の円筒をつくることができました。こうして、ラバース法の普及に伴って、手吹き法は次第に姿を消していきまし。しかしやがて、同じことがこのラバース法にも起き、結局は引上げ法に席を譲ることになりました。

6.11 機械引上げ法
　　　 フルコール法、コルバーン法、PPG法

　20世紀初頭に、透明な板ガラスの三つの製造法が実用化されました。

　窯炉から直接に平らな板を引き上げるアイディアは、長年にわたって考えられていました。1857年にセント・ヘレンズのウィリアム・クラークは、板を引き上げるプロセスについてイギリス特許を取得しました。彼のアイディアは、ベイトを溶融ガラスに漬けてガラスを付着させ、それをゆっくりと引き上げるというものでした。ガラスの固化の程度と引上げ速度の変化によって、連続した板が製造できると考えました。

　クラークの考案したプロセスは失敗に終わり、その後50年の間、何人かの研究者が同じような試みを行いましたが成功しませんでした。その理由はガラス板が引き上げられるにしたがって、下部が狭くなってくるのを防ぐことができなかったからです。ベイトの幅一杯に付着したガラスは、ガラスが流動性のある温度では、引き上げるにしたがって垂直方向の縁は表面張力によりお互いに近づいてしまいます。

　この問題を解決する試みの一つとして幾人かの研究者は、窯に設けたスリットからガラスを下方に流すことを考えました。しかし板が重くなり過ぎ、まだ固まっていないガラスが流れ出て、結局は窯の中のガラスはすべて流出してしまいました。スリットから出たガラスを二つのローラーに挟む試みも行われましたが、でき上がったガラス板は著しく透明性を失っていました。

第6章 板ガラス

　板ガラスの機械による引き上げの最初の成功者は、1902年頃から表面張力をいかに調整するかを考案していたベルギーのエミール・フルコール（1862-1919）とエミール・ゴッブ（1849-1915）です。彼らの方法は、クラークの方法と同じように、窯から垂直に板を引き上げるものですが、この時ガラス板が狭まるのを防ぐため、中央に一つの長いスリットを持った耐火物を溶融ガラス面に押し入れ、スリットからガラスを静圧で盛り上げる工夫を施しました。このスリットを持った耐火粘土製のフロート（浮き部材）は、デビトーズとして知られており、その図を図6.21に示します。

　デビトーズを押し込む深さを変えると、ガラスが盛り上がってくる速度も変化します。通常、トラフ（troughスリットの両側の谷の部分）はガラスに満たされますが、ガラスは、やはりスリットから盛り上がり、ベイトに付着し、板となって上方へ引き上げられます。トラフは、スリットを通る溶融ガラスのリボンが引き上げられるとき、わずかにこれに引っ張る力をかけます。この力は板の幅を一定に保つように働きます。図6.22はこのプロセスを図解したものです。ガラスは、スリットの両側に置かれた二つの水冷管によって固化し、引上げ室をゆっくりと上がって行く間に、徐冷されます。

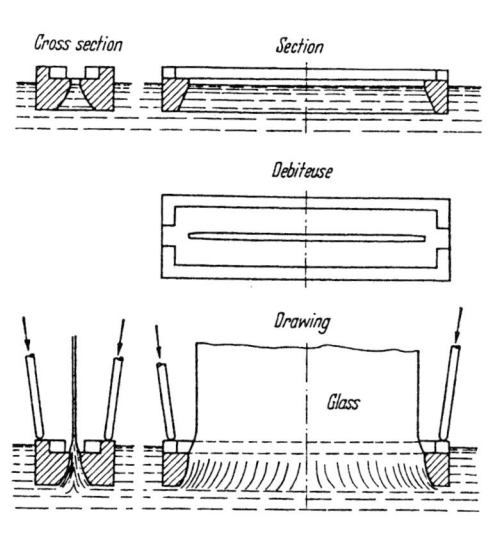

図6.21　デビトーズとフルコール法の原理図

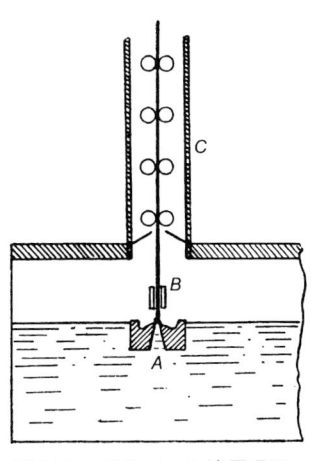

図6.22　フルコール法原理図
A. デビトーズ
B. 冷却管
C. 引上げ機と縦型徐冷筒

ファイア・ポリッシュされたガラス面を傷をつけないように、ガラスを冷却しないアスベスト被覆のローラーにより引き上げられ、塔の上部で切断されます。フルコール法の原理を図6.22に示します。

　フルコール法は、幾つかの技術課題を解決したのち、1913年から商業的稼働に入りました。この方法で製造できる板の寸法は、幅1.5m〜2.5m、厚さ1〜8mm程度で、引上げ速度は2mm厚で1時間70m位です。

　1913年11月、最初の板ガラスが米国のトレド・ガラス社でつくられました。
　フルコール法では、数年前実用化されたラバース法でのガラス円筒を切断して開き板にする工程が省けることと、直接溶融タンク炉からガラスを引き出すことができることとから、大幅に製造コストを削減することができるようになりました。

　1920年代には、多くの国に導入され、板ガラス製造の主要な方式になりました。わが国では、1928年旭硝子に導入されました。

　同じ時期に、アメリカのアーヴィング・W・コルバーン (1861-1917) も、板引き法を研究していました。彼はその研究を1910年頃に開始し、数年後に特許を取っていますが、商業的な成功は、オハイオ州トレドのリビー・オーエンス社の援助を受けて1916年に実現しました。

　コルバーン法は、フルコール法と同じように、ベイトを使って引き上げるのですが、デビトーズを用いず、代わりに小さな溝のついた一対のローラーが板の両端に置かれています。ローラーで板の縁を挟んで引っ張り、これによって板幅が維持されました。板が数フィート (70〜80 cm程度) 引き上げられると、ガス炎であぶられて軟らかくされ、ベンディングローラーに導かれて水平方向に曲げられ、水平な徐冷炉に送られました。その原理図を図6.23に示します。

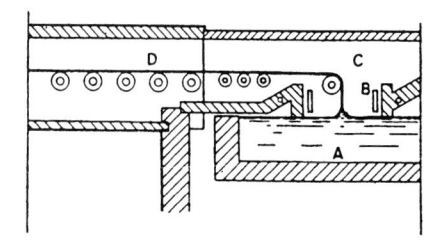

図6.23　コルバーン法原理図
A．ガラス引出し槽
B．水冷器
C．曲げローラー
D．水平徐冷炉

フルコール法、コルバーン法ともに若干の欠点を持っています。フルコール法では、デビトーズが摩耗すると、ミュージック・ライン（music line 日本ではフルコール・ラインと呼ぶのが一般的）と呼ぶ固有の線が現れる原因となります。一方、コルバーン法では、板がローラーによって曲げられる時に、表面にロール跡が現れます。さらに、これらの板引き法では、ガラスが引き上げられる時の温度は、ほぼ同量の石灰とソーダを含むソーダ石灰ガラスが失透を起こす温度より低いことが要求されています。フルコール法では、これが原因となって、耐火粘土製デビトーズのスリットに沿って結晶が徐々に発生し、板ガラスの欠陥となります。この欠陥は、結晶化温度を組成の変更により引上げ室の温度を下げることによって克服されました。ガラス組成の変更は、酸化カルシウムの一部をマグネシアやアルミナで置き換えることでした。

第三の平板引上げ法は、1925年頃にピッツバーグ板ガラス社（PPG）によって開発されたPPG-ペンバノン法です。この方法は、前の二つの固有の欠点を改善した方法です。

ガラス板は、コルバーン法と同様にガラス面から直接に、またフルコール法と同様に垂直に引き上げられます。

フルコールのデビトーズの代わりにドローバーという耐火物をガラスの中に一定の深さに沈めておき、その上から引き上げます。そのとき板幅が狭くなったり、くびれたりすることを避けるために、窯のガラス素地面のすぐ上に置かれた、水冷されている、ぎざぎざの付いた一対のローラーで板の両端が挟まれます。これらのローラーによって、板が引き上げられるにしたがって板幅が狭くなることを防ぐに十分な程度に板の両端が冷却され、固化されます。図6.24にPPG方式の

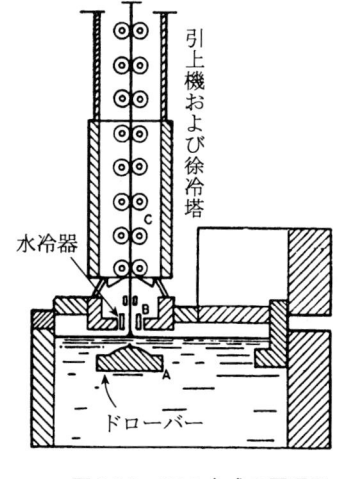

図6.24　PPG方式の原理図

原理図を示します。

この方式は、1931年に英国のピルキントン社と旭硝子に導入されました。

1950年時点で、これら三つの方法が併用されており、世界の普通板ガラスの総生産量の約72％がフルコール法、20％がコルバーン法、残りがPPG法でつくられていました。大雑把に計算すれば一つのタンク窯には大体4基の引上げ機が設置されて、1日あたり250トンのガラスが生産されました。したがって、クリスタル・パレスに使われたガラスは、この時点では2日間あれば十分に間に合ったことになります。

6.12　鋳込み法の機械化

研磨用素材板ガラス、型板ガラス、網入り板ガラスなどは、鋳込み法（従来からの単ロール法）と複ロール法によってつくられます。製板機へのガラスの供給には、

1. ルツボで溶融したガラス生地をそのルツボから直接流し込む。
2. タンク炉で溶かした生地を大きなレードルで汲み取り流し込む。
3. 溶融タンク炉の前端から直接流し込む。

などの方法があります。20世紀初頭から蓄熱式連続タンク炉が実用化されガラスの製法は大きく進歩しました。

6.12.1　ベッセマーの試験

1846年、製鋼用のベッセマー式転炉の開発で有名なイギリスのヘンリー・ベッセマー(1813-98)は、溶融ガラスをローラーの間に通し、上のローラーに取り付けたカッターによってガラスを切断し、斜めに置いた板の上にガラスを滑らせ、レヤーに直接送り込むという、ガラス板製造方法で特許を取りました。このプロセスにとって必要な条件は、連続溶融炉の使用です。ベッセマーは、四角い槽にガラスを入れて上から熱し、窯の一方の端の底にスリットを開け、ここからガラスを流し出し、ローラーがけする方式を提案しました。

ベッセマーの提案は、チャンス・ブラザース社の多大な協力の下に試みら

れたにもかかわらず、不幸にして商業的には成功しませんでした。プロセスそのものの考え方は妥当なものでしたが、ベッセマーは他人の意見を取り入れず、次々に出てくる技術的課題を解決するにあたってとった方法は、あまりに費用がかかり過ぎ、また時間を浪費しました。連続タンク炉から流出する溶融ガラスをロールがけして磨き板ガラスとする彼の概念は、50年後に蓄熱式連続タンク炉が実用されるまで実現しませんでした。

結局1923年、ピルキントン・ブラザース社とフォード・モーター社の共同開発により、連続磨き板ガラス製造プロセスが実用化されました。

6.12.2 ビシェルー法

第一次世界大戦の終了まで磨き板ガラスは、わずかな改良は行われていましたが、フランスで1662年に開発された伝統的な単ロール方法でつくられていました。ガラスは容量約1トンのルツボで溶融されて、それでおよそ300平方フィート（約28m^2）の磨き板ガラスが製造されました。ルツボは、クレーンで移動され、水冷された鋼鉄製鋳込みテーブルに運ばれ、ルツボの内容物が、テーブルを横切って置かれているローラーの前部でテーブルの上に流されました。1/4インチ（約6mm）の磨き板ガラス用としては、15/32インチ（約12mm）厚みの板が鋳込まれました。徐冷後、この板は直径およそ36フィート（約11m）の焼き石膏の研磨テーブルに貼り付けられ、粗摺り・仕上げ磨きが行われました。

1918年にベルギーのエミール・ビシェルーが新しい鋳込み法を考案し、1920年代前半に実用化しました。その概念図を図6.25に示します。

この方法は、ガラスはまだルツボで溶融され、鋳込みテーブル上のガ

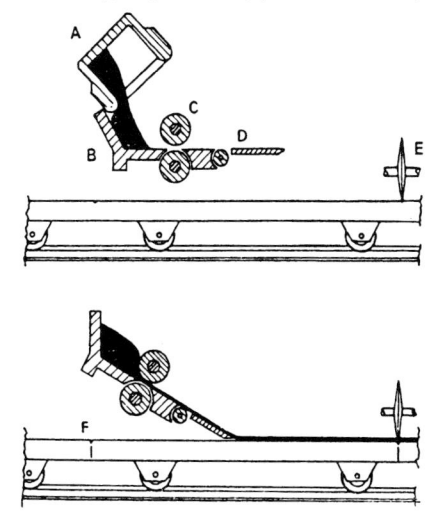

図6.25　ビシェルー法概念図

ラス受けに流し出されます。ルツボのガラスが空になったところで、ガラス受け・一対のローラー・傾斜板全体が下に傾きます。ローラーが回転し、一対のローラーの隙間から板に成形されたガラスが押し出され、移動テーブルに乗り、運ばれ、熱間で所定の寸法に切断されます。ガラスとローラーの接触時間は非常に短く、上記の作業は短時間で行われました。

この方法は、ベッセマーの構想によるものでした。

ガラスは、従来のテーブル上に流されてからロールがけされるのではなく、大きな塊のままローラーに供給され、板に成形されました。これにより、より平らな、均一な厚さの板をつくることができるようになり、摺り代を大幅に減少させることができました。

ルツボ容量28立方フィート（約1.9トン）で、幅12フィート（約3.6m）、長さ45〜100フィート（約13.5〜30m）、厚さ約7mm〜18mmの厚板がつくられました。

6.12.3　フォード・プロセス

自動車の出現は、磨き板ガラスの需要を急激に増大させました。ガラスの消費があまり大きいので、デトロイトのフォード・モーター社のヘンリー・フォード（1863-1947）は、自分でガラス事業を始めることにしました。1920年同社は、溶融タンク炉の前端から直接ガラスをローラーに流し込み、磨き板ガラスを連続に製造する有力な方法を発明しました。

その方法を図6.26に示します。溶融ガラスは、炉先端に取り付けられたスパウトから流出し、ローリングロールでリボン状に成形され、ガイドローラーにより徐冷窯へと連続的に引き出され、所定の長さに切断されます。ローリングロールの間隙は、製品の板厚に合わせ3〜25mmに調整されます。

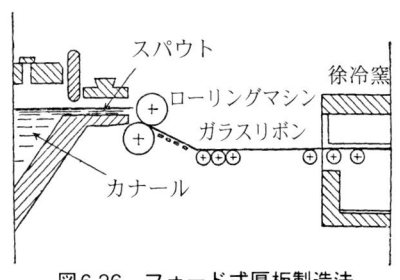

図6.26　フォード式厚板製造法

フォードは、磨き板ガラス工場の運営を、エーヴリーに任せました。1919

年に試験を開始したとき、エーヴリーはガラス製造には全く素人でした。何回かの試験溶融が繰り返された後、ガラスリボンを流し出せるようにしたピットを持った炉がつくられましたが、この時点でこの計画はうまくいきませんでした。しかし、フォードは、エーヴリーの研究を、経済的に支援し続けました。1921年になってすべての機械的な問題は解決し、炉から流れ出たガラスを一対のローラーを通して連続的に成形する工夫にも成功していました。しかしガラスの品質は満足すべきものではありませんでした。

　ピルキントン・ブラザース社は、フォードのこの新しい製造法に関心を抱き、1922年に実用化に向けての共同開発について契約を結び、セント・ヘレンズのカウリーヒルにフォード式連続ロール法設備が建設されました。ピルキントン社の長年培ってきたタンク炉によるガラス溶融技術と、フォード社の機械技術とが結び付いたことで、この方法は商業的な成功を収めました。

　フォード・モーター社の関心は、主として自動車用の幅の狭いガラスリボンを製造することにありましたが、このプロセスは、最大3.3m幅の広いリボンも製造できました。ガラスはタンク炉で溶融され、一対のローラーに供給され、成形後そのままアニーリング・レヤーに送り込まれました。このプロセスは、炉からレヤーへガラスを連続的に流すことのできる最初の方法であり、ガラスがルツボから流し出され、板に成形され、切断され、レヤーに送られるという、断続的なビシェルー法に比べれば、非常に大きな違いがありました。

6.12.4　連続粗摺りと仕上げ磨き機械

　流し出し法でつくられたガラスは、ローラーに接触するため、透明というよりは、むしろ半透明であり、そのため、磨き板ガラスをつくるために、粗摺りと仕上げ磨き工程が不可欠でした。この装置そのものは、1789年に蒸気機関が、動力として使われて以来、手作業から機械化されており、さらにコストの引き下げとプロセスの迅速化の試みが行われていました。最終的に、動力源は蒸気から電気に代わりました。

　1920年代まで磨き板ガラスは、適当な長さに切断され、粗摺りと仕上げ磨きのために大型の丸テーブルに固定され、摺り盤で研削されました。摺り

盤は、小さな鉄のブロックがたくさん埋め込まれた大きな円盤で、これが回転しながらガラス面を一様に研削していきます。水と順次細かいものに代えてゆく研磨剤とを用いて、作業終了まで大きな丸テーブルの上で研削されていました。粗研削が終わると、同様のプロセスで仕上げ磨きが行われます。研磨剤には、水と主としてベンガラが用いられました。仕上げ磨きが終わると1枚ごとに裏返しをして、もう一度丸テーブルに固定して同じ工程を繰り返し、両面磨き板がつくられました。

　フォード社のカウリーヒル工場で、連続流し出し法が開発されていた頃、ピルキントン社では、連続粗摺りと仕上げ磨きプロセスの開発が続けられていました。このプロセスは、未加工の大きなガラス板が貼り付けられた鋳鉄製のテーブルが、一連の粗摺り盤の下を流れてゆき、続いて仕上げ磨き盤の下を通るようになっていました。試験的な機械は、1920年に稼働に入りましたが、商業的な規模で稼働し始めたのは1923年になってからでした。

6.12.5　両面粗摺りと仕上げ磨き機械

　この連続粗摺りと仕上げ磨き機械は、大きな板の片面ずつしか処理できませんでした。プロセスを完全に連続的なものにするためには、レヤーから出てきたガラスリボンを切断することなく、粗摺りと仕上げ磨き機械によって両面同時に処理する必要がありました。両面粗摺りのプロセスは、1930年代の前半にイギリスのピルキントン社とベルギーのガラス工場で同時に開発されていました。ピルキントン社では1937年からドンキャスター工場で実用に入りました。両面粗摺りと仕上げ磨き機械から連続的に両面が磨かれて出てきます。この連続磨き設備の長さは650mあり、粗摺りと仕上げ磨き機械の長さは400mもありました。この設備の工程を図6.27、工程の概念図を図6.28に示します。

図6.27　連続粗摺りと仕上げ磨き工程

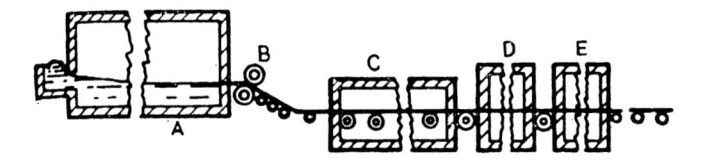

A. 連続溶融炉；B. ペアローラー；C. レヤー；D. 両面研削機；E. 両面磨き機
図6.28　両面粗摺りと仕上げ磨きプロセスの概念図

　連続粗摺り機を備えた両面同時加工プロセスは、磨き板ガラスを製造している世界の主要ガラス会社で採用されました。またこの方式の改良が各国で研究されました。フランスのサンゴバン社の子会社のベルギーのサンブル社が、粗摺りと磨きの効率の良いトゥイン方式を開発し、デュープレックス法と称しました。わが国ではセントラル硝子が導入し、1964年からその製品を発売しました。

　他のプロセスは処理速度が遅く、不経済であるため、次第に用いられなくなりました。磨き板ガラスの製造には、他のガラス製造におけるよりも多くの資本を必要とし、連続プロセスの導入は、市場の寡占化に拍車をかける結果となりました。

6.13　フロート法

　連続法により製造される板ガラスは、かなり平らですが、やはり粗研削と仕上げ磨きが必要です。一方、引上げ法板ガラスの表面は、ファイア・ポリッシュされて輝きがありますが、引上げ機でガラスを上方へ移動させている間、微妙な粘性の差からくるゆがみが生じ、板ガラスの厚さに影響を及ぼします。この両者の良い点だけを併せ持つガラス、すなわち、自然の仕上りのままで平滑であり、ゆがみがなく、安価な板ガラスこそ理想的な板ガラスであるといえます。この理想は、1950年代にピルキントン・ブラザース社がフロート法を開発したことによって実現されました。

　フロート法の狙いは、成形されたばかりのガラスリボンを再加熱し、硬い表面に接触することなく冷却することにあります。1953年10月、この製法

の発明者のアラステア・ピルキントン（1920-95）は、助手のケネス・ビッカースタフと、ローラーを通ったガラスリボンを、溶けている金属に浮かせる実験を始めました。アラステアは次のように述べています。

「基礎的な着想は、溶融炉から出た連続したガラスリボンを、厳密に温度を制御した溶融金属の上に浮かべることにあった。ガラスがまだ軟らかいうちは、表面が汚れていない液のほかは、何にも接触しない。液の表面は自然表面であり、溶融ガラスはその上で形を成し、冷却されて液体から固体の状態になる。溶融金属の表面は極めて平坦で、ガラスも極めて平坦になる。自然の重力と表面張力によって厚みは完全に一定になる。」

フロート法の概要を図6.29に示します。ガラス原料は石油燃焼の蓄熱式炉で溶融され、成形されたガラスのリボンが、酸化抑制ガスを充填密封された容器中の、温度制御された溶融錫の表面に浮かべられます。錫の酸化を防ぐために、また、上からの熱がガラスに十分に伝わり、ガラスが溶融錫の平らな表面に充分に適合するように、炉の雰囲気が制御されます。十分に冷やされた後、仕上げられたガラス表面が影響されないように、ガラス板はローラーに移され、レヤーに送られて徐冷され、徐冷されたガラスは必要な長さに切断されます（二人が取得した特許を246頁に示します）。

このプロセスは、1959年に商業的な企業化に至るまで、7年間にわたって集中的な研究が続けられました。研究開発チームのリーダーは、グラスゴー

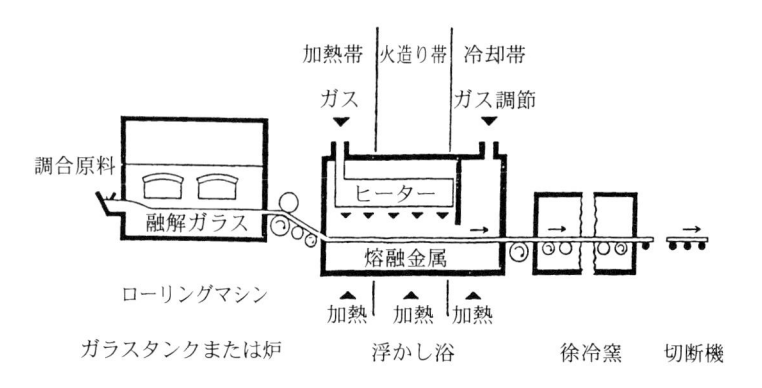

図6.29　フロート法ガラス製造プロセスの概念図

大学を首席で卒業し、MITで能力を伸ばしたリチャード・バラデル-スミスで、彼のもとで開発は強力に進められました。多くの関係者はこの開発の成功を危惧していましたが、アラステアの粘り強い指揮と、会長ハリー・ピルキントン（1905 - 83）の社運をかけての資源投入により、この開発は成功に導かれました。

　パイロットプラントは、1954年に建設され、ガラスの連続的な流れをつくることに成功しましたが、なお、解決すべき多くの課題を抱えていました。例えば、フロート浴の雰囲気の調整、ガラスの流れ、リボンの成形などです。

　これらの問題が解決されるにしたがい、フロート法は急速に進歩していきました。フロート浴から出た輝きのあるガラスリボンは、表面欠陥も少なく、歪みも僅かでした。

　製造された板ガラスの市場調査を行い、その品質と反響を確かめ、確信をえた後、フロート法を1959年1月世界に公表しました。

　タンク窯から連続的にリボン状となって流れ出る溶融ガラスが、完全に温度を制御された液体状錫の表面に浮かべられます。ガラスは平坦で輝きのある表面を持ち、粗研削と仕上げ磨き工程を必要としません。ガラスは連続的に徐冷レヤーを通り、所定の長さに切断され、倉庫に送られます。

　ガラスリボンの成形速度を限定するのは、ガラス炉の溶融能力だけであり、その速度は毎分14mを超えました。水平徐冷炉から連続的に出てくるガラスは、最終検査が行われ、梱包されました。フロート法においては、両面同時加工プロセスによる磨き板ガラス製造の場合に比べて、はるかに少ない推定11分の1のコストで、様々な幅、厚みを持った製品を製造することができました。

　フロート法でつくられた最初のガラスは、ガラスリボンに働く重力と表面張力によって決まる、およそ6mmの自然厚みをもった製品でした。商業的に導入されてから5年のあいだに、より薄いガラス、より厚いガラスがつくられるようになりました。薄板ガラスは、ガラスを制御された方法で注意深く引っ張ることによって、また、厚板ガラスは、フロート浴の中でガラスを一定厚みになるまで時間をかけて厚みを増すことによってつくられました。

これらの方法の開発によって、3mmから15mmまでの厚みのガラスがつくられるようになりました。

こうして世紀の発明といわれるフロート法は完成し、従来の全ての板ガラスの製造は、ピルキントンのライセンスを取得して、フロート法に置き換わりました。わが国でも板ガラス三社はそれぞれフロート法による生産を、日本板硝子（1965年）、旭硝子（1966年）、セントラル硝子（1969年）の順で開始しました。

6.14　エレクトロ・フロート法

1967年に発表されたエレクトロ・フロート法は、透明なガラスリボンの表面を修飾する方法です。生産ラインを中断することなく、また、分離された別の製造ユニットも必要としません。ガラスがフロート浴を通っている間に、電極によってガラスから錫に向かって電流が流されます。金属とガラスとの間のイオン交換プロセスが急速に行われ、銅のような金属粒子が、ガラスの中に、制御された深さと密度で注入されます。

金属の組合せと温度を変えることによって、様々な熱および光線透過率を持ったガラスが得られます。これらのガラスは、まぶしさを減少させたり、熱透過を減らしたりする目的で用いられます。窓面積の大きい建築物へのグレージングに有用であり、また、自動車や航空機にも有効に利用できます。

6.15　薄板ガラス

一般の窓ガラス以外の薄板ガラスは、写真乾板用が主で、厚さは1.1〜1.6mm程度のものでした。フルコール法でつくられたガラスの内、品質の良いものが選別され使われていました。

1990年代に入り、薄板ガラスの需要が急増してきました。それはブラウン管に替わるディスプレーとして、液晶パネルやプラズマ・ディスプレー・パネルのフラット・パネル・ディスプレー（FPD）の普及によるものです。用途やサイズによりさまざまな種類のFPDがあります。またそれぞれガラ

第6章 板ガラス

スの材質を異にしています。すなわち最も早くから市場に出た単純マトリックス型液晶(TN/STN)はソーダ石灰ガラス、テレビやパソコン画面用のアクティブ・マトリックス型液晶(TFT)は無アルカリガラス、プラズマ・ディスプレー・パネルは高歪点ガラスです。

ガラスの材質、品質、サイズにより幾つかの製法によってFPDガラスはつくられています。

以下主な製法について記します。

6.15.1 スロット・ダウンドロー法

溶融ガラスを鉛直方向に下方に引き出して、薄板ガラスを成形するスロット・ダウンドロー法は、1940年代コーニング社で開発されました。この製法は、揮発成分の多い硼珪酸ガラスや溶融温度の高い無アルカリガラスなどの板ガラス製造に適しています。

図6.30に示すように、溶融炉で溶かされたガラスを、清澄と撹拌均質化して、電気加熱されている白金容器に供給、容器の底に設けられた精密に研磨された細長いスロットから引き出し、ローラーで引き延ばしながら徐冷炉を通して冷却し、薄い平板ガラスに成形します。一定の粘度の溶融ガラスが、スロットから重力で流れ出る速度よりも速くローラーで引き下げられるので、薄板ガラスの製法に適しており、50ミクロンから数ミリの板ガラスが製造できます。

これらの板ガラスは、顕微鏡用カバーガラス、タッチパネルの電気キャパシター用、光学フィルターガラス、時計や電卓などに使用する液晶ディスプレーの基板、太陽電池用基板などに用いられています。

スロット法は溶融ガラスがスロットと直接接触するため、スロッ

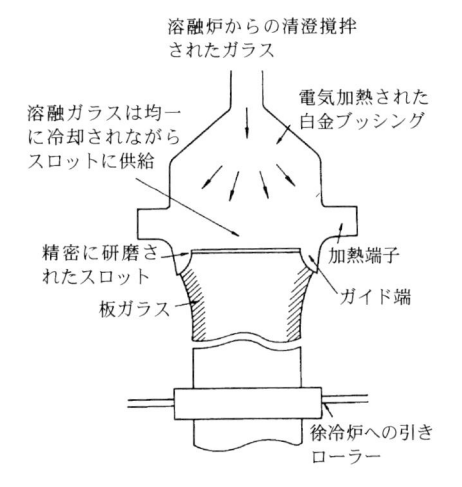

図6.30 スロット法の概念図

トの形状でうねりやガラスの表面に引き筋が生じやすく、スロット近傍での低温部分で失透によるブツが生ずる欠点がありました。

6.15.2　フュージョン法

　スロット法でつくられた薄板ガラスは、表面のうねりや引き筋などについて厳しい品質が要求される場合には、成形後に研磨する必要がありました。これを解決するため、コーニング社のS.M.ドッカティが、1967年にフュージョン法を開発しました。図6.31にフュージョン法の概念図を示します。よく撹拌された溶融ガラスが、狭いファハースを通して導管から一端が塞がった四角いトラフに導かれます。トラフの上端部の堰は、導入管より僅かに下向きに傾いており、同時にトラフの底は徐々に上向きに傾斜しています。

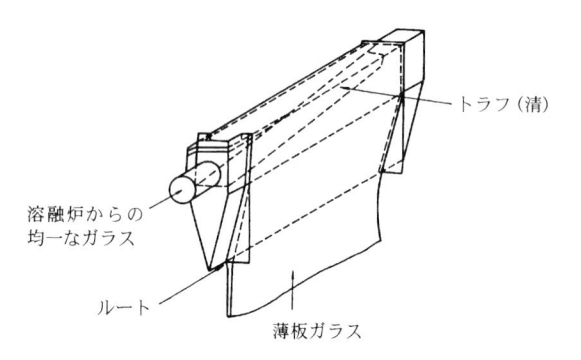

図6.31　フュージョン法の概念図

　溶融ガラスは、トラフの全長にわたって堰の両側から溢れ出て、V字形の外壁に沿って流れ下ります。両側から流れ出た溶融ガラスはV字形先端のルートの部分で、融合（フュージョン）して一体となり、薄板ガラスが成形され、連続して製造されます。
　ガラスの表面は、空気以外に触れることなく成形されますので、非常に平坦で、キズなどのないファイア・ポリッシングされた無欠陥の製品が得られます。このフュージョン法は、2mm以下の薄板ガラスの製法に適していますが、厚さ0.6mm～11mm、幅60インチまでの板ガラスの製造ができます。自動車や航空機の窓ガラス用のアルミノ珪酸ガラスや硼珪酸ガラス、フォト

クロミック用ガラス、無アルカリ硼珪酸ガラスがこの方法で製造されています。表面品質の厳しい無アルカリガラスの液晶ディスプレー用ガラス基板（TFT）は主にこの方法でつくられています。

6.15.3 薄板フロート法

　液晶用薄板ガラスの製造は、フュージョン法が先行しましたが、フロート法による製造が旭硝子により開発されました。6.13で述べたフロート法を改良して、0.05mmまでの超薄板ガラスの製造に成功しました。現在旭硝子が開発した高歪点ガラスのプラズマ・ディスプレー・パネル用ガラス（厚さ0.7〜1.1mm）は、この方式でつくられています。フュージョン法より広幅の大寸法の薄板ガラスをつくることができます。

United States Patent Office

2,911,759
Patented Nov. 10, 1959

1

2,911,759
MANUFACTURE OF FLAT GLASS
Lionel A. B. Pilkington, Rainhill, and Kenneth Bicker-

2

surface of which is wider than the intended ultimate width for the ribbon, in which bath the ribbon becomes supported in a continuous horizontal plane as a floating element, protecting the surface of the molten metal in the bath against oxidation by maintaining a chemically

Nov. 10, 1959   L. A. B. PILKINGTON ET AL   2,911,759
MANUFACTURE OF FLAT GLASS

Filed Dec. 6, 1954   3 Sheets—Sheet 1

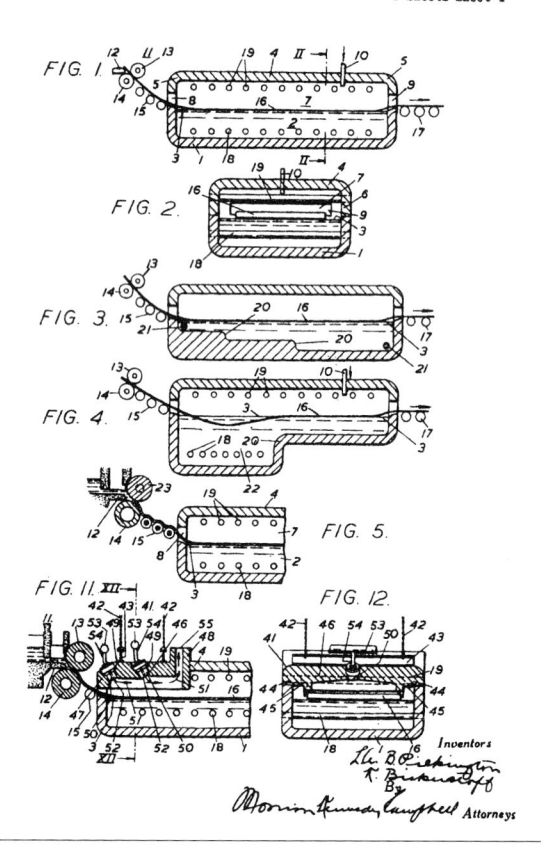

ピルキントンの特許.「世紀の発明」といわれる、アラステア・ピルキントンとケネス・ビッカースタフが取得したフロート法の特許です。かなり広い範囲のクレームを主張していました。なお、出願当時アラステアの名は、ライオネル・アレクサンダー・ベシューン (Lionel Alexander Bethune) でした。

第7章　容器ガラス

　ビールやワインの歴史は古く、紀元前4000年もの昔メソポタミアに遡るといわれています。紀元前1750年ころ全バビロニアを統一したハンムラビ王（在位1792-1750BC）が発布した布告のなかに、ビールとワインを飲ませる酒場についての罰則規定がありました。人々がそのような場所を利用していたことがうかがえます。紀元前1500年ころのエジプトの壁画に図7.1のようなビールづくりが描かれています。紀元前1300年ころにはエジプトのビールは、国家管理の下に立派な産業として高度な発展を遂

古代エジプトの壁画に描かれたビールづくり
（紀元前1500年ごろ）

図7.1　エジプトの壁画

げていました。ナポレオンのエジプト遠征隊が発見したロゼッタ石の象形文字は、紀元前196年頃、この地でビールが酒宴に盛んに用いられていたことを物語っています。

　このようにビールとワインは古代メソポタミアやエジプトで盛んに飲まれていましたが、その容器はガラスではなく、主として陶器でした。ガラスでつくられた容器は、紀元前1500年ころ西アジアとエジプトで初めて出現しました。しかしこれらの容器はコア・テクニックでつくられた小さなもので、主として香油入れとして使われました。

　飲用のガラス容器は、紀元前1世紀ころシリアで発明された吹き竿による吹きガラスとして出現しました。吹きガラス技法により、油、ワイン、ビールを貯蔵できる細口容器が早くから開発され、食物用に広口容器がつくられ、ガラス容器が庶民の日用品となり普及しました。

　手吹きによるガラス瓶の製造方法そのものは、それ以後19世紀後半まで2000年近くの間ほとんど変わりませんでした。しかし17世紀からの社

会の急速な成長にともなってガラス瓶の需要が大きく伸び、ワイン瓶、ビール瓶をはじめ各種の瓶が大量につくられました。

19世紀中頃から機械によるガラス瓶成形法が、欧米各国で開発されました。

20世紀に入ってガラス産業は飛躍的に発展しました。板ガラス、瓶ガラス、プレスガラス等の完全自動化製造システムが開発されて、大量につくられるようになり、ガラスは日用不可欠な製品になりました。

中空ガラスを完全自動成型するには、所定の量のガラスを機械に種取り（gathering）供給するか、重力供給する（feeding）かのいずれかの装置が必要です。最初に成功したのは前者の方式に属する吸込み供給法（サクション方式）でした。必要で十分なガラス量をサクション・モールドの中に真空によって吸い上げる方式です。次に開発されたのは後者の方式に属する重力供給方式で、溶融炉のフォアハース先端の孔からガラスを流出させ、シャーカットしてゴブをつくり、金型に供給する方式です。この二つの方式とも大量の溶融ガラスを必要とし、蓄熱式タンク炉が実用になった時、初めて大きく進展しました。なおガラス職人が手でガラス種を巻き取る方法そのままを機械化することが試みられましたが、種取りロボットが出現するまで成功しませんでした。

最初に完全な機械化に成功した方法は、オーエンズが開発したサクション方式です。数度の改造の後1903年に完全自動成形に成功しました。金型も予備成形されたパリソンも非回転の機械で製品に継ぎ目が生じ、主としてビール瓶などの製造に使われました。

重力供給方式は、ペイラーにより開発され、1922年にハートフォード・シングル・フィーダーとして商用に入り大きく発展しました。これを利用してイングルが発明したハートフォードIS機が現在ガラス瓶製造の主流成形機として稼働しています。

7.1 古代の容器ガラス

ガラスは、少なくとも3500年前から中空の品物がつくられていました。

第7章　容器ガラス

　紀元前1500年から紀元前1450年と年代づけられる容器や容器の破片が、西アジアとエジプトで発掘されています。それらはすべて、コア・テクニックでつくられた小さなコア・ガラス容器でした。コア・テクニックでガラス容器をつくるには、まず金属の棒に藁を巻き付け、それに泥状の粘土や家畜の糞を塗って芯をつくり、この芯を溶融したガラスに浸すか、芯に軟らかくなったガラスの紐を巻き付けるかして、芯をガラスで覆います。次いでこの表面を再加熱し、マーベリングし滑らかにします。コア・ガラス特有の装飾模様は、ガラスの薄いテープまたはリボンを表面に巻き付け、それを引き掻いてつくります。固化成形後、内型の粘土芯を取り出して容器をつくる方法です。

　図7.2は、エジプトのメンフィスで出土した紀元前1350年ころのコア・テクニックでつくられた卵型水差し（コーニング美術館所蔵）です。

図7.2　コア容器・卵型水差し（高さ10cm）

　コア・ガラスは、主に香水、聖油、化粧を入れる容器で、器形の多くは、当時のギリシャ陶器、金工ですでに知られたものに大変酷似しています。最も共通の形は、アラバストロン、アンホゥリスコイ、アリバロイの形状のフラスコと、オイノコアイの形状の水差しです。

　紀元前1世紀のある時に、芯を保持するために用いられていた硬い金属

棒が長い中空管に置き替わり、吹きガラスが発明されました。

アレキサンドリアとシドンの多くのガラス吹き職人が、アラバスターや陶器をまねて最初はフリーブローで、後には木製または粘土の二つ割または三つ割の型を用いた型吹きでガラス容器をつくりました。このような大量生産できる方法により、ローマ帝国の征服によって拡大した新しい市場に、吹きガラスを供給することができました。

安価になり実用的になったガラスは、いろいろな用途の製品へと発展していきました。コア・テクニックでつくられた狭い底とこれを立てるためにスタンドを必要とする多くのエジプト容器とは逆に、上向きに立つ広い平らな底をもった広口瓶に食物を入れることができるようになり、またワイン、油、薬を簡単に貯蔵したり運搬したりすることができるようになりました。ガラス職人は彼らのつくった製品に誇りを持ち、しばしば彼らの商標名、例えばジアソン、アルタス、エンニィオン等の名を型に刻みました。

図7.3は、1, 2世紀ころのローマ時代に多くつくられた、トリード美術館所蔵の種々の水差しです。大きさはかなり大きくなり、高さが18cm～28cmもあります。

吹きガラス技術の採用により、油、ワイン、ビールを貯蔵できる細口容器がいち早く開発され、食物用には広口容器がつくられました。新しいガラス容器が広まるにつれて、容器の密封が問題になってきました。ローマ時代、容器の密封には、布地または蝋や油に浸した布地、油に浸した繊維、グリースまたは蝋の塊等が使われていました。油または樹脂で処理された亜麻布は非常に長い寿命があり、液状または乾燥状態の物質を入れる密封容器に最初から"札などが結び付けられた"蓋として用いられました。

図7.3　手吹き容器（高さ18cm～28cm）

コルクはギリシャ人やローマ人にも知られていましたが、栓として使用

されたかどうか定かでありません。彼らはコルクを、魚網の浮きや泳ぐときの助けとなるジャケットや靴底に使いました。

　ローマ衰亡後、北ヨーロッパではローマンガラスの伝統を受け継ぎ、吹きガラス技法を用い、装飾はガラス職人が溶融ガラスから直接できる簡単なものでした。ガラスの使用は減少し、スタイルは簡単になりました。この簡素化したスタイルは、技術的な熟練度の全体的な喪失からではなく、むしろゲルマン人のパトロンの異なった好みによって起きたものです。またフランク時代にガラス製造技術の大きな発展はありませんでしたが、板ガラスと医者用と錬金術師用の小さな容器などは、中世を通じて非常に大量につくられました。

7.2　各種の手吹き容器

　ガラス瓶をつくる方法は、ローマ時代からおよそ2000年近くほんの僅かしか変わりませんでした。19世紀の前半ころまで、瓶は型なしのフリーブローか、半割の底、または瓶の胴体のみの単純な型（オープン・シングル・モールド型）に吹き成形されていました。瓶の口部・ネックのトップ部分とともに、瓶の上部や肩の部分は、まだガラスが軟らかいうちに、瓶を回転させながら道具を使って成形されました。

　あらゆる種類の瓶の需要が、19世紀前半に急激に増加しました。蝶番で開閉できる型が導入され、一層複雑な形状の容器が製造できるようになりました。ボトルの外壁、肩部、首部は同時に成型されましたが、最終製品にする工程が依然として残りました。一つは成型されたガラスを再加熱し、外表面にローラーで模様を付ける工程、もう一つはクラックオフした口部を所定の形と寸法に仕上げる工程です。これには口部を再加熱するか、熱いガラスリボンを巻きつけ、図7.4のような口部加工はさみを回しながら成形しました。非常に安価なボトルは、クラックオフしたままのものでした。

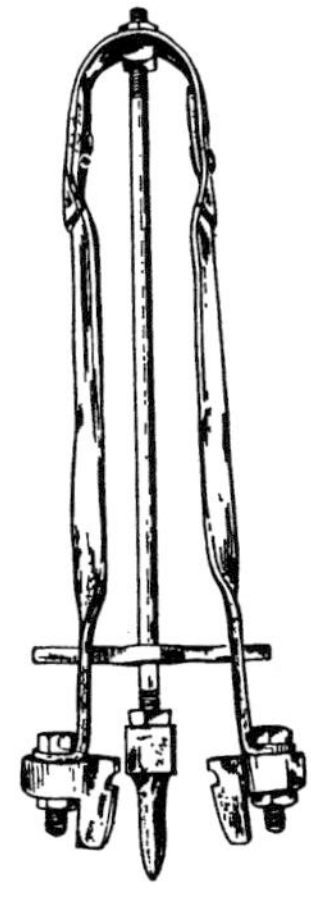

図7.4　成形具

蝶番型の開閉は、初めのころは少年工によって行われましたが、後には機械的少年工として知られている足踏みレバーによる開閉型が導入されました。ポンテ竿は、跡を付けずに容器を保持できる"スナップ・クリップ"に置き換わりました。これにより、ポンテ竿が瓶の底から切り離されることによって生じるギザギザの面がなくなりました。

以下代表的な容器について述べます。

7.2.1 ワイン瓶の開発

古代から人々は、ビールやワインを、大きな樽や陶器の甕(かめ)や皮袋から必要な量だけを直接杯や水差しに汲み取り、飲んでいました。今日われわれが行っているようなワイン瓶に入れて飲むようなことはありませんでした。9〜10世紀ころの飲酒の風習を表す装飾写本の挿絵（ベルギー王立図書館所蔵）を図7.5に示します。ビールかワインを皮袋から円錐杯、角杯に取って飲んでいるところが分かります。

17世紀にガラス製造技術が発展し、以前に比べ均一な肉周りのネック部をもつガラス瓶をつくることができるようになったことと、1650年頃から栓にコルクを大量に使うようになってから、ガラス瓶は非常に盛んに用いられるようになりました。

図7.5 飲酒図

17世紀の初頭まではすべての容器は、陶器、金属、木材または皮でつくられていました。初期の栓は蝋か樹脂でできていましたが、1500年代初めのイギリスの文献に容器の栓の材料としてコルクに関する記述があります。最初のコルクは、蝋混合物または油に浸してボトルの封止に使用されました。しかし、17世紀の初め頃には円錐状のコルク栓がネジで縛りつけられ、また後には瓶口のす

ぐ下のボトルのネック部のリムに、リング状のひもをかけ針金でコルク栓を縛りつけられるようになりました。

コルクは、南ヨーロッパとくにフランス、スペイン、ポルトガル、イタリアに野生するオーク属のコルク樫の樹皮です。この木は、26年くらいで樹皮を剥ぐのに適した大きさになり、以後8年ごとにこれを剥ぐことができます。この樹は150年くらい繁茂します。

ロバート・フックはコルクの組織構造を調べ、1) 防水性のある5層の細胞膜から成り立っていること、2) その内部に密閉された空気は移動しないこと、3) その皮膜の厚さは10万分の8インチ（約2ミクロン）とごく薄いものであることを明らかにしました（5.2参照）。

コルクの栓は、1) 液体が細胞内部に浸透しないこと、2) 細胞中の空気は圧力がかかると圧縮されるが、細胞膜は破れないので圧力が去ると空気が膨張して元にもどること、3) 油や水に濡れても、ゴムや皮より摩擦係数は大きいため、瓶から栓が抜けないこと、4) 湿度と気温の変化によって変質しないこと、など優れた性質を持っています。

コルク栓は、1660年にチャールス2世の王制復古の時に使われはじめました。この時期飲用ワインが急増し、イギリスでコルク栓をしたガラス瓶が、全面的に採用されました。1686年より少し前にねじコルク栓が採用された後、しっかり栓のできるコルクが使われるようになりました。このことは一見重要な発明ではないように思われますが、この発明によってワインをボトルの中で熟成させたり、シャンパン法で発泡ワインをつくる際にボトルを水平にねかせて貯蔵させたりすることができるようになりました。コルクは確かにそれ以前にシャンパン用に使われていた"油に浸けた麻の短繊維tow soaked in oil"の栓より適していましたが、このトウ栓も、19世紀まで薬用瓶に引き続き使われました。

ワインボトルの形は17世紀、18世紀を通じて変化し続けました。最初のワイン容器は円底をした球形で、薄い緑色をした非常に軽いものでした。この容器は特殊な金属製のテーブルスタンドで上向きに保持されるか、ガラス工場でこり柳を編んだカゴに入れられました。図7.6に初期の球形ワインガラス大瓶と、こり柳のカゴの図を示します。

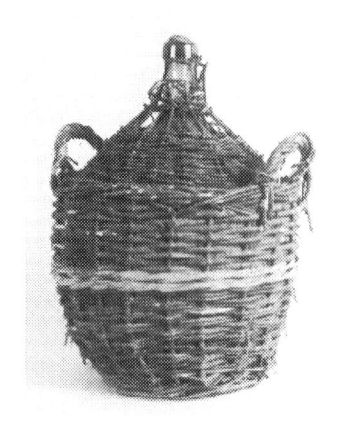

図7.6　初期のワイン大瓶

　17世紀前半につくられたガラス瓶は、図7.6のように細長い首部の付いた球形に近い形をしていました。この形状は吹き成形するには容易ですが、平衡を保つのが難しく、17世紀の第三四半期には胴体はずんぐりした形になり、ネックは短くなり、底はより安定になるように平らになりました。キックアップ、すなわち底のくぼみの大きさは大きくなりました。キックアップを付ける理由がいろいろいわれていますが、何といっても真の意味は安定さを確かにすることです。これらのボトルの外観は魅力のあるものでしたが、貯蔵には向かず、直線の傾斜した側壁をした背の高い細身のボトルが、1715年頃までに開発されました。1750年に、傾斜した側面が、現代のポートワインボトルに非常に似た垂直の円筒形のボトルになりました。

　図7.7は、17世紀から19世紀初頭までのワインボトルの進展の状況（左から右へ）を示しています。図の丸印がシールです。

図7.7　ワインボトルの変遷（左から右へ）

これら多くのボトル製造された年代を、封をしたシールから知ることができます。最初のシールが付いた瓶は、1652年のものでした。17世紀、18世紀のガラス工場はクラブ、居酒屋、一般大衆の金持ち会員向けに販売するボトルに、浮彫りしたシールを付けたものをつくりました。あるものには日付けと購入者のイニシャルまたは紋章が付けられました。そして、顧客向けのすべての瓶にシールされるようになりました。ワインとスピリットは居酒屋で貯蔵され、客達はこれらの貯蔵したものを入れる彼らのボトルを持っていました。

18世紀中に黒ガラスでつくられたワインボトルは、より高く、より円筒状に、今日使われている形状に近いものになりました。

図7.8に18世紀のフランス・エーヌ県のシャンパン瓶と2本のブルゴーニュ瓶を示します。高さはそれぞれ250, 280, 290mmで、右端のものは現代のものとほぼ同じです。

今日では、ワインボトルは、産地別に特有の形状を指定しています。たとえばボルドーワイン瓶は、底に沈んだ澱(おり)がカップへの流れ込むのを防ぐため肩を強調した形になっていますが、ブルゴーニュワイン瓶は図7.8のようになだらかな形になっています。

図7.8　18世紀のワイン瓶

販売量は、年間のガラス瓶の製造本数から判断できます。1695年にはイギリスでボトルは、240,000ダースつくられました。主に飲み屋で消費されますが、特別に個人の家で貯蔵用に使われるものもありました。

7.2.2　ビール瓶

古代エジプト人は大麦から、シュメール人は小麦からビールをつくっていました。17世紀までビールは木の樽に貯蔵されていました。ビールもワ

インも樽から直接注がれるか、陶器または皮製の容器に入れられました。古代のビールは、現在われわれが飲んでいるものと異なり、ホップの入っていない非発泡のビールでした。ビール醸造の目的でホップが栽培されたのは8世紀後半からで、14世紀後半にはドイツで広く栽培されました。

　ビールが瓶に保存できることを発見したのは、1560年から1602年までセントポール大聖堂の首席司祭を務めたアレキサンダー・ノゥウェル博士です。彼は、魚釣りに熱中していて、ある日エール(ホップの入らないビール)を川の土手にうっかり置き忘れました。数日後それを見つけて開けると、"ボトルでなく銃だ、栓を開けた時ものすごい音がした"という発見をしました。二次の発酵が生じてエールの味が良くなっていました。

　17世紀の社会の発展にしたがい自家製エールは、陶器またはガラス製のボトルに貯蔵されるようになりました。ガラス製のビール瓶の形状は、ワインボトルの形状に類似のものになってきました。17世紀の初めには、家庭の主婦は、エールの瓶詰めには丸形の細口の瓶を使用しなさいと、次のように奨められていました。"コルクで栓をして……浮き上がらないように強いパックねじでしっかりと閉めなさい。さもないと漏れてエールを完全に腐らせます"。この閉栓方法は同じ時期ワインの瓶詰めにも使われました。

　17世紀後半のイギリスの瓶メーカーは、国内市場に供給しただけでなく輸出用のビール、ワインの瓶も生産しました。最初の"トン税とポンド税"の法令により、国内に輸入される瓶に課税されました。1660年にはガラス瓶が、"輸出品"のリストに記載されました。この時期の前まで、イギリスのガラスメーカーは、国内市場に供給するのに十分なボトルをつくっていなかったと推定されます。

　ガラス瓶の製造は、ビールやシーダーを販売するロンドンのウエスト・カントリー・リキュール会社や有名なブリストル・ホットウェル飲料水会社の要求によって、17世紀後半に大きく発展し促進されました。需要が非常に大きかったので、ブリストルとグロウチェスターのガラス瓶工業は大きな刺激を受け発展しました。18世紀後半から19世紀の間、ガラス瓶製造が自動化される前、ガラス瓶の形状は非常に多く、あるものは不十分な

第7章　容器ガラス

吹きガラスでした。単に容器として用いられるにすぎなかったガラス瓶は、原料中の過剰な鉄分と他の不純物によって、黒色か非常に濃い緑色をしていました。1831年の消費税調査の記録によると、通常の瓶製造に使用されていた材料は、砂と石鹸製造で出る屑(ソーダ用として)、石灰、普通の粘土と煉瓦でした。

フランスの化学者・細菌学者のルイ・パスツール(1822-95)は、1856年から発酵の研究に着手しました。彼は乳酸菌を発見し、発酵の意義を確立しました。また沸騰したのち空気を断った容器の中ではものが腐らないことを証明して、生物の自然発生説を否定しました。

彼の研究に基づいた最初の低温殺菌(彼の名を採ってパスチャライズpasteurize)したビールが1870年コペンハーゲンで製造されました。パスツールは、発酵を起させるものは微生物であることを認識していましたので、ワインやビールの製造者たちに、製品への病原菌による破壊作用について有益な助言を与えました。低温殺菌ビールは、新鮮な味を保つことができたので大量生産規模で瓶詰めされました。

1892年に米国のウイリアム・ペインター(1838-1906)が、コルクを嵌め込んだ王冠栓を発明しました。図7.9にその特許図を示します。

この王冠は、構造が単純で、薄いコルクの円板と特殊の紙でできていて、液体を完全に密封することができました。安価に簡単につくれることから、徐々にコルクから置き換わり、米国では1912年に、内圧がかかる飲料の密封ボトルにほ

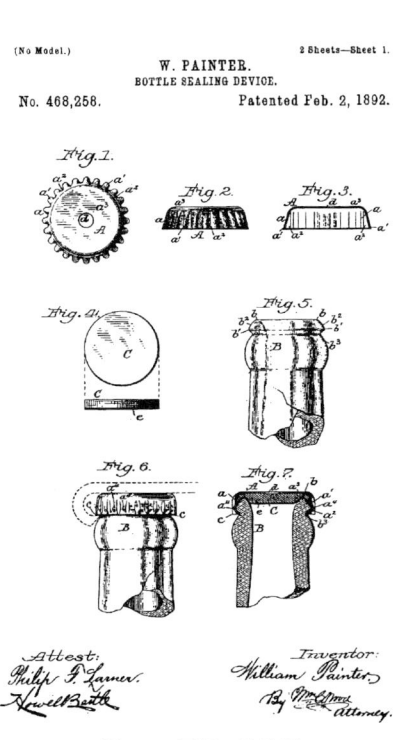

図7.9　王冠の特許図

とんどこの王冠が全面的に使用されるようになりました。このためには、ガラス瓶の寸法精度、特に口径部の精度が必要です。

1960年代に王冠のシール材はコルクからプラスチックに代わりましたが、現在までビールやソフトドリンクの密封に、最も普通の方法として使われています。また最近では、ねじトップやプルトップの栓が多く使用されるようになりました。

7.2.3 清涼飲料用瓶

天然鉱泉の水を飲むことは、古代ギリシャ時代から行われていました。ヨーロッパで17世紀後半から健康のために温泉場へ行き、鉱泉を飲んだり、温泉に浴することが流行(はや)りました。以前から特殊な水は病気を治す効能があることは知られていました。これらの水は、需要が増大したために陶器製の容器に詰められました。しかし、それを一般大衆は口に合わないものと認めていたようです。天然水の代用品をつくろうとする試みは、天然水の中に"ガス"が存在することが認識された1560年までさかのぼります。ヘンリー・カヴェンディシュ（1731-1810）は、1766年に化学反応によって炭酸ガスをつくるのに成功しました。そして、1772年に酸素を発見したイギリスの化学者ジョセフ・プリーストリ（1733-1804）が、炭酸ガスを人工的に水に吸収させて、ミネラルウォーターをつくる最初の実用的な方法の開発に成功し、ソーダ水の商業生産が1777年にマンチェスターで始まりました。

最初のミネラルウォーターの製造者達が使用したのは陶器ボトルで、高い炭酸ガスの圧力によりミネラルウォーターがしみ出てくるので満足できるものではありませんでした。こうして、すぐに重いガラス瓶が使われるようになりました。ソーダ水サイホンが1815年に発明され、ソーダ水は小売り瓶詰め製品として急速に普及しました。1851年の万国大博覧会では、味の良いミネラルウォーター、すなわちガラス瓶詰めの炭酸飲料"ポップpop"が100万本以上飲まれました。

1814年にウイリアム・ハミルトンが人工ミネラルウォーター用の卵形瓶の特許を取得しました。その形状にした理由は、その当時広く使用されて

いたボトルより高い内圧に対する非常に大きな耐圧力があるからです。そして、コルクが湿った状態に保つことができるように貯蔵されるので、乾燥した栓から炭酸ガスが漏れるのを防ぐことができました。このボトルは1840年以降、その世紀の末に平底の卵型ボトルに置き換わるまで広く使用されました。平底の卵形ボトルは充填が容易であり、水平にねかせても、平らな狭い底の側に立てても貯蔵できました。1903年頃には、これに王冠が付けられるようになり1920年代後半まで広く使われました。

図7.10に19世紀に使われた代表的な清涼飲料用ガラス瓶を示します。手前で倒れているのがハミルトン瓶で、左から時計まわりに、背の高い細いシュルツァーボトル、平底の卵型瓶、ラムネ瓶、もう一つのシュルツァーボトルです。

ゴムの有効性を生かした瓶の栓に関する数種の発明があります。ゴムは、15世紀にコロンブスによって新大陸からヨーロッパにもたらされました。しかしその用途は19世紀になるまで分かりませんでした。1770年にプリーストリが著書に

図7.10　19世紀の清涼飲料ボトル

「紙上に書かれた鉛筆の跡を消すのに最も適した物質」として初めてゴムを紹介しています。

米国のチャールズ・ゴットイヤー（1800-60）は、1839年からゴムに欠けていた強度と耐久性を硫黄と酸化亜鉛や酸化鉛の添加によって向上させようと研究をしていました。なかなかうまく行きませんでしたが、ある日加熱するとゴムの物理的性質が著しく変わることを偶然発見しました。こうしてゴムの熱加硫法が1842年頃に発明されました。1843年にイギリスのトーマス・ハンクック（1786-1865）が類似の物質をつくりました。

内ねじ栓（internal screw stopper）とスイング栓（swing stopper）[針金の付いた機械栓]は1870年代に発明されました。そして有名なコッド・ボトル（ラムネ瓶）が1875年ロンドンのキャンバーウェルの工場で働いてい

たハイラム・コッド（？-1887）によって特許登録されました。ラムネ瓶の中には内部のガス圧力によってボトルのネック部にあるゴム環に対し押しつけられるガラス球があり、これにより完全な密封ができ、ガラス球を下方へ強く押された時、内部のガスが放出します。イギリスでこのボトルが最も流行った時期は、1890年から1914年でしたが、1930年代までイギリスでは使用されていました。わが国では少量ですがいまだに製造されています。王冠栓つきのボトルが、海外派遣のアメリカ兵に多量に送られた第一次世界大戦の後、王冠が初期のいろいろな形式の栓に徐々に代わって使われるようになりました。

7.2.4 牛乳瓶

　古代エジプト人やメソポタミアのシュメール人たちが、牛の乳をしぼり飲んでいたことを示す壁画やレリーフが残されています。人々はその栄養価の高いことから、バター、チーズ、乳酸飲料に加工したりして、好んで摂ってきました。

　19世紀末にガラス瓶の製造が盛んになるのにともない、欧米で瓶入りの牛乳が売られるようになり、1884年にアメリカのH.D.サッチャーが、今日使われている形の牛乳瓶を発明しました。

　1894年には牛乳を低温滅菌する機械が導入され、濾過されてスイング栓付きガラス瓶に入れられた牛乳が、売り出されました。この低温殺菌する機械が導入されるまで、牛乳は日に4回も配達されていました。しかし、20世紀初頭まで、大半の牛乳は手押し車で運ばれ、街頭で大型のミルク缶から売られていました。その状態では依然非衛生的でしたので、結核、ジフテリア、チフス熱に対する抵抗を増すために、消毒剤としてホルムアルデヒドや硼砂がよく添加されました。

　牛乳瓶は、最初は厚紙の円盤で栓をされていました。そのだいぶ後の第一次世界大戦後から、アルミニウム板で栓をした瓶入り牛乳を低温殺菌して家庭に配達するようになり、徐々に地方にも広がっていきました。低温殺菌は摂氏約72度に15〜20秒間牛乳を加熱し、バクテリアを殺す部分滅菌法です。蛋白質やカルシウムの熱変性が少なく、原乳に近い風味があり

ます。

　1948年に超高温殺菌法が開発されました。今日の一般牛乳はこの方法で、処理されています。この処理法は、80〜85度で5〜6分加熱の後、120〜130度で2秒間加熱します。原乳中の有用な菌までも殺してしまい、蛋白質やカルシウムの変性も大きいのですが、安全性があるため広く使われています。

　牛乳瓶は、1930年代までは円型瓶でしたが、1940年代から角型が多く使われるようになりました。しかし牛乳瓶は、1960年代から主として紙容器に替わりました。

7.2.5　食料品用容器

　ガラス容器は、ローマ時代から食料品の容器として使われてきました。17、18世紀に行われた農業、化学、栄養学の研究の発展にともない、食料の保存にガラス容器を使用することが、本格化していきました。腐敗しやすい食料は保存することはできなかったし、この時期に日常摂られていた飲食物の種類は非常に限られていました。パンのような必需食料品の品質は、17世紀中に向上しました。しかし、たとえば1530年から1640年のイギリスでは、賃金の上昇が食料品の価格上昇より少なかったので、この時代の一般の人たちは質の劣る貧しいものを食べていました。彼らは、豆類、塩漬けの肉、パン、魚、チーズと少々のベーコンまたはジャムで生きていました。産業革命以前には少数の都市の人達だけが、より良い暮しをしていて、適当な量のバター、肉、白パン、果物や多くの量の野菜と新鮮な魚を食べていました。しかし、冬の末期にはすべての食料は減少し、ビール、塩漬の豚肉、乾燥豆、大麦パンだけの単調で栄養バランスの取れない食生活になり、多くの人たちが壊血病にかかりました。

　17世紀のあいだ日常飲食物の改善は、その当時通用していた栄養学の知識では促進されませんでした。彼らは依然としてアリストテレス（382-322BC）の栄養についての"humoral理論"に基づく四つの要素（土、水、火、空気）の概念に支配されていました。例えば野菜は、地上に風を発生させ、憂鬱にさせるものと疑われていました。食料品は強力な蒸留が行わ

れ、"水っぽいもの"か"油っぽいもの"か"塩からいもの"に分類され、訳の分からない多くの結論が引き出されました。栄養欠乏からくる病気は、病気として認められず、長い航海生活で生じた特殊な悪病が流行した場合を除いて、1750年以前は実質的にも病気扱いされていませんでした。世界中をよく航海したことで知られているキャプテン・ドレーク（1546-96）は、ビタミンCが豊富なwood sorrel（カタバミ）を航海には用意しました。

1730年代にジョン・タウンゼンドが、根菜作物の栽培法を開発し、冬季でも畜牛へ飼料を与えることができるようになり、新鮮な肉を継続的に食べられるようになりました。1780年までにアイルランドの主婦は、1パイント（0.55ℓ）ガラスの広口瓶の中でいろいろな種類の食物を調理し、大工が使用するにかわで蓋を密閉して種々の食料を保存していました。

1804年にフランスの菓子屋ニコラス・アペール（1750-1841）が、高温で食物を処理し密封する方法を開発しました。彼は戦地の陸軍に食料を運ぶ方法を開発したことで、1810年ナポレオン賞を受賞しました。1810年に出版された彼の本、『動物質・植物質を保存の技術』の中で、加熱作用は果物、肉類、魚や野菜の質の低下を防ぐという彼の理論を記述しています。1812年に彼は、得た賞金をもとにパリに工場を建て、以後30年間すべての利益を事業の改良につぎ込み、91歳で亡くなるまで赤貧に終始しました。彼が容器の材料にガラスを選んだのは、空気はガラスを通して進入できないし、ガラスの広口瓶は長いコルクでしっかりと密封することができるからです。

瓶詰め保存産業は、ナポレオン戦争後フランスからイギリスに広がりました。そして最初のアメリカ保存会社が、1819年ボストンで開業しました。当時の手づくりのガラス瓶は封止面が不揃いのものが多かったので、気密に密封するのが非常に困難でした。そのため、19世紀中は食料品の保存にガラス瓶はあまり使われませんでした。

1858年に大きな成功を収めたメーソン式広口瓶が、アメリカ人のジョン・ランディス・メーソン（?-1902）によって特許登録されました。しかし、20世紀の初期にガラス瓶製造用の自動成形機が最終的に開発されるま

で、商業的な事業にはなりませんでした。メーソン式広口瓶は、上の縁が平らな広口のねじ付き瓶で、金属またはガラスのキャップで密封することができるため、1860年から1910年の間、アメリカの主婦の標準容器として使用されました。機械でつくられたメーソン・ジャーは、今でも家庭保存用として使用されています。通常のジャム用広口瓶は年々改良され、1940年にはゴムバンドと金属クリップの付いた密封に非常に良い単純な錫板の蓋が、保存用に使用されました。

　自動製瓶機の採用によりガラス容器の寸法精度が向上し、直ちに食品に適した密封方法の改良が行われました。第一次世界大戦中、無線通信の要素部品として大きく成長したフェノール樹脂が、1920年代に入ってガラス瓶キャップに使われるようになりました。白色や明るいパステル色をつくることができる成型用尿素樹脂が、1930年代初期に初めて使われました。1920年代にはロールオン・クロージャー（roll-on closure）、ティアオフ・アルミキャップ（tear-off aluminum cap）とプライオフ・キャップ（pry-off cap）がすべて売り出されました。この最近の25年間に軽いプラスチックのスナップ・キャップ（snap-cap）とストッパー（stopper）、レクトラシール（lectraseal）（インスタント・コーヒーのような製品）や、栓抜きが不要なちぎり取り王冠（tear-off crown）などが開発されましたし、容器を積み重ねしやすいように、蓋の上部と容器の底を改良する設計も同時に行われました。

7.2.6　薬品、香水、化粧品用ガラス

　中世の薬剤師は、"し瓶"（urynal）すなわちより正確には医学的健診ボトルの使用に大変関心がありました。1688年に次のように書かれています。"病気にかかった体からの尿を入れ、観察して病気の診断をするために、長いネック部と丸い胴体をした透明な肉薄のガラス瓶が、医師、薬剤師や医業に従事する人たちに用いられた"。この実行は資格のない人たちによって誤用されるため、病気の診断方法として結局は禁止されました。

　18世紀の後半から19世紀前半にかけて、薬剤に特許権を与えられるようになったことから、医薬用のガラス瓶の需要が増大してきました。人々

は毛生え薬から胃の薬まで何でも買うことができるようになりました。そして、薬の小売商人は町から町へと行商し、商品を地方の定期市で展示をしました。商品がラベルに記してある高い特色ある効能を生じないと人々が気付いたころには、悪徳商人はすでに立ち去っていました。

今日の薬用瓶は、形状、寸法共に非常に変化に富んでいます。例えば、球形、長円形、平たいものやパネルです。ウィンチェスター瓶は、1/2から40液体オンスの容量範囲のボトルです。たとえば、80液体オンスのものが一般的に知られていますが、これは正しくはなく、ウィンチェスターコート瓶［40液体オンス］としてつくられていました。少量の液体または粉体の投与用に設計されたアンプルは、肉薄のガラス管から自動的につくられ、充填後封止されます。内容物が必要になったとき、ガラス管の末端部分をポキリと折って内容物を容易に取り出すことができます。

小さなガラス瓶は、香水やかぎ薬（炭酸アンモニウムが主剤の気付け薬）用に17世紀に使用されました。19世紀にプレス成形が導入され、形の揃った小さなガラス瓶が非常に安価につくられるようになりました。そしてこの傾向は、完全自動方式の導入まで続きました。今日では完全自動と半自動の方法が採用されています。後者の方法はいろいろな色ものや特別な仕上加工を伴うものなど特殊な製品の製造に用いられています。

7.3　19世紀中期の機械化

19世紀の初期に、板ガラス、瓶ガラス、光学用などの特殊ガラスを含めたすべてのガラスの需要が、急激に増大しました。そしてこの需要に応じて最初に機械化に成功した分野は、食器ガラスのプレス成形でした。1850年ころから機械によるガラス容器の製造が試みられました。イギリス、ドイツ、フランス、アメリカで多くの種類の機械がつくられましたが、19世紀末まで実用段階には到達しませんでした。

1859年、グラスゴーのアレキサンダー・メインがボトル製造機械に関する最初の特許を取得しました。引き続き1860年に、ヨークシャーのキィルナーがガラスボトル・ブローイング機の特許を取得しました。そして、

1861年に、ストックトン・オン・テーのジェムス・ボーロンは大幅に進歩した設計を行いました。

図7.11にボーロンが発明した特許の概念図を示します。

まず溶けたガラスを逆転する型（図7.11を180度回転した状態）に注ぎ込み、カウンターウエイトの底型でプレスして口部をつくります。次に型を180度回転させ、空気を吹き込んで、瓶を成形します。

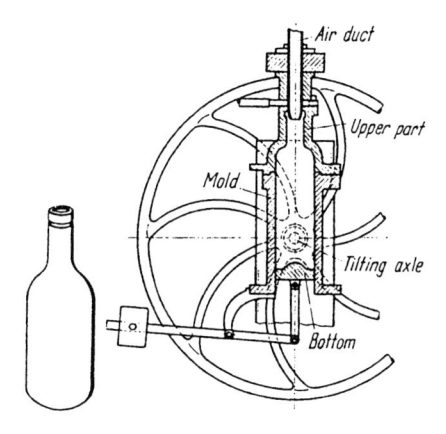

図7.11　ボーロン特許の概念図

1854年にアメリカに移住したイギリスのガラス職人のウィリアムT.ギリンダー（1823-71）は、1865年、ガラス工場を設立しました。彼は最初にプレスを行い、次ぎにブローして水差しをつくる方法を考案し、特許を取得しました。1880年代には、アルボガストやイギリス人のアシュリーが、幾つかのプレス・アンド・ブロー機の開発を試みましたが、1892年になっても大部分のアメリカの瓶は、手吹きで製造されていました。1893年、エンタープライズガラス社は、アルボガストの特許権（登録特許を図7.12に示します）を手に入れ、ワセリン用の広口瓶の生産を商業規模で開始しました。連結したプレスおよびブロー用金型は、各々の操作においてプレス工程とブロー工程間を移動させる必要がなくなったため、多くの利点を生み、間もなくミートペーストやジャム用の広口瓶の製造用に普及しました。これらの新しい製瓶機の運転は、あまり熟練を必要としないため、製造チームは二人の熟練作業者と二人の未熟練作業者に縮小されました。

1876年にA.R.ウェーバーが、ジェムス・ボーロンの機械と非常によく似てはいますが、瓶の細い口部をより完全に成形するために、ガラスに圧力をかけるようにした機械の特許を、アメリカで取得しました。これらすべての試験的な機械は、細い口部の瓶を成型するのを目標としていました。1875年にアメリカで、広口の容器をつくるための機構が初めて考案されました。この考え方は、炉から適当量のガラスすなわちゴブを取り、まず初

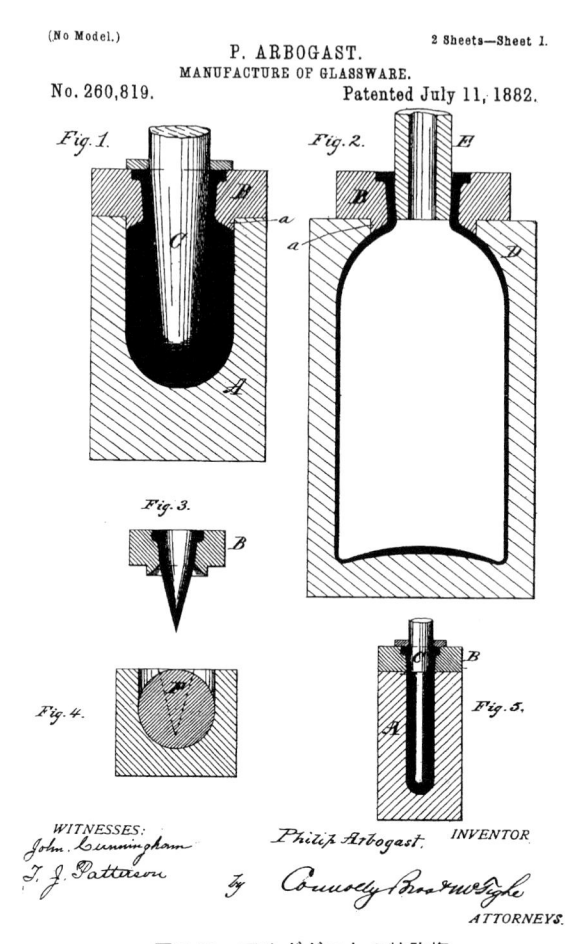

図7.12　アルボガストの特許権

めにプレスによっておおよその広口瓶の形、すなわちパリソンまたはブランクをつくり、次にこのブランクから吹き成形によって最終製品をつくるものです。この作業の概要を図7.13に示します。この最初のプレス・アンド・ブロー成形機は、広口瓶の製造を目的としてピッツバーグのジェイムス・アッターブリーとトーマス・アッターブリーが設計しましたが、ついに実用にはなりませんでした。

7.4 プレス・アンド・ブロー

ピッツバーグのフィリップ・アルボガストは、今日成功しているすべての製瓶機械で行われている三つの基本的な段階を組み入れた機械を最初に設計した人です。まず製品のネックの先端の口部を成形し、次にパリソンをつくり、最終的に希望する形を吹き成形でつくる方法です。1882年にアルボガストは、次のような発明主張で特許を取得しました。"最終製品の形に必要な量のガラスを取り、最終形状の口部またはネック部をプレス成形し、そこでプランジャーを引き抜き、プレス型から製品を移動させ、最終的に割型に入れ胴部を吹き成形する。"図7.13にプレス・アンド・ブローの工程1から7を示します。

アルボガストは、実用機械を自身で開発することができず、1885年に特許権をピッツバーグのD.C.リプレー社に譲渡しました。しかし、リプレー工場の労働組合は、高い賃金率で生産量を少なく固定していたので、彼の機械を使用することは経済的ではありませんでした。リプレー会社は、この製造権を組合のないユナイテッドガラス社に譲渡しました。1893年に製造権を得たガラス会社は、アルボガストのプレス・アンド・ブロー成形機でワセリン用の広口瓶をつくりました。

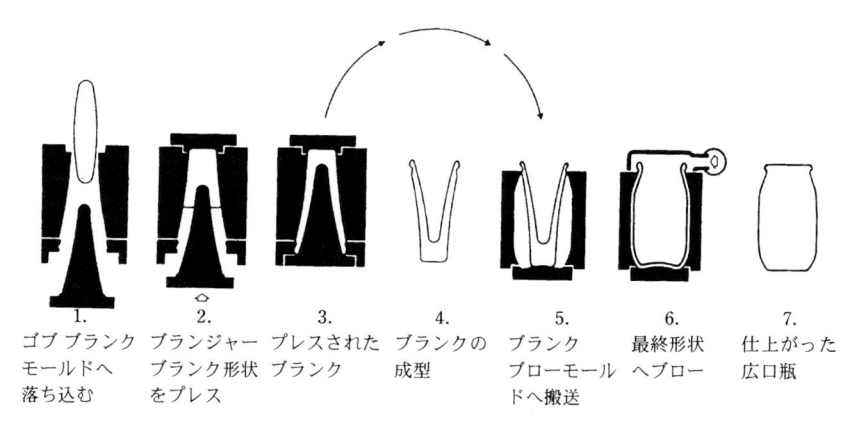

1. ゴブ ブランクモールドへ落ち込む
2. プランジャー ブランク形状をプレス
3. プレスされたブランク
4. ブランクの成型
5. ブランク ブローモールドへ搬送
6. 最終形状へブロー
7. 仕上がった広口瓶

図7.13 プレス・アンド・ブロー工程

ある工場は、自分たちでつくり替えたプレス・アンド・ブロー機械で稼働しようと試みましたが、特許権を超えることは困難でした。1886年チャールス・ブルーは、ユナイテッドガラス社との法律上の争いに勝利を得ようとアトラス・ガラス会社のために、一つの機械をつくりました。ブルーはアルボガストの特許権に抵触しないよう考案しました。彼の機械はアルボガストの機械と違っていました。パリソンは吹き型の中に移し替えずに、プレスの後、ブランク型がブロー型の下まで下がってきて、そこでパリソンはぶら下がり、ブロー型に吹き込む方法をとりました。ブルーの機械は20世紀初頭の米国で果物用の広口瓶や他の広口容器の製造に広く使われました。そして、この機械はイギリスでは、1900年からヨークシャーのキィルナー兄弟によって使われました。

　広口瓶製造のためのプレス・アンド・ブローの製法は、イギリスで同じ時期に開発されました。1886年にウインドミルが実用的な製法を考案し、間もなく商業生産に使用されました。バーンズレイのスターフットにあるレイランドガラス社のダン・レイランドも、また19世紀初期にすぐれた製法を開発しました。ウインドミルとレイランドの成形機は長年使用されました。このようにして、ほぼ同じ時期にイギリスとアメリカが採用したプレス・アンド・ブロー成形機は、いずれも商業的に成功しました。しかしウインドミルおよびレイランドと、ブルーとの間で特許係争がありました。

7.5　ブロー・アンド・ブロー

　プレス・アンド・ブロー製法は、プランジャーを押し入れたり抜いたりするため、開口部が小さい細口ガラス瓶の製造に使用することはできませんでした。細口ボトルをつくる最初の機械は1886年ヨシア・アーナルとハワード・アシュリーによって特許取得されました。1866年アーナルは、ヨークシャーのヘリブリッジの郵便局長でした。彼は仕事でその地のガラス工場を訪問し、ガラスボトルが手づくりで丹精込めてつくられていることを知り、機械によってボトルを吹き成形するアイディアを思い付きまし

た。しかし、南ヨークシャーの著名なボトル製造業者達にその計画を提案した時、その案は開発としてはあまりにも粗くまた革新的であったので拒絶されました。ほぼ20年近く後に、彼のアイディアを検討する2回目の機会が持たれました。検討の相手は同じヘリブリッジで製鉄工場を経営者していたハワード・アシュリーでした。しかも彼は、一度もガラス工場で働いたことはありませんでした。検討の結果、アシュリーは一つの試験機をつくりました。それは、ボトルのネック部の内側を成形するプラグを取り付け、そして端の開口部から型の胴部に緩くスライドできるプランジャーを取り付け、倒立した型に溶けたガラスを注ぎ入れる機械です。1回の投入量のガラスが型の中に落ちると、プランジャーによってネック成形プラグがプレスされます。次いで成形されたネックを通じて圧縮空気が入り、ボトルがふくらみ、そして、プランジャーが上がります。

　アシュリーはこの結果が良かったことに勇気づけられて、実用的機械の開発を試みました。彼は、一つの型を三つの個別の型にわけました。一つはボトルのネックを成形する型（リング金型：口型）、二つ目はボトルの最初の形を形づくる型（パリソン金型またはブランク金型：粗型）、三つ目はボトルの最終的な形をつくる型（ブロー金型またはフィニッシング金型：仕上型）です。これら三つの型はその後のすべてのアシュリー機に組み込まれました。この三つの型はこれ以降に開発されたすべての製瓶機に組み込まれました。これらの三つの機能は、手作業でボトルをつくる段階と一致しています。しかし異なる点は、手づくりでは種取り鉄パイプでガラスを取り、空気を吹き込んでボトルの本体の形にふくらまし、完全な形に成形した後にクラックオフして鉄パイプを外して、最後に再加熱して口部を形つくり完成品にする点です。

　アシュリーはヘリブリッジに成形機を設置しました。そして、1886年にリーズのアームレイで、また後にはキャスルフォードで改良され発展しました。アシュリーが最初に考案した製瓶工程の原理を、図7.14に図解します。

　a：ガラスはパリソンモールドの中に投入され、ネック部を形つくるため、上から空気圧がガラスに加えられ、下から上向きにリング金型（口型）

の中へプランジャーが挿入されガラスがプレスされます。

b：パリソン金型（粗型）を手で開いて外し、パリソンがネック部から垂直にたれ下るまでネックを回転させます。

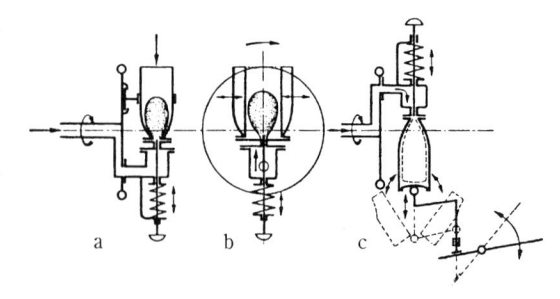

図7.14　アシュリーの工程の原理図

c：ブロー金型（仕上型）が足踏ペタルの機構によって指定された位置に移動して閉じます。そこで、パリソンが型一杯になるように空気が吹き込まれボトルがつくられます。

アシュリーのブロー・アンド・ブロー工程の原理を、現在使われている機械をもとに図7.15に示します。

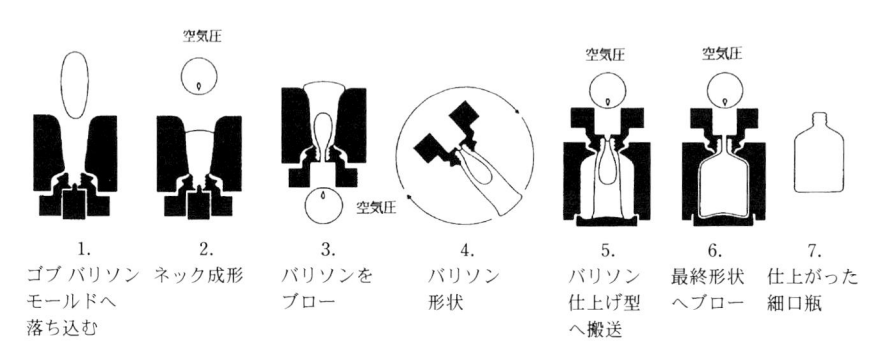

1. ゴブ　パリソンモールドへ落ち込む
2. パリソンネック成形
3. パリソンをブロー
4. パリソン形状
5. パリソン仕上げ型へ搬送
6. 最終形状へブロー
7. 仕上がった細口瓶

図7.15　ブロー・アンド・ブロー工程

鉄竿に手作業で巻き取られた所定の量のガラス（ゴブ）が、ネック部を圧縮空気で成形するパリソンモールドの中に落とされ、パリソンがつくられます。パリソンは最終成形される仕上型に運ばれて、圧縮空気が吹き込まれ、最終的な形に吹き成形されます。

しかし、この機械でボトルをうまくつくるには、その操作のために数人の人が必要です。当時の記録によると、1人の熟練した種巻き職人と6人

の未熟な助手が組になり2台の成形機を操作し、1時間にソーダ水用ボトルを約1グロス（144個）製造しました。3人熟練工を含む5人の手作業職人の組で、同じ能率でボトルを製造できました。そこで、アシュリーは、4個の粗型、それに対応する4個の口型と、1個の仕上型を持ったロータリー式成形機をシェフィールドに設置しました。口型と仕上型は、ブローヘッドを運ぶ同じアームに蝶番式に取り付けられています。ボトルはシングルユニットの機械と同じように成型されます。しかし、モールドテーブルは、あらかじめ決められた比率で段階毎に機械的に回転します。ガラスは倒立した粗型の中に入れられ、ネック部は回転の一つの段階の間にプランジャーで成型されます。次にプランジャーが引き抜かれブランクの中に強く空気が吹き込まれます。そして、粗型とブローヘッドが反転します。半割の粗型は自動的に開き、パリソンは口型から自重でぶら下ります。最初のブローイングの作業は、分離したスタンドに装着された仕上型にパリソンを運ぶことです。そこでは仕上型が、回転の第三段階にボトルは取り出された後上に持ち上がりブランクを囲むように閉じます。ブローヘッドとそれに取り付けてある部品は再び機械的に反転し、粗型に次のガラスの投入を受けることができるよう閉じます。

　この成形機は後に四つの構成単位が三つにつくり替えられ、粗型の開閉が圧縮空気によるピストン操作で行われるようになりました。この機械により2人の作業者で、1時間当り18ダース（216個）を生産できました。

　アシュリー機に関する特許権は1887年に、最初にシェイクスとマック・ベイと、キャスルフォードのコッド・ボトル会社に買い取られ、翌1888年に、新しく設立されたアシュリー・ボトル社に引き取られました。1892年にはキャスルフォード工場でシーメンス式タンク炉1基に22台のアシュリー機が稼動していました。成長が期待されたこの会社は、機械そのものは素晴らしく良く機能しましたが、甚だしい非能率な経営と、組合の強い労働運動によって繁栄しませんでした。1894年11月に競売でアシュリー機を購入したバグレリとカンニントンは、その機械に彼ら自身の改良を加え、良い品質のボトルを製造することに成功しました。

7.6 半自動製瓶機の開発：1890年〜1918年間

　イギリスのアシュリーが商業ベースでボトルの製造ができるブロー・アンド・ブロー製法を開発した頃、フランスとドイツでもこのタイプの半自動機の開発が盛んに進められていました。

　1889年にドイツのバウアーが、ボトル製造の特許を取得しましたが、大きな発展は見られず、1890年代にいろいろな種類の機械がフランスとドイツでつくられましたが、成功はしませんでした。

　1896年にフランスのクロード・ヴォシェはコニャック用のガラス瓶をつくるために、注目に値する開発をしました。この機械はアシュリー機と似ていますが、パリソンを固まらせるために圧縮空気を制御して、パリソンに直接吹き込むことを特長としていました。その結果、仕上型へ移動する間に、パリソンが伸びすぎるのを防げるようになり、それによってガラスの肉厚分布の均一性がより確実になりました。この成形機で700gのコニャック瓶が1時間当り120個製造できました。

　1903年にドイツのA.シラーがネック部の形を成形するのに、真空吸込みを採用したブロー・アンド・ブローの特許を取得し、1906年には市場に出ました。シラー機の原理を図7.16に示します。

　ガラスが粗型に落とされた後、テーブル下のピストンが下がり、口型にガラスが吸い込まれます。ついでプランジャーが下がり、パフエアー（パリソンへの初期吹き込み）を入れ、粗

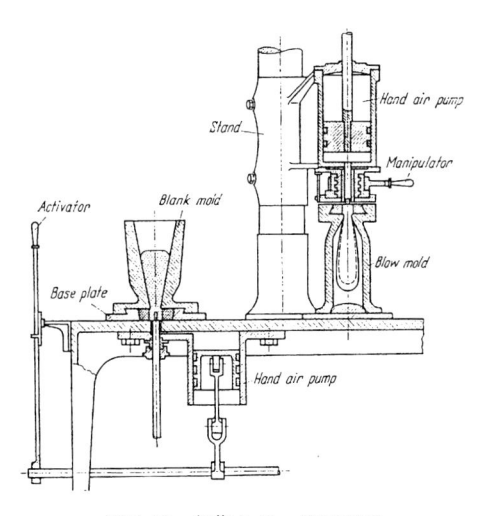

図7.16　初期シラー機原理図

型が開き、口型ごとパリソンを手動で仕上型に移します。しっかりとセッティングした後、図右のピストンを下げ、ブローエアーを吹き込みガラス瓶を成形します。

　シラー機は、種々の改修や改良が行われた後、半自動機械の主要な機械の一つとして確立しました。シラーは、また同じ時期プレス・アンド・ブロー機も開発しました。
　1906年から1932年の間にこの2種類の機械1,150台が、ガラス工業に供給されたと推定されます。
　イギリスでは、20世紀の初頭からガラス工業の機械化が急激に進み、1907年には少なくとも14のガラス工場（主としてヨークシャーとランカシャー）で、製瓶機が稼働していました。アシュリー・ボトル会社向けに多くの機械を製作していたヨシュア・ホーンが、開発において重要な役割を果たしました。1901年、彼は彼自身の名で特許を取得しました。この特許で彼がつくった機械はイギリス北部で広く使用され、またフランス、ドイツ、アメリカにも供給されました。1914年から1915年には100台以上のアシュリー型の機械が、多くの改良機の開発が行われたアメリカで使用されました。これらの全ての機械は半自動機でした。それは、鉄竿で巻き取ったガラスを粗型の中に落して供給するため、種巻き職人を必要としました。十分なガラスが金型に落されたとき、熱いガラスは職人によって鉄竿からハサミで切り離されました。

　完全自動ボトル成形機には、ガラスを種取りする（ギャザリングgathering）か、重力供給する（フィーディングfeeding）かのいずれかのある装置が、創案されなければならないと考えられていました。この問題解決には二つの方法があります。今日でも種々の成形機でこの二つの方法が使用されています。最初に成功した方法は種取り方式に属する吸込み供給法です。この方式は、ちょうど必要な十分のガラス量をサクション金型（吸い込み金型）の中に真空によって吸い上げる方式です。一方重力供給方式では溶融炉に取り付けたフォアハース先端の孔からガラスを流出させ、

一般にはゴブといわれる、ボトルをつくるに十分な量のガラスが流れ出た時に切り離し、すなわちシャーカットします。この二つの方式とも大量の溶融ガラスの貯蔵槽を必要とし、蓄熱式タンク炉が実用になった時、初めてうまく進展しました。

7.7 オーエンズ機

　自動製瓶機の開発は、19世紀後半から各所で始まりましたが、最初の成功者はオーエンズでした。

　マイケル・オーエンズ（1859-1923）は、1859年ウエスト・ヴァージニア州でアイルランド移民の炭鉱夫の子として生れ、わずか10才から同州のウィーリングのホッブス・ブロックニア社のフリント・ガラス工場で働かされました。

　その当時の子供の労働条件は極めて悪く、オーエンズが経験した虐待は、これらの酷使から子供たちを解放しようとした彼の後年の仕事に影響を与えました。1880年の、アメリカのガラス瓶工業における労働者の23.4％が16才以下でした。彼らは交替制で働かされ、夜勤は午後5時半から午前3時半まででした。9才の子供が、ガラス工場の過酷な条件下で働いていました。そして、しばしばひどい火傷を受けて、その傷跡が永久に残りました。このようなひどい条件のもとで働きながらも、オーエンズは独学に最大の努力を払い、地方の討論研修会の活動的な会員となり、アメリカ・フリント・グラス労働組合の支部長になりました。

　1888年にオーエンズはW.L.リビー・アンド・サンガラス会社（後にリビーガラス社と知られる）にオイル・ランプのガラス・シェードをつくる小さなグループの第二ランクの吹き職人として入社しました。わずか3か月後に吹き成形部門の職長になり、2年後には彼のひときわ優れた才能により工場の監督になりました。オーエンズは、やがて機械装置によってガラス瓶を吹き成形する問題に時間を当てることができるようになりました。そして、1894年、彼は機械的に作動するペースト・モールドに関し、二つの特許を取得しました。ペースト・モールドはカーボンを内面に塗付

した金型です。ブローイング前に油または水が振り掛けられ、バルブはブローイング中回転しますので、型の合い目によって生じるマークはなくなります。

オーエンズはこの特許を電球用バルブ製造のために、リビーガラス会社に譲渡しました。この投機的事業のため1895年トレド・ガラス社が設立されました。オーエンズと彼の後援者エドワード・リビー(1854-1925)はこの会社に、ペースト・モールド機に関する残りの権利も譲渡し、さらに次の17年間に彼らが取得するであろうすべての特許を引き渡すことに同意しました。トレド・ガラス会社は、タンブラーと石油ランプのほやを製造する事業からその対象を変え、完全自動の製瓶機を開発することにしました。リビーはオーエンズの実験的な研究を支援するとともに必要な資金も提供しました。

最初のオーエンズ機は大きな自転車用ポンプまたはハンド・スプレー・ガンのように作動しました。試験装置を図7.17に示します。"ガン"は炉の中から、1回分投入量のガラスを二つの部分からできている型に吸い上げます。上の部分の型はネック部とプランジャー周りの口部を成型し、

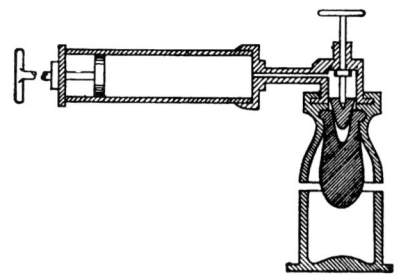

図7.17 オーエンズの試験装置

下の部分の型でパリソンを成型します。ピストン・ロットを引き抜いてガラスを吸い上げた後、二つの部分型の底にあるスライドナイフでガラスを切り離します。そこで、中に入っているガラスを、テーブルに運び、口型からネック部で吊り下げられているパリソンを仕上型に移し、ピストンロッドを押し込んで最終的な形状に吹き成形します。

しかし、この手動"銃"は約50ドルもして、実用的な仕事にはなりませんでした。吸上げによるガラス取りの最も重要な原理の組み入れと、ボトルのネック部を成型する同一寸法の割型を利用することと、種取り型と仕上型を変えることとを、後に開発した機械の基礎としました。オーエンズは、これらの原理のどの一つも初めて行ったものではありません。彼と彼

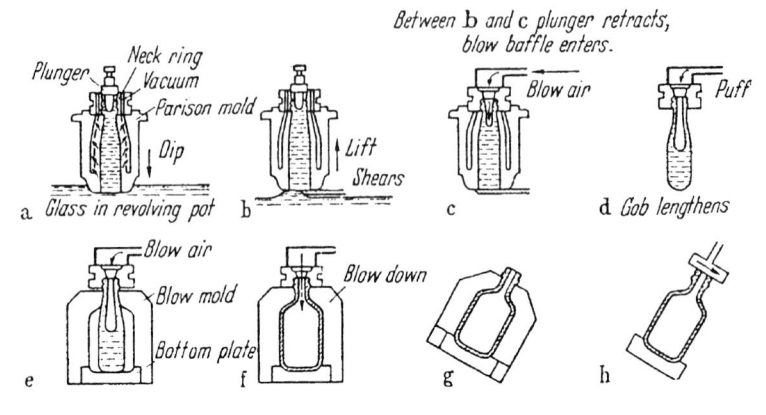

```
Between b and c plunger retracts,
blow baffle enters.
```

図中ラベル:
- a: Plunger / Neck ring / Vacuum / Parison mold / Dip / Glass in revolving pot
- b: Lift / Shears
- c: Blow air
- d: Puff / Gob lengthens
- e: Blow air / Blow mold / Bottom plate
- f: Blow down
- g, h

a：ガラスを粗型に真空により吸い込む
b：モールドが上昇しはさみが入る
c：プランジャーが抜け、ブローヘッドが入る
d：パフエアーが入りパリソンが伸びる
e：パリソンを仕上型に入れ、空気を吹き込む
f：完全に吹き込む
g：ブローヘッドが外れる
h：仕上型が開き、製品を取り出す

図7.18　オーエンズ機の動作原理

の協力者は、異なる特徴を結合して実用できる自動化された機構をつくり上げることに成功しました。

図7.18にオーエンズ機の動作原理を示します。

オーエンズは、ガンを円柱に装着するようにこの成形機を変更し、小さなガラスタンク炉から炉へと、機械を動かせるように車輪を取り付けました。三番目の機械は、種取りと仕上型を運ぶ1組の腕を持った自動回転成形機にするつもりでした。しかし、たった一つの完全な種取りと仕上型を付けた試験モデルから、固定された同じ場所での種取りは不可能であることがすぐに分かりました。炉から取られた余分のガラスは落ちて炉に戻り、そして冷たくなり、炉中のガラスよりもより粘性が高くなり、種取りされる場所の周りは、冷えた不均質な場所になります。この問題を解決するために、種取りを行う場所の近くは、前もって再加熱できるように、同じ速度で連続的に回転するガラスを供給する特殊なポットをつくりまし

た。1903年にオーエンズガラス瓶機械社は、6アームのそれぞれに種取りと仕上型を装着した成形機を組立て、非常に成功を収めました。1907年にはオーエンズ機により、1グロスのパイント・ビール瓶（0.55ℓ）の労賃原価が1.50ドルから10セントに減少しました。

オーエンズは、製造の経験による知識に基づいて後続モデルを開発しました。彼の第五回目の成形機は、種取り金型を装着した6個の固定アームからできていました。機械全体が、回転しながらガラス面の中に種取り金型を浸すために、釣合いおもり方式により上下動します。彼の第四次モデルの特徴である機械と回転するポットの採用により間欠的な停止は行われなくなり、連続的に回転するので機械速度は速くなり、ボトルの生産量の増大が可能になりました。この機械に満足せず、オーエンズは、より効率的なAタイプとして知られているモデルの第六次機械を開発しました。1911年の末までに、1年当り400万グロス以上のボトルを生産できる規模の機械が103台も設置されました。

1911年に彼は、種取り金型を10個のアームに付けた成形機をつくりました。10ステーションの機械の構造図を図7.19に示します。

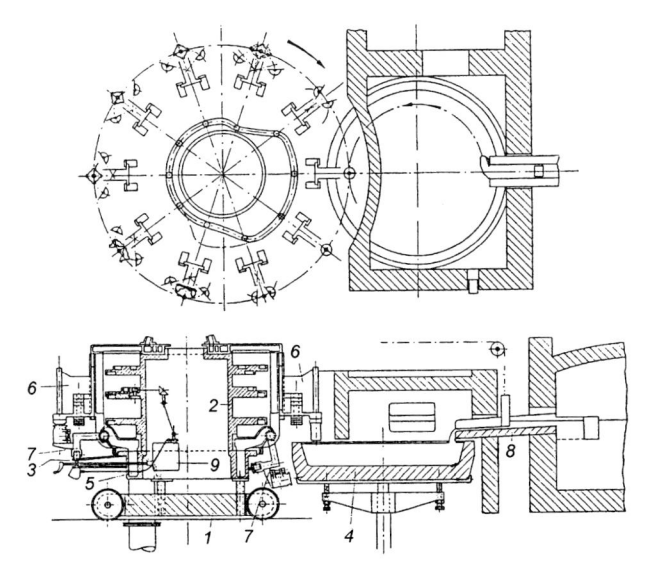

図7.19　オーエンズ機の構造図

タンク炉からゲート8で制御されたガラスが、回転ポット4に流し込まれます。ガラスは粗型6で吸い込まれます。7はスイングする仕上型です。2はセンターコラムで10個のアームが取り付いています。その動作は図7.18に示しました。

　このアームを増したことにより、それぞれ完全にボトルを成形するユニットと、ガラスの中に浸されるサクションヘッドを持った、単独のヘッドを持つことができるので、機械全体を上下させる必要はなくなりました。機械のアームの数が増え、そしてまたそれぞれのアーム上のヘッドの数も増大しました。2、3または4個の中空型（粗型と仕上型）がアームに装着された時、この機械の生産能力は巨大なものになりました。当然燃料消費は増大しますが、種取り回転ポットのために大きな補助のガラス炉が必要となり、これにより最終的には生産量は制限されました。それにもかかわらず、アメリカのボトル工業の過半数がオーエンズ機を採用し、50年以上も広く使用されました。

　手作業で製造したときと比較すると、これらの機械の労働原価は非常に大きく減少しました。3人の熟練工と3人の"少年工"すなわち補助者の1組の手作業で製造されたボトルの数は、8時間30分間の稼働時間で1パイント・ビール瓶15〜20グロスでした。この6人の組は"アメリカの"組編成として知られていましたが、対照的にイギリスでは一般的に5人1組の編成が、多くのタイプのボトルを手作業で製造する場合に採用されていました。アメリカ方式はイギリスより約2倍高い生産性がありました。そして、アメリカの製造のこの数字は、オーエンズ機が導入された頃の手作業による最大の生産能率を示すものでした。1日12時間稼働で1人の職人と5人の少年工により同時に2台のオーエンズ機を運転できました。これは1日に15人の職人と同じ数の補助者により手作業でつくるボトルと同じ数量のボトルをつくることができました。こうしてこの機械は、工数を節減し、そしてまた多くの熟練工の人数を減少させることができました。

7.8 自動供給装置

　ボトルをつくるには、ちょうど良い量のガラスを、ガラス炉から取り出せることが、この製法の最も重要な点です。オーエンズは、吸込み方法によってこれを完成しました。この吸込み方法は、今でもウェストレーキ機と、多少のローラント・ボトル機で用いられています。しかし現在ではガラスを供給する手段は、ゴブ・フィーダーとして知られている装置が、ガラス瓶工業界で広く使用されています。ゴブ・フィーダーは、炉から流出するガラスを適当な形にし、成形機の型の中に落下させる、タンク炉から溶融ガラスを直接取り出す機械装置です。しかしこの装置に至るまでには多くの方法が試みられました。

7.8.1 ホーマー・ブルーク供給装置

　ゴブ・フィーダーの開発は、オーエンズによって吸込み方式が発明される前から始まっていました。ホーマー・ブルークは、1849年アメリカへ、ヨークシャーから彼の家族と共に移民しました。ブルークの一族は、ブルークの父親が1863年に死ぬまで行っていた、金型とガラス機械の製造を業務とする会社を設立しました。1903年に彼は、炉の底部床の孔から連続的にガラスを流出させる流れ供給装置（stream feeder）といわれている方式の特許を取得しました。このフィーダーを図7.20に示します。

　ストリーム・フィーダーの難しい点は、型が間欠的に移動しているのに、連続的に流れ出ているガラスをどう処理するかです。ブルークは型にガラスが満たされた時、次の型がガラス供給場所に移動して来るまでの間にガラスを切る刃と、流出してくるガラスの量に見合った容積のガラスを受け入れるカップを型の上に配置しました。炉の底から落ちてくるガラスを入れることを見込んだカップには、刃が装着されていて、刃が開いた時カップからのガラスと、炉の底から流出して来るガラスが型を満たします。そしてこのサイクルは繰り返されます。流出ガラスは、その表面から相当多くの熱量を失うので急激に冷却されます。そのため仕上り製品には、安物

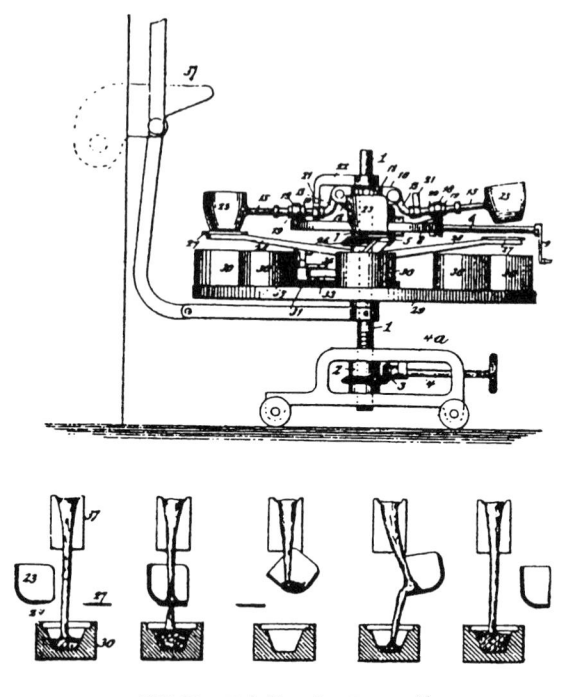

図7.20　ストリーム・フィーダー

のプレス製品にしか認められないような折れ込み、空気泡など多くの欠点が生じます。

　1907年以降、数社がブルークのストリーム・フィーダーを使用してガラスの水差しをつくりました。そして1911年から1914年の間、ブルーク特許の使用許可のもとでのグラハム・ガラス会社と、カップを分割した特許を取得したルイス・プルーガーが、半自動のボトル成形機のためのフィーダーをつくりました。これは細首の製瓶機に、ブルーク・フィーダーを初めて採用したものです。ブルーク・フィーダーを使用したグラハム機械を、オーエンズ機の重大な競争相手として認めたオーエンズ・ボトル社は、深刻な恐怖を感じました。そして彼らは直ちにブルーク・フィーダーに関する権利を買い取り、すぐ後にグラハム・ガラス会社そのものを買い取りました。

7.8.2　ペイラーの重力供給装置

オーエンズ・ボトル社は、他のガラス瓶製造会社と特許使用について許諾契約を取り決めました。しかし、この許諾は、ミルクとかウィスキーボトル等の特殊の分野に限定されました。この限定方針は多くの半自動機の開発を促し、またオーエンズ会社の特許に抵触しない新方式のボトル製造機の開発を促進しました。

この時期、重要な顧客の一つにニューヨーク州カナジョハリーのビーチナッツ・パッキング社がありました。この会社は真空密封を広口ビンで行おうとしていましたが、なかなか満足できるガラス瓶がなく苦心していました。これを聞いたコネチカット州ハートフォードの機械技師のウィリアム・ホニィス（1858-1940）とウィリアム・ロレンツ（？-1928）および特許弁理士達が、この会社に新しいガラス製瓶機を開発し、広口ビンをつくる工場を建てるよう勧めました。これにしたがい、1904年にモノンガ・ガラス工場が、ウエスト・ヴァージニア州のフェアモントに設立されました。1台のオーエンズ機の使用許諾をも得ることができなかったので、新会社は独自のガラス瓶成形機を設計し、つくり上げました。この新会社は1912年法人組織になり、後にガラス容器工業界では優れた会社として有名なハートフォード・フェアモント社になりました。

1911年新フィーダーの設計の仕事が、マサチューセッツ工科大学を卒業したカール・ペイラー（1890-1970）に与えられました。オーエンズが子供の時からガラス工場で苦労してきた経験をもとに機械を開発してきたのとは違い、ペイラーはガラスの製造の経験がまったくありませんでした。彼は科学的な方法を用いて問題解決に取り組み、後にオーエンズとならび称されるガラス製造の偉大な開発者となりました。

7.8.2.1　ポンテ・フィーダー

ペイラーはまず、手巻き取りする動きをそのまま機械化したポンテ・フィーダーを開発しました。図7.21にその装置を示します。

ガラス表面に巻取り竿が入り、回転してガラスを巻き取ると、図の位置に竿が後退し、停止してガラスを垂れさせ、シャーカットし、ゴブを落し

ます。

ポンテ・フィーダーは、ポンテの挿入ごとにガラス表面温度が下がっていくことと、ガラス糸を引くなどの問題により成功しませんでした。

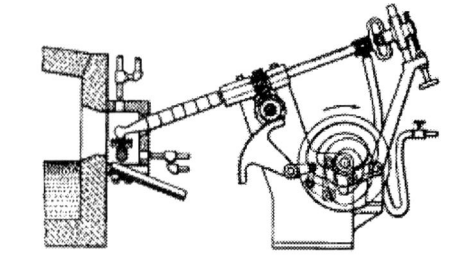

図7.21　ペイラーのポンテ・フィーダー

7.8.2.2　パドル・フィーダー

次にペイラーはパドル・フィーダー(櫂でかきだす)を開発しました。これは、ストリーム・フィーダーが高温度・低粘度のガラスを必要とするのとは対照的に、手による種巻き取りと同じような形をした温度・粘度のゴブをつくることを目標として設計されました。

パドル・フィーダーでは、炉からのガラスが、炉に連結しているチャンネルとフィーダー・メカニズムを通過します。これはフォアハースと呼ばれているもので、成形工程のために正しい温度に保たれています。フォアハース先端の機械により、耐火粘土の櫂状のパドルが、フォアハースの末端の耐火粘土でできているガラス放出口(スパウト spout)のすぐ後のガラス中で、前後・上下運動します。それにより、連続した波動を持ったガラスがスパウトの上に行きます。ガラスのおのおのの波動は、スパウトから溢れ出て吊り下げられたガラスの塊の波動となり、シャーで切り離され、そしてスパウトの下部のオリフィス・リングを通して型の中に落下します。スパウト部から押し出されるガラスの量は、パドルの有効長さを変えること、ガラス中へ入れる深さを変えること、そしてスパウトの後との距離を変えることによって制御することができます。

図7.22に1918年に公告されたペイラーの特許のパドル・フィーダーを示します。

ペイラーの発明したハートフォードのパドル・フィーダーは、最初に広口瓶製造のためにモノンガ・ガラス社で1915年に使用されました。そして、ハートフォードのツイン・テーブルの牛乳瓶製造機用のフィーダーとして広く普及しました。梨型のゴブが、細かい水スプレーによっ

第7章　容器ガラス

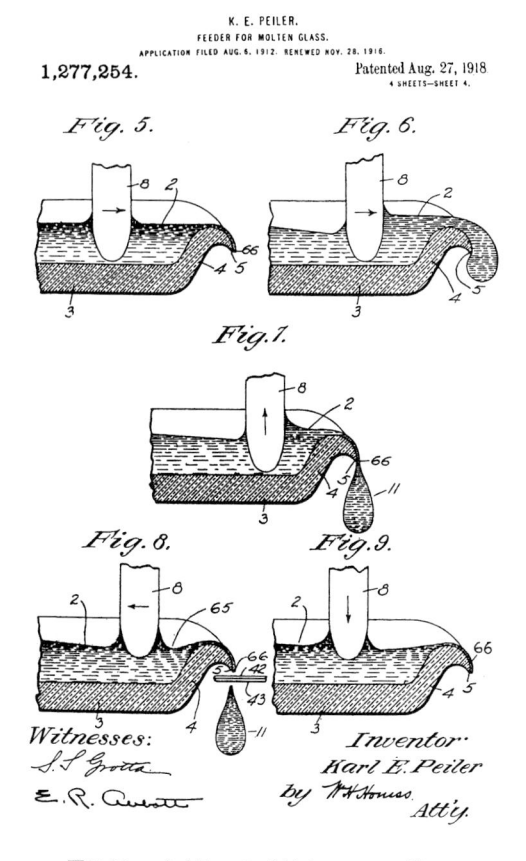

K. E. PEILER.
FEEDER FOR MOLTEN GLASS.
APPLICATION FILED AUG. 6, 1912. RENEWED NOV. 28, 1916.

1,277,254.   Patented Aug. 27, 1918
                              4 SHEETS—SHEET 4.

図7.22　ペイラーのパドル・フィーダー

て生じる蒸気のクッションのある固定した二つのシュートを滑り落ち、シュートの間を揺動する樋によって、ツイン・テーブルの上に装着された型の中に導き入れられます。30台のパドル・フィーダーが、その後多くの会社で設置され、ハートフォード牛乳瓶製造機と、広口の牛乳瓶やタンブラーのようなプレス製品をつくるハートフォード・プレス機に連結して使用されました。

このフィーダーから供給されるゴブは、どちらかといえば形としては未完成なものでした。そこでペイラーは、種々の製品にそれぞれ適した、制御された形状のゴブを製造するフィーダーをつくろうと考えました。

7.8.2.3 パドル・ニードル・フィーダー

ペイラーは問題の解決を図るためパドル・ニードル・フィーダー（P-N Feeder）を開発しました。このフィーダーの構想を図7.23に示します。

ガラスはパドルの前後・上下の往復運動によりスパウトの先端に押し出されます。スパウトの先端部の底にゴブを出すオリフィスがあり、その上に細い耐火物でできたプランジャーすなわちニードルが設置されています。ニードルは垂直方向に往復運動します。

図(1)はガラスがスパウト内で最も高い位置にあります。(2)ではパドルが後ろに下がり、ニードルがオリフィスの中まで下がり、ガラスが押し出されます。そして切り落とされます。

供給されるゴブは、単純なオリフィスを通して重力の下で自由に落下する代わりに、スパウト内で垂直方向に往復運動する、細い耐火物製のプランジャー、すなわちニードルの動作によって制御されます。製造される製品種類によって形状を変えたニードルは、ボウルの底のオリフィスを通して、あらかじめ決められた形状のゴブをつくるようにボウルの中に押し込みながら下方向に動きます。

ペイラーのパドル・フィーダーでは、ゴブの重量は、ガラス表面に影響を与えるパドルの動きによってのみ制御されました。次のP-Nフィーダーによりゴブの重量と形状の制御は大分改善されましたが、フィーダー速度が高速の時にのみ可能でした。

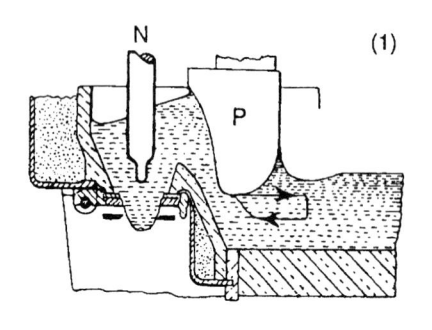

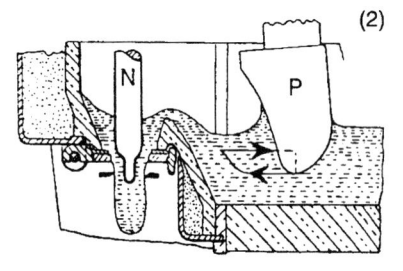

図7.23 パドル・ニードル・フィーダー

7.8.2.4　ハートフォード・シングル・フィーダー

　ペイラーは最終的に、フィーダー速度の範囲を拡大したゴブ成形に最も適した、ハートフォード・シングル・フィーダーを開発し1922年に発表しました。このフィーダーの構造を図7.24に示します。

　A：パドルを取り除いた、ガラス溶融炉から延長しているフォアハース先端部

　B：オリフィス上方でガラス量を制御する上下運動するプランジャー機構

　C：ガラスを均質にし、流量の制御をする回転チューブ

　D：交換可能なオリフィス

　E：ゴブをカットするシャー

から成る簡単な構造をしています。

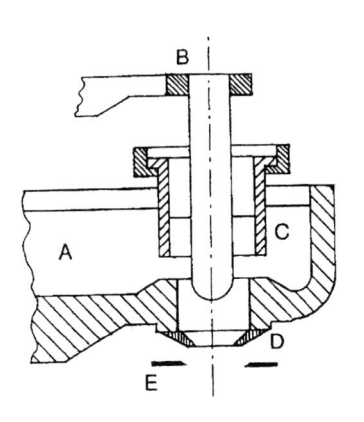

図7.24　ハートフォード・シングル・フィーダー

　このフィーダーのガラスだめとして機能するガラス溶融炉に直結するフォアハースと、その先端に取り付けられたスパウト内の回転チューブと、上下運動するプランジャーの動きによって、ゴブの形と重さが広範囲に制御できました。

　シングル・フィーダーのゴブ成形の工程を図7.25に示します。

　ペイラーのハートフォード・シングル・フィーダーは1922年に発表され、そして今日世界中のガラス瓶製造のガラス工場でその改良型が使用されています。

　ハートフォード・エンパイア社は、オーエンズ・ボトル社にフィーダー装置と特許権を売却することを申し入れましたが、マイク・オーエンズはこの申し入れを拒否しました。これは重大な誤りでした。彼は秀でた能力の持ち主にありがちな欠点を持っていました。ペイラーを含めガラス工業の発明者の研究を常に見下していました。この決定は彼自身と会社にとって非常に大きな不利益をもたらしました。

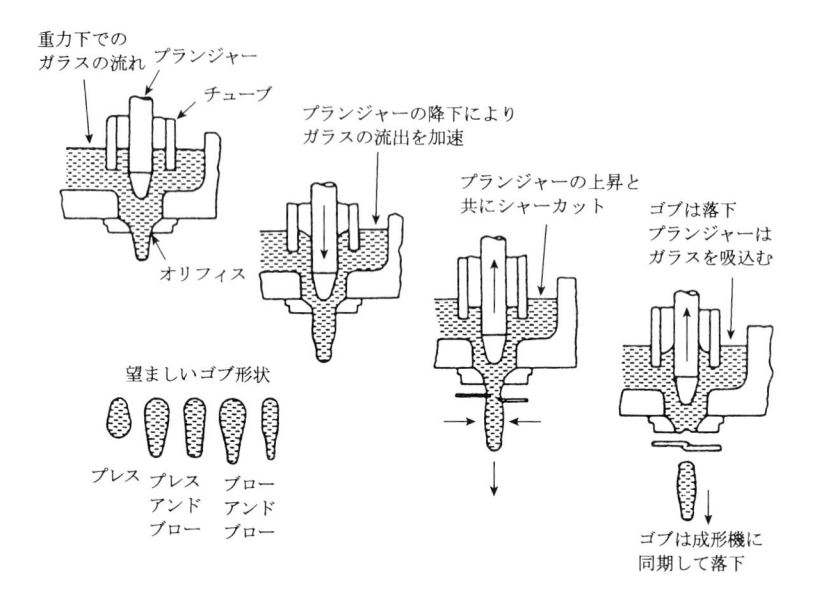

図中ラベル:
- 重力下でのガラスの流れ
- プランジャー
- チューブ
- オリフィス
- プランジャーの降下によりガラスの流出を加速
- プランジャーの上昇と共にシャーカット
- ゴブは落下 プランジャーはガラスを吸込む
- ゴブは成形機に同期して落下
- 望ましいゴブ形状
- プレス
- プレスアンドブロー
- ブローアンドブロー

図7.25 ハートフォード・シングル・フィーダーのゴブ成形の工程図

一方、イギリスでは、オランダから高品質の透明無色ガラス容器の輸入していたW.A.ベイリーが、1917年ハートフォード・パドル・フィーダーに関するイギリスとオランダの特許権を購入しました。同じ年に彼はイギリスでの権利を活用するために、ブリティッシュ・ハートフォード・フェアモント・シンジゲートを組織し、最初のフィード・アンド・フォーミング機をプレス・アンド・ブロー製品製造のためにイギリスに導入しました。パドル・フィーダーはやがてP-Nフィーダーに置き換えられ、またその後ハートフォード・シングル・フィーダーに置き換わりました。

1917年までは、オーエンズ機がガラス容器を製造する唯一の成功した完全に機械化された方式の機械でした。しかし、瓶の製造工程が部分的に機械化された幾つかの機械がありました。半自動機械において、それぞれの機械で型数の増加、機械の駆動への電気動力の使用、各種の動作の同期性の改良、自動シャーのような機械装置、粗型から仕上型への自動搬送等の改良が行われました。

終局的には、"3人の職人と2人の少年工"から"1人の職人と1人の少年工"を経て少年工を無人化した機械が設計されました。この機械は、2台の機械に1人または3人の種巻き職人の雇用だけが必要でした。無人機は1917年に、リンチ Lynch 機械社とオニイル O'Neill 機械社によってつくられました。ほぼ同時期にペイラーのフィーダーが出現し、これらの機械と直結することにより、オーエンズ機の強力な競争相手が生まれました。

ハートフォード・シングル・フィーダーは、1920年代に新しく開発された機械と連結されて、広く使われました。それ以降今日まで改良を重ねながら、各種ガラス機械の供給装置として使われています。

7.9 IS機（Individual section machine）

ガラス瓶製造で競争相手のオーエンズ機に大きく取って替わった機械は、1924年にハートフォード・エンパイア社のヘンリ・イングルが発明した、独立部分からなる機械すなわちIS機です（特許を294頁に示します）。IS機ではフィーダーからのガラスのゴブはシュートによって、固定している粗型の中に運ばれます。これと対象的にオーエンズ機では、大きく重い回転テーブルに装着されている型がガラスに合せて移動します。このようにIS機はしっかりと固定できます。多くの運動部品の撤去は、保守をより簡単に容易にしました。前のパリソンが仕上型の中で吹き成形されている間に、次のパリソンが成形できるので、1金型当りの生産量は増大します。

オーエンズ機では、それぞれの運転の間、金型のためにムダ時間がありました。IS機は、初めはブロー・アンド・ブロー機として開発されましたが、今日では、プレス・アンド・ブロー機としても運転できます。

図7.26にIS機の工程を示します。
(a) ゴブがパリソン金型に落下
(b) ネックリングにガラスを押込む
(c) パリソンを吹き成形
(d) パリソン金型が開き、180度回転してパリソンがブロー金型に運ばれる
(e) ネックリングが取外される

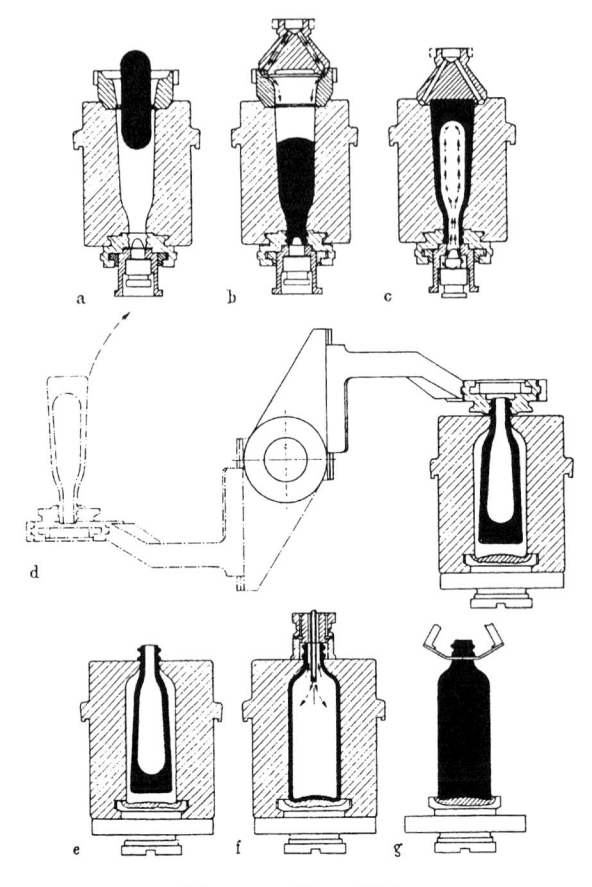

図7.26　IS機の工程図

(f) ブロー金型に吹き成形
(g) 成形されたガラス瓶を取り出す

　IS機は、最初四つの独立セクションからできていました。台板の上に直線的に装着され、一つのコンベアーが並列に置かれました。その後6セクション機が使われ、今日では8セクション機が最も多く使われています。しかも一つまたはそれ以上のセクションを新しいものと交換したり、補修したりする間機械を止めることなく、いかなる数のセクションでも稼働で

第7章 容器ガラス

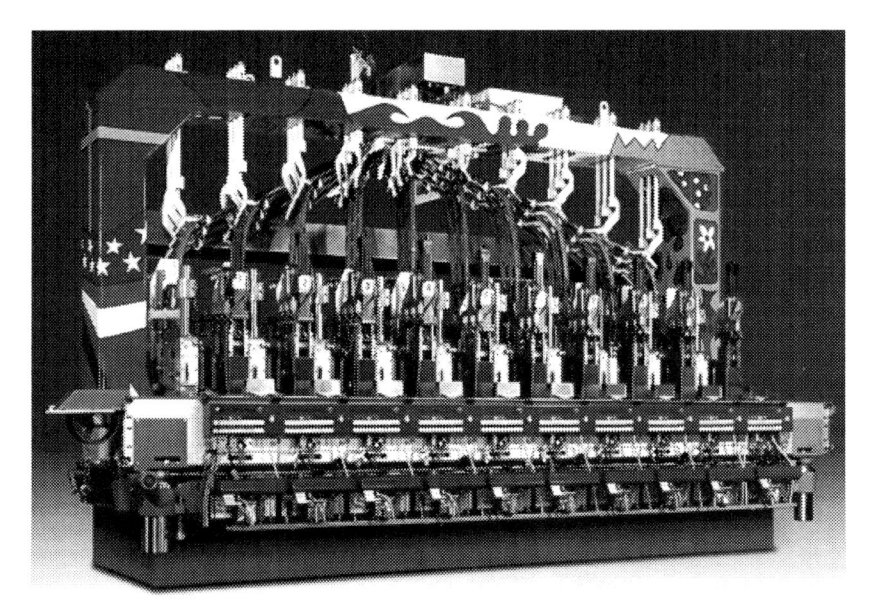

図7.27 NIS機

きるので、この機械は高能率で融通性があります。

製造能力を上げるため、1939年にダブルゴブの生産システムを開発し、1967年にはトリプルゴブが実用化されました。

2000年に発表された最新の10セクションのNIS機を図7.27に示します。この成形機にはサーボ機器が使用され、繰り返し動作精度が良く、製品によりますが、1分間500個〜600個ものガラス瓶を製造する能力があります。このようにしてつくられたガラス瓶は、成形機からはずされ、コンベアベルトで徐冷炉へと運ばれます。

7.10 現在の容器製造

7.10.1 ガラス瓶

少数のサクション機が、現在も使用されていますが、ガラス容器の90％以上はゴブ供給方式でつくられています。手作業でつくっていたガラス容器が、機械化システムに変わって行った経過を、高級品質の容器を非常に

うまく製造しているイギリスのビートソン・クラーク社の歴史から知ることができます。この工場では手作業が1920年代まで存続しました。そして、1927年に最初のタンク炉が設置されるまで、全面的にルツボ窯が使用されていました。1929年末にオーエンズ機に似た3アームのモニッシュ・サクション機が設置されました。この時点では、この会社の生産量の98％が手吹き製品で、残りは半自動のプレス・アンド・ブロー機でつくられていました。その20年後には、製品の80％が完全自動機で、19％が半自動機で、そして1％以下が手吹きで製造されるようになりました。

ダブルまたはトリプルの金型で、2個または3個の容器が、同時に成形されるようになり容器製造の生産性は著しく向上しました。ダブルゴブ製法は、1939年アメリカで特許が成立し、第二次世界大戦後イギリスに輸出されました。成形方法の開発と同じように、容器の設計についても大きく進歩しました。手吹き成形のボトルは肉厚で重いため、吹き職人はガラスの肉厚分布を制御することができませんでした。自動機が導入された時、ガラスの肉厚分布の制御はより容易になりました。

1932年の禁酒法の廃止（米国の禁酒法期間は1920～33年）直後、アメリカの多くのビール会社からビール瓶の大量供給の要求がおこりました。1929から31年の間の不況時代には、家庭用の良い貯蔵用容器の大きな需要がありました。この時期、メーソン・ジャーで多く発生する破損問題から、容器の底から約1/2インチ上の側壁に、バンドを付けることが考案されました。このジャーは、初めは底が角張ったものでしたが、後に緩やかな曲線をした底に平行の側壁のものに設計変更されました。シャープコーナーを取り除くことによって、機械的強度は増し、またガラスの肉厚分布も改善されました。この概念は、多くの他のガラス容器の設計にも広がりました。

ガラス使用量を減らす技術上の改良により、一層の重量軽減が行われるようになりました。軽量ガラス容器は、イギリスのガラス容器研究委員会で評価され、強度を損なうことなくつくられたものが、1945年に初めて発売を承認されました。

強度を改善する他の方法が考案されました。理論的にはガラスの引っ張

り強度は、1mm^{2}当り約1,000kgありますが、実際にはガラスの表面はすり傷がついたり、切り込みを入れたような、表面に強度を減少させる微小なクラックがあります。このため実際のガラス強度は理論強度より遥かに低く1mm^{2}当り10～20kgです。ビールやコカコーラなどの瓶への充填は、非常に早い速度の充填機で行われます。このためガラス容器の破壊は充填機停止の原因となり、大きな損失を生じます。ガラス容器の実用強度の改善は、非常に重大な問題になりました。シリコーンや他の潤滑油剤は、一時的な摩損に対する保護になります。今日ではガラスがまだ軟らかい成形中にチタンと錫のような金属酸化物を、ガラス容器表面に処理することによって、永続する抵抗力のあるガラス容器がつくられています。接触による表面の損傷は最小になり、ガラス表面間の摩擦も減少されました。

ガラス容器はこのように発達してきましたが、最近その軽量さと使いやすさから清涼飲料水はペットボトルに、牛乳は紙容器に、ビールは缶に置き換わりつつあります。簡単にその特徴について記します。

7.10.2　ペットボトル

PETはポリエチレンテレフタレート（polyethylene terephthalate）の頭文字を取ったものです。1941年にイギリスのJ.R.ホインフィールドとJ.T.ディクソンによって発明され、1948年からICI社とデュポン社で工業化されポリエステルとして市販されました。

わが国では、1958年に帝人と東レがICI社の技術を導入して合成繊維（木綿に近い性質を有し、商品名としてはテトロン、ダクロンなど）の生産を始めました。

容器用としては、1977年にアメリカで使われ、同時にわが国でも醤油用に500mlのペットボトルが発売されました。1982年に食品衛生法が改正され、1リットル以上の清涼飲料用の使用が認められてからペットボトルの使用量が増え、また酒類や醤油の大型容器のPET化が進み、その需要が大きく伸びました。

1996年に業界の自主規制が撤廃され、小型ペットボトル（500ml）の販

売が始まり、その便利さと、生活スタイルの変化により需要が急増しました。現在では清涼飲料容器の90％以上が、ガラス瓶からペットボトルに置き換わりました。

7.10.3　紙容器

　内面をワックス処理した紙カートンに入れられた牛乳が、1906年にサンフランシスコで初めて売り出されました。

　1915年に米国オハイオ州トレドの玩具工場主のJ.V.ウォーマーが、折りたたみ式の牛乳用カートンの特許を取得しました。これ以前は、あらかじめカートンを箱状にし、牛乳を詰めていたため広い倉庫が必要でした。ウォーマーは、平板状のカートンを牛乳詰め工場に送り、そこで箱状にした後、牛乳を充填するシステムを考案しました。彼はこの容器に"Pure-Pak"と名付けました。

　1934年にデトロイトの自動車製造機会社のエクセロ社が、ウォーマーの特許とPure-Pakシステムの製造権を取得し、1936年に最初の機械がニューヨークに設置されました。

　1959年にエクセロ社は、紙への防水ワックスからポリエチレンの薄膜のラミネート方式に替えました。今日使われているカートンはこの方式で、紙89％と11％のポリエチレンからできています。

　わが国では、1956年にテトラパックの牛乳が、協同乳業から初めて発売され、「流通革命」をもたらすと大きな反響がありました。このテトラパックは、1944年にスウェーデン政府の要請を受けて、ルーベン・ラウジングらが開発に取り組み、1951年に最小の材料で牛乳を容れる画期的な四面体容器として完成したものです。その後テトラパック社を設立し、この容器とその製造機の特許を取得し、このシステムの普及に努めました。

　その後、わが国ではエクセロ社からの技術も導入し、いろいろな容量・形状のパックが発売されましたが、1969年に発売された1000ミリリットルの紙容器が、現在でも牛乳用の主流を占めています。なお欧米では牛乳用の容器は、0.5〜1ガロン（約1.8〜3.8リットル）のカートンが主流です。

7.10.4 缶容器

缶容器は、ビールやコカコーラのような発泡性の液体の容器として使われています。

1909年にあるビール会社が、アメリカン・キャン社にビール缶の製造の提案をしましたが、うまくいきませんでした。その後、禁酒法（1920～33年）の終息を予想したアメリカン・キャン社は、1931年にビール缶の開発を再開しました。

当初缶が1インチ平方当り80ポンドの内圧（約$5.7kg/cm^2$）に耐えることができず、また溶接した継ぎ目の割れ、錫鍍金の溶出などの大きな問題がありました。2年の研究の後、これらの問題は解決されましたが、リスクが大きいため、大手のビール会社は缶の採用はしませんでした。

1933年にゴットフリート・クリューガーが設立したビール会社が、アメリカン・キャン社の提案を受け入れて、初めて缶ビールをつくり、試験販売しました。試験結果は91％の人が缶を好むというすこぶる良好なもので、1935年1月からクリューガー・ビール社は缶ビールの発売を開始しました。その年の末には、37ものビール会社が缶ビールの発売を開始し、これをみて翌1936年には、アメリカ最大のビール会社のバドワイザーも缶ビールの発売に踏み切りました。

1959年に今まで使われてきたスチールに替わり、初めてアルミニウムの缶ビールが、クアーズ社から発売されました。

1970年代初頭に、スチール缶もアルミ缶もその構成が3ピースから2ピースになり、1978年には、バドワイザーも2ピース缶に切り替わりました。2ピースは、25％も安価にできることと、安全性から、現在の主流になっており、2ピースのイージー・オープンのアルミ缶が広く世界で使われています。

わが国では、最初の缶ビール（スチール製）が、1958年にアサヒビールから発売されました。1971年に最初のアルミ缶が、同じくアサヒビールから発売され、他のビール会社もそれに続いて、今日にいたっています。

イングルの特許．イングルが発明したIS機の基本特許です。これをもとにIS機の育ての親といわれるジョージ・ロウらが幾多の改良を行い、今日では製瓶機の主流になっています。

第8章　20世紀のガラス工業の発展と将来

　ガラスは人類が初めて創りだした素材です。美しい輝きを放ち化学的に安定であるため、工芸品や生活必需品に必要不可欠な素材として広く使われてきました。ガラスを製造する技術は、その初期の偶発的な発見から始まり、いくつもの経験を積み上げ、受け継がれて発展してきました。

　今から5000年ほど前にメソポタミアで、宝石の模造品としてガラスがつくられました。3500年ほど前にメソポタミアとエジプトでコア・メソッドのガラス容器がつくられ、2000年ほど前にはシリアで吹きガラスが発明されました。ローマ時代になってガラスは大きく繁栄し、リュグルゴス・カップ、ポートランド・ヴァースに代表される多くのガラスが卓越した技能でつくられました。中世には美しい色彩のステンドグラスが、ルネッサンス期には精緻なヴェネツィアングラスがつくられ、ガラスは人類に美の世界をもたらしました。

　17世紀の科学革命の時代になって、光学ガラスの改良開発が行われました。顕微鏡が発明されて、人類は極微の世界を発見し、また望遠鏡により宇宙を知ることができるようになりました。光学ガラスはさらに発展して、今日の高度情報化社会のキー・マテリアルである光ファイバーなどの技術へと受け継がれています。

　18世紀後半から始まった産業革命の進展とともに、ガラスの大量生産が行われるようになり、19世紀中頃から建物の窓にガラスが使われるようになりました。20世紀中頃に開発されたフロート法により、ゆがみのない平坦なガラスが低コストでつくれるようになり、居住空間の快適性が飛躍的に向上しました。この技術は今日のプラズマ・ディスプレーや液晶ディスプレー用の大型無欠陥高平坦ガラスの開発へと続いています。

　20世紀に入ると前世紀末に発明された白熱電球が大量につくられるようになり、人類は闇から解放され、明るい夜間を過ごせるようになりました。1950年代からのテレビ（ブラウン管）の普及にともない、居ながらにして世界の映像を見ることができるようになりました。これらの発明は単なる

ガラス製品の発明にとどまらず、人々の生活そのものに変革をもたらし、さらに物の見方や考え方、哲学を変えるほどの大きなインパクトを与えました。

このようにガラスが社会に大きなインパクトを与えることができたのは、先人のたゆまざる努力の積み重ねによる技術の発展によるものですが、その透明性、熱的・化学的安定性、成形性、耐摩傷性などに極めて優れた素材であるからです。このような優れた特性を持つ材料は今のところほかにはありません。

前章まで古代からのガラス製造の歴史について、重要な技術と製品を取り上げて述べてきました。20世紀に入って科学技術の大きな発展とともに、ガラス製造の技術も飛躍的に進歩しました。特に1950年代からブラウン管ガラス、繊維ガラスが非常に大きなガラス事業に発展し、従来の板ガラスや瓶ガラス事業と同じ規模の産業になりました。1990年頃から高度情報化が急激に進み、これにともなって光ファイバーを中心とする新しいガラスや、パソコン用のハードディスク、デジタルカメラ用の高精密のガラス部品が急成長しています。

この章では20世紀のガラス技術開発の特徴と、20世紀後半から大きな事業に成長した繊維ガラスとブラウン管ガラスの開発状況に触れ、今後のガラス事業の展望について記してみました。

8.1 ガラス研究所

20世紀に入ると科学の規模が大きくなり、社会に及ぼす影響力も非常に大きくなりました。中世のルネッサンスや18世紀の啓蒙主義時代の科学は、当時の哲学観に大きな影響を与えましたが、社会そのものにはほとんど影響を与えませんでした。しかし20世紀の間に、科学研究は大学の中だけでなく産業界にしっかり根づきました。19世紀にドイツでできた最初の産業化学実験所を皮切りに、いくつかの産業が付属の研究機関を設立し、応用的研究だけでなく、技術進歩に不可欠な基礎研究にも力を注ぎ

ました。

　1900年前後は科学においても技術においても、ドイツが先進的役割を担っていました。19世紀後半からドイツは化学を産業に応用することに成功し、染料をはじめ化学薬品や特殊ガラスの製造のリーダーになりました。しかしヒトラーの時代になってヨーロッパの技術者の流出が起こると、ドイツの諸科学は指導的地位を失い、代わってアメリカが科学の先進国になりました。

　1900年にGE社が、アメリカの産業界で初めての科学研究を専門とする研究所を設置しました。当時の大きな課題は電球の寿命を伸ばすことと明るさを改良することでした。多くの研究者がこの問題に取り組みました。1906年のクーリッジ（1873-1975）のタングステン・フィラメントの発明、1909年のラングミュア（1881-1957）のコイルの発明と1913年のガス入り電球の発明、1913年のフィンクの導入線デュメットの発明により、電球は大幅に改良されました。さらに1921年に東芝の三浦順一が二重コイルを発明し、1925年には同じく東芝の不破橘三とGEのピプキンがガラス内面艶消し法を発明して、今日の実用電球へと発展しました。

　なおクーリッジは、1913年にアルミニウムの冷陰極をタングステン・フィラメントに置き換えた高真空熱陰極X線管を開発しました。出力が大きく扱いやすいため、X線の用途が大幅に広がりました。またラングミュアは、タングステン電球の短寿命の原因解析から始めて、低圧条件下での高温金属の熱電子放射、活性水素の生成の研究、次いでその吸着現象から単分子層吸着の概念を提唱し、表面吸着の基礎を確立しました。彼は界面科学を大きく発展させた功績により、1932年に企業の研究者として初めてノーベル化学賞を受賞しました。

　20世紀の初頭からガラス工業の多くの分野で、研究所を創設する動きが起こりました。そこでの科学的な方法や機器を駆使した開発力が、工業上の諸問題の解決や製造方法の改良に、また新しい要求に適合する新ガラス開発の計画に有効に働きました。1908年ニューヨーク州のコーニング社が、ユージン・サリバン（1872-1931）の下で初めてガラスの研究所を創設

しました（102頁参照）。最初の研究所は小さな部屋で、サリバン博士と一人の助手ウィリアム・テイラーだけで発足しました。

最初に取組んだ課題は、ガラスと導入線封着の問題でした。エジソンが発明した電球は白金を導入線として使用しました。白金は良好な導電体で、しかもガラスときわめて近い熱膨張係数を持っているので、ガラスの中に封入したときガラスとよく溶着し、電球の導入線として好適でした。しかし非常に高価であるため、各電球メーカーは白金に代わる他の金属の開発に取組んでいました。サリバンは基本的な研究から着手しました。

ソーダ石灰ガラスのみで電球をつくると、フィラメントに電流を導く導入線と導入線の間でガラスに黒化と気泡が生じ、これに引き続いて導入線に沿ってガラスにクラックが発生する現象が生じました。この破損は、導入線間のガラスにわずかな電気が流れることによって生じることが分かりました。そしてこの電気伝導はガラス中のナトリウムイオンが水溶液中と同じように、電界の作用のもとで移動することから起こる電気分解にもとづいていること、ところがソーダ石灰ガラスよりもはるかに高い電気抵抗を持つ鉛ガラスでは、このような現象は起こらないことも分かりました。

幸いなことに鉛ガラスの熱膨張率はソーダ石灰ガラスとあまり違わないので、ソーダ石灰ガラスの電球本体と、フィラメントへ通ずる導入線を融着した鉛ガラス管とをうまく封着させることができました。二種類のガラスの溶着と鉛ガラスと導入線の封着のメカニズムは、熱膨張の測定と、偏光を用いた応力測定により科学的に解明されました。

白金に代わる他の導入線の開発に取組んでいたGEは、1912年に研究所のフィンクによって発明されたデュメット線を電球に使用しました。この線は鉄ニッケル合金を銅で被覆したもので、ガラスとの封着性が白金と同程度にすぐれた機能を持ち、しかも安価であることから、1913年以降一般に使用されるようになりました。

1915年にコーニング研究所から、低膨脹のパイレックス硼硅酸ガラスが市場に出されました。このガラスは家庭用の調理器として非常に大きな市場をつくりだし、また大規模の化学プラントの建設に多く使用されまし

た。同研究所は、電鋳耐火物の開発にも着手しました。

　コーニング研究所は、サリバンの卓越した指導のもと大きな研究成果を上げながら発展し、今日では2200人以上の科学者と技術者を持つようになりました。その間数々の新製品や新製造方式を開発しました。その主なものは、電球バルブの量産、パイレックス、バイコール、パイロセラム、コレール、ブラウン管ガラス、光ファイバー、フュージョン法等です。一つの企業がこれほど多くの技術的に重要な開発をたゆみなく続けていることは驚くべきことです。

　コーニング社はかつて、現在販売している製品の70％は、10年前には製造していなかったといっていました。このことは、ある時は従来からつくられている伝統的なガラスの新しい用途を、またある時は他の技術のニーズに適合するような特殊な性能を持った新ガラスを開発しようとするあくなき追求が、この発展を可能にしたことを示しています。

8.2　X線回折による構造解明

　1895年にドイツの実験物理学者のレントゲン（1845-1923）が、クルックス管を用いて陰極線を研究中、黒い紙や木材などの不透明体を透過する未知の放射線を発見し、X線と名づけました。彼はX線発見の功績により1901年に、第1回目のノーベル物理学賞を受賞しました。

　このX線は可視光線と類似の電磁波で、当時はその波長は10^{-8}cm程度と非常に短く、固体の原子間距離と同じ程度の長さと考えられていました。この点に着目したドイツの理論物理学者のラウエ（1879-1960）は、X線の回折について次のように考えました。もし本当にX線が電磁波でその波長が原子間距離と同じ程度ならば、原子が規則正しいパターンに配列されていると考えられる結晶体を通過するX線は、原子によって散乱されるであろう。しかも原子配列の規則性により散乱する光の強度は、ある方向に集中するであろう。そして特定の結晶体の固有のパターンを写真乾板の上に生じさせることができるであろうと、X線回折の理論を提出しました。

　このラウエの示唆により、二人の学生フリードリッヒとクニッピング

(1883-1933) は、1912年に図8.1のような装置で実験をおこない、岩塩 NaCl、閃亜鉛鉱 ZnS その他の結晶によるX線回折像を写し出すことに成功し、ラウエの理論を見事に裏づけました。この発見はX線が1〜2Å程度の波長を持つ電磁波であることを確証したばかりでなく、結晶体が格子構造であることを直接的に証明し、X線による結晶構造解析のいちじるしい進歩の糸口になりました。

図8.1はラウエの実験装置の概略図です。Kは結晶体、Pは写真乾板で全体は室内の光に感じないように暗箱に入れてあります。X線管から放射され、スリット B, S_1, S_2 を通って結晶にあたったX線は、ここで回折されて写真乾板に回折像を結び、撮影されます。これは「ラウエ写真」と呼ばれ、写真の斑点は回折によってX線が集中した部分で「ラウエ斑点 Laue spot」と呼ばれます。

図8.2に岩塩の結晶模型図（A）とラウエ斑点写真（B）を示します。

ラウエの研究と同じ時イギリスの物理学者のヘンリー・ブラッグ（1862-1942）とローレンス・ブラッグ（1890-1971）父子は、結晶によるX線の回折を「結晶内の格子面のX線の反射」という形に表しました。

1914年ラウエは、結晶によるX線回折現象の発見により、1915年ブラッグ父子は、X線による結晶構造解析に関する研究によりそれぞれノーベル物理学賞を受賞しました。

その後ブラッグ父子と協力者の研究で、この新しい手法が1925年からシリケート結晶構造の解明に使用され始めました。

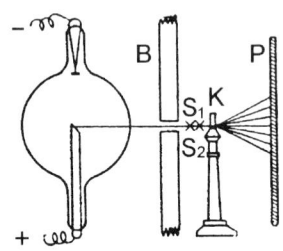

図8.1　ラウエの実験装置

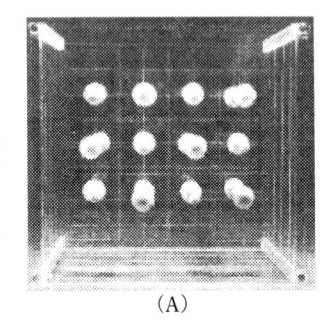

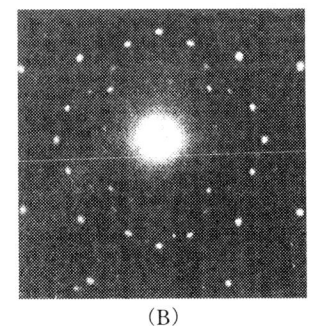

図8.2　岩塩の結晶模型（A）とそのラウエ写真（B）

ごく普通に見ると、ガラスは確かに典型的な結晶体のような固体です。しかしX線回折でガラスの構造解析が試みられた時、結晶体から生じる明確なパターンではなく、液体から得られるのと類似した非常に拡散したパターンが得られました。すなわちガラスは液体として現れていますが、それは結晶にならず凍結された液体でした。ガラスは、粘度が非常に高い物質のためその形を保つことができ固体になったという特殊な過冷却された液体だったのです。

　固体物理学の対象となる均一な固体を分類すると、金属・鉱物の結晶物質、ガラスなどのガラス状物質、紙やいろいろの合成樹脂などの高分子物質の3種になります。結晶は微視的に見ると、その構成単位である原子または分子が整然と並んだ格子構造を持っています。

　ガラスはいわば過冷却状態にあり、その分子配列が空間的に不規則になっています。結晶のような整然とした格子構造をもたないものです。たとえば普通のソーダ石灰ガラス $Na_2O・CaO・6SiO_2$ の組成では、珪素 Si をかこむ正四面体の4隅に酸素 O があり、各酸素 O がまた隣の Si と結合するという酸化珪素 SiO_4 の結合が骨子になっていますが、この正四面体の空間の並び方が不規則になっています。

　図8.3は SiO_2 の結晶の原子配列（A）とガラスの原子配列（B）の2次元模型図です。結晶の場合は全体として整然としていますが、ガラスの場合は乱れています。

　ガラスに似た構造の物質に高分子物質があります。その構成単位の分子量が10,000以上で、分子が非常に大きく、普通鎖状または網状の高重合体の構造をもっています。固体状態でも整然とした結晶構造をとらず、ガラスと同じような状態です。植物繊維、澱粉、蛋白質、ゴムなど、植物体または動物体内でつくられる天然高分子物質と、合成繊維、合

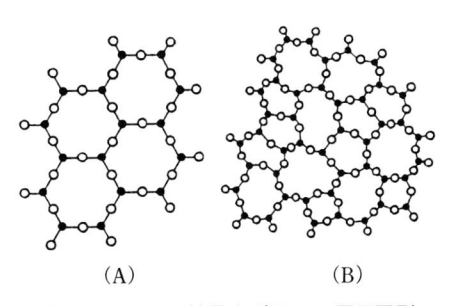

図8.3　SiO_2 の結晶とガラスの原子配列

成樹脂、合成ゴムなどの人工的合成高分子物質があります。

　ガラスの性質を厳密に調べた実験から次のことが分かりました。例えば、ガラスの比重とか屈折率などの物理特性は、徐冷点として確定されている温度範囲を通過してガラスが冷却される時、冷却速度の違いによって変化します。

　熱いガラス製品をゆっくりと温度を下げながら常温にもっていくことを徐冷といいます。徐冷はよく硫黄分を含む燃料を使用した炉で行われました。徐冷が正しく行われたとき、ガラス中のソーダが雰囲気中の硫黄分と反応して硫酸ソーダを形成し、ガラス表面に曇りを生じます。倉庫の中でガラスが割れなかった、または割れないガラスであるということを見きわめるため、この曇りは徐冷がうまく行ったか、行かなかったかを判断する唯一の方法でした。

　アダムスとウィリアムソンは、熱伝導と弾性の理論を用いて徐冷の理論を展開しました(5.11参照)。徐冷温度範囲でガラスが冷却されるとき、ガラス中に温度勾配が生じます。これに伴ってガラス内部に応力が発生しますが、ガラスが十分に軟らかく流動性がある間はこの応力はすぐに解放されます。しかし、ガラスは徐冷温度範囲以下に冷えると応力を解放する能力を失い、室温に達した時、温度勾配は応力に置き換わります。十分ゆっくり冷却すれば、応力は破損を生じない程度に小さなものとなります。しかしガラスのあらゆる部分が均等に冷却されないと、ガラスのある部分に異なった屈折率を生じる可能性が依然としてあります。光学ガラスの大きな塊を徐冷するには、ガラス塊の全ての部分を同じ温度と同じ冷却速度で確実に通過させるように徐冷のスケジュールをきめることです。それにより塊(ブロック)のすべての部分の屈折率の変動は無視できるほど小さくなります。

　この新しい徐冷のスケジュールは、徐冷の理論からもたらされた、今日実用的に使用されている一つの成果であるといえます。

8.3 ブラウン管

　第二次大戦後の復興にともない世界全体で各種の産業が発展しました。ガラス産業も従来からつくられていた板ガラスや瓶ガラスをはじめ各種のガラスが経済の復興と共に成長しました。1950年代から欧米で始まったテレビジョン事業は急速に発展し、これにともないブラウン管ガラスの産業規模が大きく発展しました。特にわが国では家電メーカーの強力な開発力によりテレビ受像機の生産が世界のトップを占めるようになり、わが国のブラウン管ガラスの生産量は世界の約50％を占め、板ガラスや瓶ガラスとほぼ同じ規模にまで成長しました。

　ブラウン管は、電子線の衝撃による蛍光物質の発光作用を利用して、電気信号を可視像に変える電子管です。1897年にドイツの物理学者ブラウン（1850-1918）が、冷陰極放電による陰極線（電子線）を用いて、この種の管を初めて発表しました。この管をブラウン管または陰極線管 CRT といいます。ブラウンはこの他に無線通信の進歩にも大きく寄与し、その業績によって1909年にイタリアのマルコーニ（1874-1937）とともにノーベル物理学賞を受賞しました。

　テレビジョンの実用化は各国で進められてきました。当初は機械走査でしたが、アメリカのRCAのロシアから移民したツヴォルキン（1889-1982）が1929年にキネスコープを発明し、はじめて電気走査方式の目途が立ちました。各国で実験放送が行われ、わが国でも1939年にNHKが実験電波を発信しました。大戦で中断されましたが、戦後の1946年にアメリカとイギリスが放送を再開し、実用化は活発になりました。敗戦で立ち遅れたわが国でも、1953年にNHKが正式放送を開始し、58年には民間テレビ局も開局して、放送テレビジョンは急速に発展しました。受像機は59年のご成婚を機に急増して、1964年のオリンピックのころには普及率もほぼ飽和に達しました。

　これらは白黒式テレビジョンの発達の経過ですが、カラー・テレビジョンは1928年イギリスのベアード（1888-1946）、1930年アメリカのベル研

究所などで実験されました。戦後ただちに（1945年）、アメリカのCBSが実験放送を開始し、51年に正式放送がスタートしました。わが国では1956年にNHKが実験放送を開始し、60年に正式放送が始まりましたが、開始当初のカラー番組は1日1時間程度で、白黒が主流でした。白黒よりもはるかに複雑な高度の技術を要するカラーテレビも、幾多の問題を解決しながら成長して、65年頃から本格的に普及し始めました。70年にはカラーブラウン管の生産が白黒ブラウン管の生産を追い越し、カラーの時代に入りました。

ブラウン管の技術的な開発は、白黒、カラーともに主としてアメリカのRCAによって行われました。世界各国のブラウン管メーカーはその技術を導入して生産を始めました。アメリカのコーニング社はRCAとタイアップして、ブラウン管用ガラスの組成、成形法、加工法などの開発を行いました。

ブラウン管は、画面を出すフェースプレート（パネル）、これを支えるファンネルと電子銃を入れるネックチューブの三つのガラスからできています。

白黒ブラウン管はこれらを溶着して一体化してつくります。カラーブラウン管はネックチューブを溶着したファンネルとフェイスをフリットで接着してつくります。当初のブラウン管は丸形でしたが、東芝が53年に14インチ角型白黒ブラウン管、58年に17インチ角型カラーブラウン管を世界に先駆けて開発し、以後テレビ用ブラウン管は角型に代わりました。

白黒ブラウン管は、ファンネルとパネルは同一組成のガラスで、BaOが約10％、PbO約4％のミックスドアルカリのバリウムガラスです。ネックはPbO約29％の鉛ガラスです。パネルはプレス成形された後に表面が磨き加工されます。ファンネルはプレスまたはスピニング方式で成形されます。これら三つのパーツはガラス旋盤で溶着されます。図8.4に白黒ブラウン管の構造図を示します。

カラーブラウン管の組成は、当初白黒ブラウン管と同じでしたが、ブラウン管製造工程のベーキングでの変形対策として68年からカラー専用の

ハードガラスになりました。70年のアメリカでのX線漏洩問題から、パネルはBaO系ガラスからSrO系ガラスに代わり、ファンネルはPbOを約23％に、ネックはPbOを約34％にそれぞれ増量して、X線遮蔽対策がとられました。これらのガラスの基本組成はコーニングで開発されました。

ブラウン管の生産量で世界の50％を占めるまでに成長した

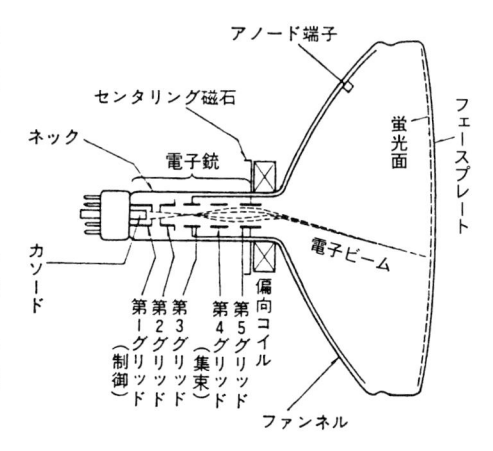

図8.4　白黒ブラウン管の構造

日本のガラスメーカー（旭硝子と日本電気硝子）は、それぞれアメリカのコーニングとオーエンズ・イリノイの技術を導入してスタートしました。その後国内のブラウン管メーカーと協力して、大型化や長短比率、パネル面のフラット化など、市場に適合する新モデルの開発を積極的に進めました。そしてその間ガラスの溶融技術とプレス技術を開発してガラス品質の向上と生産性の向上に努め、80年代には製造技術力、新モデル開発力ともに、先進国のアメリカを完全に凌駕するまでに成長しました。

90年代中頃から、テレビセットメーカーの海外移転にともない、ブラウン管ガラスメーカーも中国・東南アジア諸国を初めアメリカにその製造拠点を設けました。

また同じ時期にブラウン管に代わるフラット・パネル・ディスプレーが市場に出始め急速に拡大しています（6.15参照）。

8.4　ガラス繊維

ガラス繊維は20世紀中頃からその用途を拡大しながら急成長してきました。ガラス繊維は、主に断熱材に使われる短繊維、プラスチックの補強

材に使われる長繊維、それとここ十数年で急速に拡大している光通信に用いられる光ファイバーの三つに大別されます。

ガラス繊維は古くローマ時代から知られており、ルネッサンス期のヴェネツィアでは、先端を熱して軟らかくしたガラス棒からガラス糸を引き伸ばし、回転する木製のドラムに巻き取って長繊維をつくり、ガラス細工に用いました。この巻き取り機が紡ぎ機でしたので、ガラス繊維はスパンガラス（spun glass）とよばれました。

19世紀後半に欧米各国でガラス繊維の研究開発が行われました。1868年にドイツのブルンフォートがガラス綿とスパンガラスをつくり、濾過材への利用やスパンガラスと絹を混織する研究をしました。また、1893年のシカゴで開催された万国博覧会に、リビーガラス社からガラス繊維でつくられたドレスが出品されて注目を浴びました。

8.4.1　長繊維ガラス

第一次世界大戦で連合国の経済封鎖により、カナダからの石綿の供給を断たれたドイツは、その代用としてガラス繊維の量産方式を確立し、軍艦や車両の断熱材をつくりました。これがガラス繊維の工業的生産の始まりといわれています。その製法は耐熱金属の小穴（ブッシング）から溶融ガラスを高速度で引き出し、巻き取る方法でした。大戦終結後、欧米各国はドイツからこの製造技術を導入して長繊維ガラスの製造を開始しました。

技術の改良はそれぞれに行われていますが、この方式は今日でも使われています。

ガラス繊維の研究を始めたアメリカのオーエンズ・イリノイス社は、1931年にガラスの溶融に白金を使い、35年には原料にマーブルガラスを使用する方法を開発しました。

長繊維の主体は無アルカリガラスで耐火物への侵食性が高く、作業温度も高く、温度の精密な制御が必要なため、白金合金を使用した電気溶融炉が使われるようになりました。

図8.5に1960年代の長繊維ガラスのフィラメント法製造図を示します。電気加熱される白金製のV字形溶融槽の上部からガラス原料のマーブル

が自動的に投入され、溶融されます。槽の底部にある100個以上のニップル（ブッシング）からガラスが引き出されます。この単繊維をまとめて糸巻ボビンで綾がけしながらドラムに巻き取ります。まとめる部分に集束剤を滴下して原糸の強度を増します。

最近長繊維の製法が、ガラスマーブルをつくり、これを再溶融していた方式から、直接溶融ガラスをブッシングに供給する方式に代わりました。

1944年にオーエンズ・コーニング繊維ガラス社（OCFG）は、合成樹脂の機械的強度を補強するために、ガラス繊維を中に入れた強化樹脂（Glass Fiber Reinforced Plastic：略してFRP）を開発し、ボートの艇体に使用しました。樹脂には常圧で簡単に成形できるポリエステルが用いられます。FRPは、その強度が鋼やアルミニウムなどの金属に劣らず、しかも比重が小さいため、新しい構造材料として大きく発展しました。

金属材料は極超短波を透過させないのに対し、FRPはこれを透過させる性質があることから、第二次世界大戦中に航空機のレーダードームに使用され、真価を発揮しました。

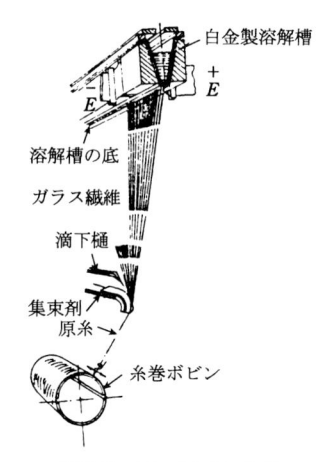

図8.5 フィラメント法

8.4.2 短繊維ガラス

短繊維ガラスは、1932年にオーエンズ・イリノイス社のクライストにより開発されました。彼は建築用ガラスブロックの真空封着をする開発をしていた時、偶然高圧空気ジェットが封着用の溶融ガラスを吹き飛ばし、ガラス綿ができたことに着目し、上長のトーマスとこの方式による短繊維ガラスの実用化に取り組み、成功しました。

1938年にクライストとトーマスに短繊維ガラスの製造法の特許が許諾されました。その特許図を図8.6に示します。

この製造法はオーエンズ法と呼ばれています。溶解炉の作業槽の底部に

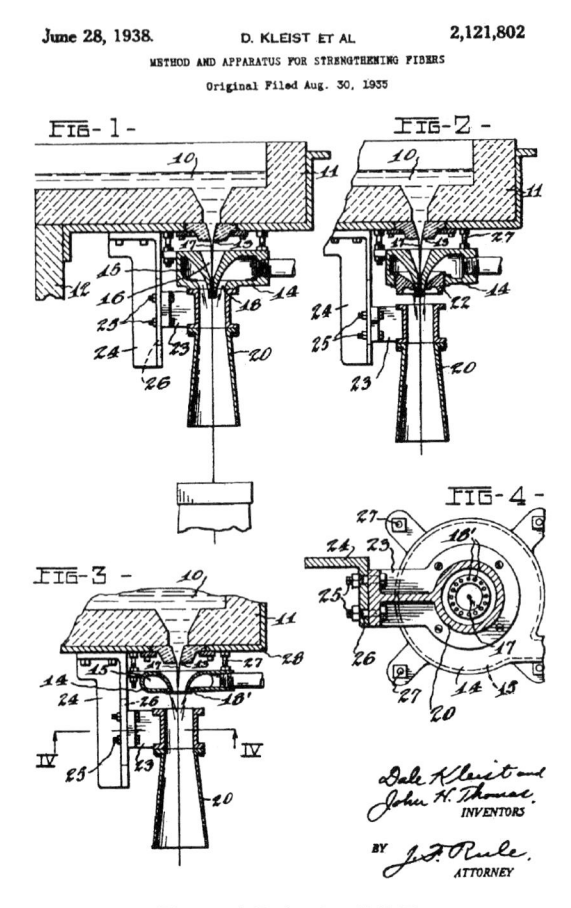

図8.6 クライストの特許図

　流出孔（約2mm）を有する白金製のブッシングを取り付け、この孔からガラスを流し出します。このガラス流に約30°の角度で高圧蒸気を噴きつけると、吹口で吹きのばされた溶融ガラスが、長さの不定な繊維の綿になります。ベルトコンベヤ上に集めた綿にバインダーを噴霧すると、繊維は互いに粘着して適当な厚さのマットとなるので、これを所定の大きさに切断し製品にします。

　1938年に長年ガラス繊維を研究していたコーニング社とオーエンズ・イリノイス社が共同でOCFGを設立しました。同じ年に、前述の短繊維ガラ

スの特許が許諾されました。OCFGはその後研究開発担当副社長のスレーター(1896-1964)の強力な指導のもと、短繊維、長繊維ガラスの製造法の改良開発を行い、ガラス繊維事業を大きく発展させました。

OCFGの技術者によりガラス繊維の製法について多くの発明がありましたが、その主な米国特許を表8.1に記します。

表8.1　ガラス繊維の主な発明

記号	発明者	特許番号	登録日	製　法
A	D.Kleist & J.Thomas	2,121,802	38,06,28	ジェット燃焼空気による吹き飛ばし
B	J.Tucker & G.Lannan	2,264,345	41,12,02	スライバーの製法（ステーブル法）
C	D.Kleist & G.Slayter	2,287,007	42,06,42	噴出法による断熱マットの製法
D	G.Slayter & E.Fletcher	2,489,242	49,11,22	極細ガラス綿の製法
F	G.Slayter & E.Fletcher	2,515,738	50,07,18	ガスジェットによるマットの製法
G	H.Snow	3,014,235	55,05,25	遠心法による断熱マットの製法

現在短繊維ガラスの製造法は、OCFGの技術者スノウの開発した遠心法が世界の主流です。この方法は耐熱合金製の容器（スピナー）を回転させ、容器の壁に設けた小穴から遠心力で溶融ガラスを出し、これを加熱しながら吹き飛ばして短繊維ガラスをつくります。

図8.7は、スノウの開発した遠心法による短繊維ガラスの製造法の特許図です。

炉から流出するガラス20が、3,000回転しているスピナー35に入り、遠心力でスピナーの小穴44から糸状になり飛び出します。これを上から高温バーナー50で下方に吹き飛ばして短繊維ガラスにします。

この方法では、スピナーの材質が生産性と品質を決める重要な鍵です。溶融ガラスの温度を上げれば生産性は増しますが、これに耐える耐熱・耐食性の材料が必要となります。またスピナーの穴の大きさと数を増やすと生産性が良くなりますが、これに耐えうる高温での機械強度が必要となります。当初の耐熱鋼より優れた超耐熱のニッケルベースのNi/Cr合金、コバルトベースのCo/Cr・Ni合金が開発され、短繊維ガラスの生産性は大幅に上がりました。

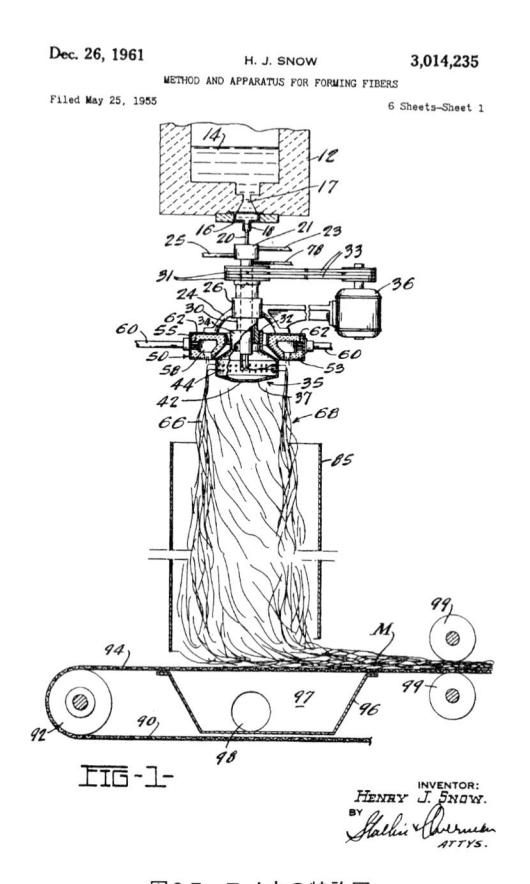

図8.7　スノウの特許図

8.4.3　光ファイバー

　光通信は最近急速に実用化された通信方式です。多くの利点から、従来行われてきた電気通信から置き換わってきました。

　光に信号をのせて通信を行うことは古くから知られていました。よく知られているものとしては、のろしをあげたり、鏡で太陽光を反射させたり、灯火を点滅させたり、手旗信号を用いたりする方法がありました。

　自然光を利用して光通信を行ったのは、電話の発明で有名なベル（1847-1922）でした。彼はロンドン大学卒業後1872年にアメリカに移り、ボストン大学で視話法（父ベルが聾唖者のため考案した会話法）を講じ、

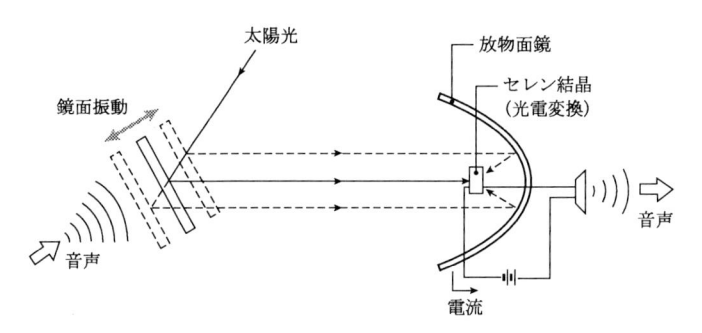

第8章　20世紀のガラス工業の発展と将来

図8.8　ベルの光電話の原理図

音声の伝播に関する研究の結果、1876年に有線電話を発明しました。その後この事業の発展に尽くしAT&T（American Telephon and Telegraph Corporation）を育て上げました。

1880年に、図8.8に示すような太陽光を使った光電話（photo-phone）を考案して、声を光に変えて213m先まで伝送し、ふたたび光を音声に戻す実験に成功しました。このような光を空間伝搬する通信は、その後も研究されましたが、光が散乱したり、雨や霧あるいは障害物の影響を受けやすいため、ほとんどが実用化に至りませんでした。

近代的な通信手段としての電気通信は、アメリカの画家であり発明家のモールス（1791-1872）が1837年に考案し、今日世界的に使用されているモールス符号による電信により始まりました。彼はイェール大学に学び、イギリスに渡り絵画を学んだ後、帰国して初代の国立意匠協会の会長になりました。早くから電気に興味をもち、電磁石を用いた電信機を考案して1837年に特許を取得し、1844年にワシントン－ボルチモア間の電信に成功しました。

その後、上に述べたように1876年のベルによる有線電話の発明があり、1895年にはイタリアの電気工学者のマルコーニ（1874-1937）による無線通信の開発があるなど、重要な技術の進展がありました。マルコーニは1896年イギリスに渡り特許を取得し、1899年にはイギリス海峡を隔てた無線通信に成功しました。この通信方法は1900年にイギリス海軍に採用

され、1901年に大西洋を隔てた通信に成功しました。このようにして電気通信の時代が始まりました。

20世紀に入って真空管が発明され、さらには半導体素子が発明されて、搬送電波、マイクロ波通信、PCM（pulse code modulation）通信などの技術開発が促され、より多くの情報をより速く伝達する電波通信技術が飛躍的に発達しました。この過程で、信号を乗せる搬送波の周波数は、マルコーニの使用した 10kHz からやがて MHz, GHz さらにはミリ波の 10^{11}Hz へと範囲が大きく広がりました。このように電気通信はより高い周波数を開拓することで、通信量を拡大してきました。そして究極的に光通信が追い求められました。

光通信は、光のもつ高い周波数を利用して大量の情報を伝送する通信方式で、低損失で光を伝送する約 0.1mm 径の細いガラス繊維の光ファイバー、高い周波数で信号を取り扱える半導体レーザーまたは発光ダイオードと、微弱な光信号を検出する受光ダイオードとからなっています。

1870年にイギリスの物理学者ティンダル（1820-93）は、光が細い透明体の中をそれが曲っていても伝播する事実を発見しました。ティンダル現象の発見で有名な彼は、大きな容器から勢いよく噴出する細いパイプ状の水の中を、光が水と空気の境界面で全反射しながら伝播するのを発見して、その原理を明らかにしました。

1955年にロンドンでカパリーが光ファイバー（カパリーが名付けた）を市場に出しました。この光ファイバーは、屈折率の高い太いコアを屈折率の低い薄いクラッドで覆ったもので、コアとクラッド間の屈折率差はできるだけ大きくなるようにつくられました。この材料には光学ガラスが用いられましたが、透明度が悪く、光は数mも進むのがやっとでした。しかし光を自由に曲げて送れることから、医療用内視鏡などの、主に直接画像伝送用として研究され、1960年頃には実用に供されました。

1960年にメイマン（1927-）が初めてルビーを用いて実用的なレーザーをつくり上げることに成功しました。その後いろいろなレーザーが発明されて光通信の可能性が実現化してきました。しかしその当時の光ファイバーは多成分系ガラスを用いていて、その伝送損失は数千 dB/km ときわ

めて大きいものでした。多くの研究所でこの低減に取り組んでいましたが、見込みは立ちませんでした。このため光ファイバーは長距離の通信線に使用する可能性はないと考えられました。

1966年にイギリスのSTL (Standard Telephone Laboratory) のカオらが、光ファイバーの損失要因を分析して、コアとクラッド間の屈折率の差を非常に小さくし、ガラス中の鉄Fe、銅Cu、水酸OH基などの不純物を十分に少なくすれば、20dB/km程度の長距離通信に適用できる低損失の光ファイバーをつくることができるという歴史的論文を発表しました。

これに刺激されて各国で光ファイバーの低損失化の研究が進みました。1970年にコーニング研究所のマウラーらは、20dB/kmという当時としては画期的な低損失の光ファイバーの開発に成功しました。この光ファイバーには多成分ガラスに代わって諸特性が優れている石英ガラスが用いられ、これにより光通信実用化の目途が立ちました。

1973年にAT&Tベル研究所は新しい製造法 (MVCD: modified chemical vapor deposition) によって0.83μm帯で2.5dB/kmを達成するに至りました。その後今日まで光ファイバーの技術は図8.9に示すように低損失化の追求に向けて急速な発展を遂げました。

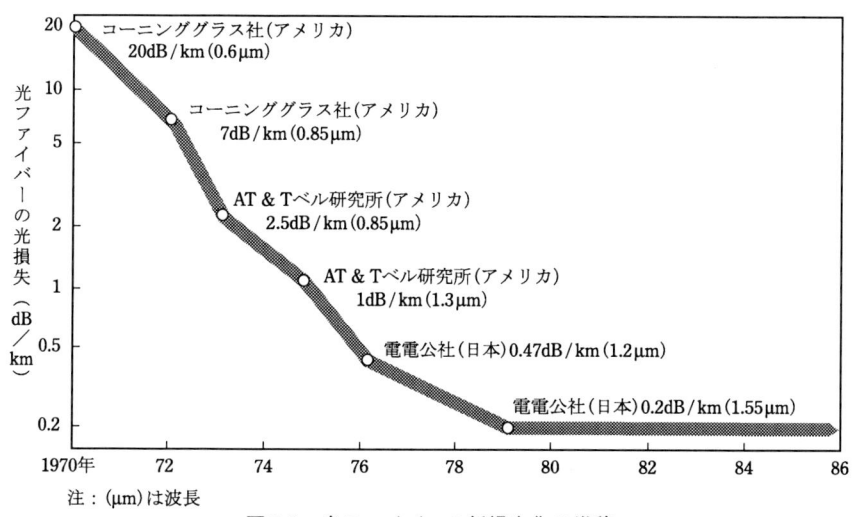

図8.9　光ファイバーの低損失化の推移

1979年には電電公社と藤倉電線が開発した製造法（VAD：vapor-phase axial deposition）により1.55μm帯で0.2dB/kmという極限的低損失を達成しました。この値は光の強さが半分になるまで15kmも伝搬可能であることを意味します。普通の窓ガラスが数cmであるのと比較して、いかに光ファイバーが透明であるかが分かります。

現在石英系光ファイバーは、MCVD法またはVAD法のいずれかでつくられています。

1988年AT&Tベル研究所が、電話30万回線または高解像度テレビ200チャンネルに相当する情報を1本の光ファイバーで送ることに成功し、光通信が本格的に始まりました。

光ファイバーは使用している材料から分類すると、石英ガラスを主体とする石英系光ファイバー、多種類のガラスからなる多成分系光ファイバー、プラスチック光ファイバーの3種類に分けられます。このうち光通信用には伝送特性の長期安定度の点で優れている石英系光ファイバーが、広く使われています。

光ファイバーは光の伝わり方により、図8.10のように三つに分類されます。

SI型（ステップインデックス）は、屈折率が段階状で伝搬モードが複数存在します。

GI型（グレーデットインデックス）は、屈折率分布が緩やか（グレーデット）に変化していて、伝搬モードが複数存在します。

SM型（シングルモード）は、屈折率が段階状でコアとクラッドの屈折率差は非常に小さく伝搬モードは一つしか存在しません。

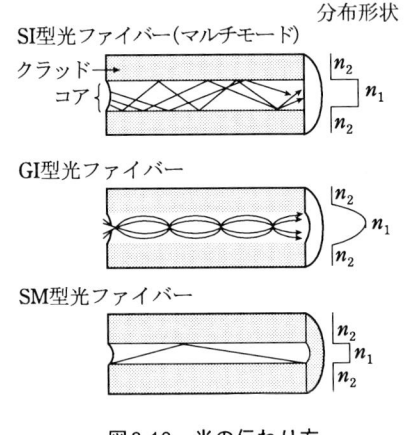

図8.10 光の伝わり方

これらのうちSI型は伝送ひずみが大きいため、現在ほとんど使われていません。GI型は接続しやすく低価格であることから、短距離通信を中心に

使われています。一方SM型は光がシャープに伝送され、きわめて広帯域であることから基幹中継系を中心に用いられています。しかし最近では製造技術の向上により光ファイバーの低価格化が進み、次第にSM型が短距離通信にも使われるようになってきました。

このようにしてアメリカはじめ各国の技術開発により、光ファイバーは急速に大きな事業として発展しています。

8.5　ガラス事業の将来

第二次世界大戦の時、戦争遂行と密接なかかわりを持ちながら、各国の科学は大きな発展を遂げました。

その間発明発見され実用化された主なものは、合成ゴム、レーダー、DDT、ペニシリン、ジェット機、ヘリコプター、弾道ミサイル、電子計算機、核分裂などがあります。戦後こうした技術は民生技術として活かされ、これにより社会環境が変貌しました。なかには戦争とは直接関係なく発明発見が行われたものもあります。その一つの例がテレビジョンです。戦後開発が再開されるとテレビは先進国で急速に普及しました。

純粋科学についても20世紀末までに多くの発展が成し遂げられました。その主なものは、進化の歴史が化石でなく試験管の中で解明される、人が月面を遊歩する、宇宙の創造が解明される、遺伝の神秘が解かれる、忘れ去られた大陸移動説が地球技術の最も活気ある分野として再認識される、数学の多くの予想問題が解明される、素粒子がほぼ解明される、固体デバイスが真空管に代替する、等です。

このような科学技術の大きな発展の影響を受けながら、ガラス事業も一段と発展しました。板ガラスはフロート法の開発により、瓶ガラスはIS機をはじめとする自動機の開発により、また光学ガラスは新種ガラスの開発により、それぞれより高度のガラスへと発達しました。さらにガラス繊維、ブラウン管ガラス、光ファイバーなどの新しい製品が開発され、ガラスは

大きな産業へと発展しました。
　これらの発展を促したのは、ガラス製造技術の進歩です。その主なものは

① 分析・解析機器の開発とその利用

　計測器類の開発により、それまで勘と経験でつくられていたガラスは、科学的手法にもとづいてつくられるようになりました。最近ごく普通に使われるようになった制御方法の前提として非常に重要なことです。ガラス製造技術は、今や最新の物理的な計測機器、例えば自動分光器、炎光と原子吸収分光光度計、蛍光X線分析器、赤外線分光器等によってその向上が促進されています。これらすべての計測器は20世紀半ばに開発され、大きな進歩を遂げたものです。

② コンピュータによる各種プロセス制御

　ガラス製造は、発達してきたコンピュータを活用して自動化されてきました。製造プラントの種々の箇所で、例えば温度とか、製品の品質のデータを収集し解析して製造プロセスを制御しています。すなわち収集されたデータは、コンピュータに送り込まれて所望の結果と実際に比較され、そこで必要な調整が行われます。化学工業のプラントはコンピュータを活用して非常によく自動化され、これによりプラントの製造性能が最大になるように制御されています。

③ 溶融技術の向上

　ガラス原料の選定、調合システムの自動化、耐火物の向上、窯炉設計の高度化、燃焼方式の開発、測定技術・制御技術の高度化などによりガラスの品質は格段と向上しました。ある程度品質の向上した20世紀初頭のガラスと比較しても、現在のガラスの品質は泡や脈理などの欠点がほとんどないほどに格段に向上しています。また地球環境保護の面からも省エネ・排ガス低減の技術が開発されました。

④ 成形技術の向上

　ガラスの成形は当初すべて手動でした。19世紀から半自動化が始まり、20世紀前半に完全自動化が実現しました。フロート法やフュージョン法などの革新的な板ガラス成形法が考案され、超精密な大型ブラウン管ガラスのプレス成形技術が開発されました。

これら以外の技術として、ガラスの切断、研削、研磨、熱処理、強化などの二次加工技術も格段に進歩し、製品の品質向上に大きく寄与しました。中でも研磨技術の進歩は光学レンズの他に、ホトマスク基盤、磁気ディスク用ガラス、LCD基板ガラスなどの超精密加工品の実用化に大きく貢献しました。

　最新の液晶パネル、プラズマディスプレー、デジカメなどの製品に施す表面処理技術（成膜技術）が開発され、技術事業が拡大しています。

　大きく発展してきたガラス産業は、これを取り巻く環境の変化に対応すべく、将来へ向けての施策が打ち出されています。

　世界一の規模と技術レベルを持つアメリカのガラス産業は、二つの大きな難題を抱えています。その一つはプラスチックのような代替材料メーカーからの挑戦であり、もう一つは低賃金で環境基準の低い海外メーカーからの挑戦です。また高度情報化社会に対応する新しいガラスおよびプロセスの開発など他国に先んじた新技術開発に迫られています。これらの難題を克服するためにコーニング社とベル研究所の開発研究に依存してきたガラス産業は、一層の発展を計るため、産学官が協力し合い共同研究を行うよう組織化されました。アメリカには、CGR（Industry-University Center for Glass Research）とGMIC（Glass Manufacturing Industry Council）の二つの組織があります。CGRは1985年アルフレッド大学が中心となって設立され、GMICは1997年エネルギー省の支援のもと設立されました。CGRは学問的テーマ、GMICは製造現場のテーマを取り上げています。

　1996年GMICは、ガラス産業の現状を分析して、2020年に向けて「ガラス：輝かしい未来ヴィジョン」をまとめました。ガラス産業発展のための技術目標を
①製造能率の向上：製造プロセスの改善と品質向上のための新技術の開発
②エネルギー効率の向上と節減：電気ブースタの最適化、酸素燃焼炉の排ガス利用
③リサイクルの促進：リサイクル技術の開発（ガラス繊維）、カレット処理

法の改良
④環境保護:有害物削減の燃焼方法の開発、廃水・廃棄物の再利用、非有害耐火物の開発、有害成分含有量の低減
⑤革新的なガラスの開発:軽量・高衝撃強度の瓶・板ガラスの開発、新光ファイバーの開発

の5項目に定めました。これをもとに1997年に「ガラス技術のロードマップ」をまとめ、現在それに沿って着実に開発研究が行われています。

　アメリカに刺激され、同じような産学官の共同開発が、イギリス、ドイツ、フランス、イタリア、スウェーデン、日本などで実施されています。

　わが国のガラス産業は、明治以来先進国の技術を学び導入して成長してきました。大戦後、フロート法板ガラス、ブラウン管用ガラス、長・短ガラス繊維などの製造技術を導入しました。これらの製造技術に独自の改良・改善が積極的に行われ、今では導入先に勝るとも劣ることのない世界トップレベルの技術に育て上げられました。特に国際的に優位にある電子・光情報産業に関係するCRT用ガラス、ディスプレー用基板ガラス、光学ガラスなどは世界市場の50％以上を占め、さらに電子・半導体用石英ガラス、磁気ディスク用ガラス、屈折率分布型マイクロレンズなどはわが国の独壇場となっています。しかしながら超大容量光通信技術に使用される光ファイバーは、依然としてアメリカに依存しています。また一部の特殊光学ガラスは、欧米からの輸入に頼らざるを得ないものもあります。

　21世紀に入って社会環境の大きな変化が進む中で、わが国のガラス産業が国際競争力を強めていくには、産学官の共同開発が必要不可欠であると認識されました。2002年にガラス産業連合会はガラス開発を如何に進めるかを「ガラス産業技術戦略2025年」にまとめました。その課題は上記GMICとほぼ同じで、三分野に大別されます。
①革新的プロセスと生産性向上技術の開発:溶融技術、成形加工、薄膜形成技術等
②次世代高機能・新材料の開発:超高強度・高剛性ガラス、光素子ガラス等
③循環型社会の構築へ向けた環境関連技術:排ガス・エネルギー、廃棄物

の削減等

　今まであまり行われていなかった産学官の共同開発体制が、これらの課題の解決に向けて力を発揮し実を結びガラス産業が大きく発展することを期待します。しかしこの達成には研究資源の集中的投入と関係技術者の質と量の問題と、研究成果の分配と企業化の問題があります。

　ガラスはおよそ5000年前から優れた技能によってつくられ、150年ほど前から科学の発展とともに成長してきました。科学技術の発展によりガラスの製造は、経験と勘に頼っていた技法から、近代的な製造へと脱却しました。

　今やガラスは我々の生活には不可欠なものになっています。高度情報化社会を支える各種の高純度ガラス、住宅を風雨から守り明かりを入れる窓ガラス、夜を明るくする電球や蛍光灯などの照明ガラス、食生活に潤いをもたらすガラス食器、大量に使われているビールやジュースなどの容器、余暇を楽しくさせるテレビ、デジカメ等々かぞえあげればきりがありません。

　ガラスは透明で熱的にも化学的のも優れた性質をもち、傷つき難く加工しやすく、他の材料には代え難い特徴を持っています。さらに地球上に最も多く存在する資源からつくられているので、今後資源問題を考えるとき、ガラスほど安心して使える材料は他にありません。
　ガラス産業はこれまで先人が切開いてきたように、これからも研究者・技術者の弛まざる努力により繁栄を続けるでしょう。

ガラス製造の発展の歴史を、研究者・技術者による科学技術の進展をもとに述べてきました。
　孔子の言葉をもって終りとします。

　　故(ふる)きを温(たず)ねて新(あら)しきを知る　以(もっ)て師(し)と為(な)る可(べ)し　『論語』為政(いせい)より

参考文献

全章にわたってよく使った文献

技術の歴史：フォーブス/田中実訳，岩波書店，(1956-12)
新訂硝子（上）（下）：上田清・宮崎雄一郎，産業図書，(1957-1)
世界大百科事典（1955年版，1988年版）：平凡社
ガラス工学ハンドブック：森谷太郎他，浅倉書店，(1963-2)
デ・レ・メタリカ 全訳とその研究：アグリコラ/三枝博音訳，岩崎学術出版社，(1968-3)
玉川新百科：誠文堂新光社，(1971-6)
技術の歴史 全14巻：シンガー他/平田寛他訳，筑摩書房，(1978-8)
ヨーロッパのガラス：トラボトヴァ/岡本文一訳，岩崎美術社，(1983-1)
日本ガラス製品工業史：日本硝子製品工業会，技報社，(1983-12)
図説 科学・技術の歴史 上・下：平田 寛，浅倉書店，(1985-4)
フランス百科全書絵引，：ジャック・プルースト，平凡社，(1985-6)
プリニウスの博物誌1, 2, 3：ホーランド/中野定雄 他，雄山閣，(1986-6)
MARUZEN 科学年表：植村美佐子他，丸善，(1993-3)
ガラス製造の現場技術1, 2, 3, 4, 5：日本硝子製品工業会，(1993-6)
クロニック 世界全史：樺山紘一他，講談社，(1994-11)
ブリタニカ国際大百科事典：F.B.ギブニー編，TBSブリタニカ，(1995)
ガラスの歴史：クライン・ロイド/湊典子，井上暁子，西村書店，(1995-7)
さまざまの技能について：ティオフィルス/森洋訳，中央公論美術出版，(1996-5)
ガラスにおける―炎と色の技術：伊藤 彰，アグネ技術センター，(1996-9)
理化学事典 第5版：岩波書店，(1998-2)
西洋事物起原1, 2, 3, 4：ベックマン/特許庁技術史研究会訳，岩波文庫，(2000-1)
ヴァルトグラス：黒川高明，(2000-5)

Tooley, F.V. (1960). Handbook of Glass Manufacture Vol.II. *Ogden Publishing Co. N.Y., USA*
Kenyon, G.H.FSA. (1967). The glass industry of the Weald. *Leicester University Press*
Giegerich, W. & Trier, W. (1969). Glasmaschinen. *Springer-Verlag, Berlin, Ger.*
Douglas, R.W. & Frank, S. (1972). A History of Glassmaking. *G T Foulis & Co. Ltd. Henley-on-Thames, Ox. UK*
Polak, Ada. (1975). GLASS its makers and its public. *Weildenfeld & Nicolson. London. UK*
Bellanger, J. (1988). VERRE D'Usage et de Prestige France 1500-1800.
  Les Editions de l'Amateur, Paris, France
Tait, Hugh. (1991). GLASS 5000 years. *Harry N.Abrams, Inc. N.Y. USA*

Rosa Barovier Mentasti, et al (2003). Glass Throughout Time History and Technique of Glassmaking from the Ancient World to the Present. *Skira Editore S.p.A. Milano, Italy*

Turner W.E.S.FSE. (1954-56). Studies of Ancient Glass and Glassmaking Processes.

Part I Crucibles and Melting Temperatures Employed in Ancient Egypt at about 1370B.C.
J.S.G.T. 1954 436T-444T

Part II The Composition, Weathering Characteristics and Historical Significance of some Assyrian Glasses of the Eighth to Sixth Centuries B.C. from Nimrud.
J.S.G.T. 1954 445T-456T

Part III The Chronology of Glassmaking Constituents. *J.S.G.T. 1956 39T-52T*

Part IV The Chemical Composition of Ancient Glasses. *J.S.G.T. 1956 162-186T*

Part V Raw Materials and Melting Processes. *J.S.G.T. 1956 227T-300T*

第1・2章

Kenyon, G.H.FSA. (1959). Some comments on the medieval glass industry in France and England. *J.Soc.Glass Technol. 1959, 43, 17N-20N.*

Turner, W.E.S.FSE. (1962). A notable British seventeenth-century contribution to the literature of glassmaking. *Glass Technology, 3, No.6 Dec. 1962. pp.201-213.*

Newton, R.G. (1980). Recent views on ancient glasses.
Glass Technology Vol.21 No.4 Aug. pp.173-83

Sutton, A.F. & Sewell, J.R. (1980). Jacob Verzelini and the City of London.
Glass Technology Vol.21 No.4 Aug. 1980

Ingold, Gerard. (1985). The Art of Paperweight SAINT LOUIS.
Paperweight Press. Santa Cruz, Cal. USA

Cable, M. (1988). Threads of glass. *Glass Technogy Vol.29 No.5 Oct. pp.181-187*

Moody, B.E. (1988). The life of George Ravenscroft.
Glass Technology, Vol.29. No.5 Oct. 1988. pp.198-209.

Watts, D.C. (1990). Why George Ravenscroft introduced lead oxide into crystal glass.
Glass Technology. Vol.31. no.5. pp.208-212

Freestone, I.C. (1990). Laboratory studies of the Portland Vase.
J.Glass Studies, 1990, 32, pp.103-107.

Rogers P. et al. (1993). A quantitative study of decay processes of Venetian glass in a museum environment. *Glass Technology, vol.34, no.2 Apr., pp.67-68*

Nicholson, P.T. (1995). Recent excavations at an ancient Egyptian glassworks:Tell el-Amarna 1993. *Glass Technology Vol.36 No.4 Aug. 1995 pp.125-128*

Lierke, R., Lindig, M.R. (1997). Recent investigations of early Roman cameo glass. Part 1. Cameo manufacturing technique and rotary scratches of ancient glass.
Glastechnische Berichte 1997. 70. 6. pp.189-197
Jackson, C.M., et al. (1998). Glassmaking at Tell El-Amarna:an integrated approach.
J. Glass Studies, 1998, 40, pp.11-23.
Rehren, T. (2000). New aspects of ancient Egyptian glassmaking.
J.Glass Studies, 2000, 42, pp.13-23.
Lierke, R. (2001). Re-evaluating Cage Cups. *J.Glass Studies, 2001, 43, pp.174-177*
Mikey Brass, The chemical composition of glass in Ancient Egypt. *HP; antiquityofman. com*
History of Glass Manufacture. *HP; 1911encyclopedia.org/G/GL/GLASS.htm*
Kiefer, D.M. (2003). It was all about alkali *HP, pubs.acs.org/subscribe/journals/tcam/11/i01/html/01chmecron.html*
Matteoli, L. Notes for a History of Glass in Building *HP; glasslinks.com/newsinfo/history1.htm*

第3・4章

科学革命の歴史構造（上）（下）：佐々木力，講談社学術文庫，（1998-1）
ガラス：上松敏明，（2000-4）
クリズリング：Glass 44号，黒川高明，日本ガラス工芸学会，（2001-3）
鉛ガラス組成の分類：Glass 47号，黒川高明，日本ガラス工芸学会，（2004-1）
Geilmann, v. W., (1955). Die chemische Zusammensetzung einiger alter Gläser, insbesodere deuscher Gläser des 10. bis 18. Jahrhunderts. *Glastechnische Berichte 1955-4 pp.146-156*
Turner, W.E.S. (1962). A notable British seventeenth-century contribution to the literature of glassmaking. *Glass Technology, 3, No.6 Dec. 1962. pp.201-213.*
Caley, E.R. (1962). Analyses of ancient glasses, 1790-1957.
The Corning Museum of Glass monographs, Vol.1
Chirnside, R.C. & Proffitt, P.M.C. (1963). The Rothschild Lycurgus cup: an analytical investigation. *J.of Glass Studies. Vol.5. pp.19-23*
Oppenheim. A.Leo. (1970). Glass and Glassmaking in Ancient Mesopotamia. The Cuneiform Text. *The Cornig Museum of Glass, Cornig, NY, USA*
Brill, R.H. (1970). Glass and Glassmaking in Ancient Mesopotamia.; The Chemical Interpretation of the Text. *The Cornig Museum of Glass, Cornig, NY, USA*
Oppenheim. A.Leo. (1973). Towards A History of Glass in the Ancient Near East.
Journal of the American Oriental Society, 93.3, pp.259-266
Newton, R.G. (1980). Recent views on ancient glasses.
Glass Technology Vol.21 No.4 Aug. pp.173-183

Newton, R.G. (1985). The durability of glass--a review.
Glass Technology, vol.26, No.1 Feb. pp.21-37
Ingold, Gerard. (1985). The Art of Paperweight SAINT LOUIS.
Paperweight Press, Santa Cruz, Cal., USA
Cable, M. (1988). Threads of glass Glass. *Technogy Vol.29 No.5 Oct. pp.181-187*
Moody, B.E. (1988). The life of George Ravenscroft.
Glass Technology, 29, No.5 Oct. 1988. pp.198-209.
Freestone, I.C. (1990). Laboratory studies of the Portland Vase.
J.Glass Studies, 1990, 32, pp.103-107.
Lilyquist, C. & Brill, R.H. (1993). Studies in Early Egytian Glass.
Part 2. Glass Metropolitan Museum of Art, NY. USA
Steiner, J. (1993). Otto Schott and the invention of borosilicate glass.
Glastech. Ber. 66, Nr. 6/7, pp.165-173.
Ingram, Malcolm D. (1994). The mixed alkali effect revisited-A new look at an old problem.
Glastech. Ber. 67 (1994). Nr. 6, pp.151-155
Hartmann, G. (1994). Late-medieval Glass Manufacture in the Eichsfeld Region.
Chemie der Erde, 54, pp.103-128
Kurkjian, C.R; Prindle, W.R. (1998). Perspectives on the History of Glass Composition.
J.Am. Ceram. Soc., 81 [4] pp.795-813
Brill, R.H. (1999). Chemical Analyses of Early Glasses. *C.M.G. Corning, NY. USA*
Rehren, T. (2000). New aspects of ancient Egyptian glassmaking.
J.Glass Studies, 2000, 42, pp.13-23.
Steiner, J. (2001). Otto Schott (1851 to 1935)-Founder of modern glass science and glass technology. *Glastech. Ber. 75, No.10, pp.292-302*
Smedley, J. W. & Jackson, C.M. (2002). Medieval and post-medieval glass technology:batch measuring practices. *Glass Technology. Vol.43. no.1. pp.22-27*
SCHOTT information #66; Scott Glaswerke, Mainz, Ger.
Mikey Brass, The chemical composition of glass in Ancient Egypt. *HP; antiquityofman.com*
History of Glass Manufacture. *HP; 1911encyclopedia.org/G/GL/GLASS.htm*

第5章

硝子の驚異：シェッフェル/藤田五郎，天然社，(1942-9)
光学：ニュートン/堀伸夫・田中一郎，槙書店，(1980-1)
ファラデーとマクスウエル：後藤憲一，清水書院，(1993-2)

望遠鏡発達史（上）（下）：吉田正太郎，誠文堂新光社，（1994-10）
巨大望遠鏡への道：吉田正太郎，裳華房，（1995-11）
ロバート・フック-ニュートンに消された男：中島秀人，朝日選書565，（1996-11）
カメラと戦争-光学技術者たちの挑戦：小倉磐夫，朝日文庫，（2000-9）
Cable, M. & Smedley, J.W. (1989). Michael Faraday--glassmaker.
 *Glass Technology Vol.30 No.1 Feb. 1989 pp.39-*46
Cable, M. & Smedley, J.W. (1992). William Vernon Harcourt:pioneer glass scientist and founder of the British Association. *Glass Technology Vol.33 No.3 Jun. 1992 pp.92-97*
Steiner, J. (1993). Otto Schott and the invention of borosilicate glass.
 Glastech. Ber. 66, Nr.6/7, pp.165-173.
Steiner, J. (2002). Otto Schott (1851 to 1935). -Founder of modern glass science and glass technology. *Glastech. Ber. 75, No.10, pp.292-302*
Sambrook, S. (2003). No gunnery without glass-Optical glass supply and production problems in Britain and the USA, 1914-1918. *HP; home.europa.com*
Molecular Expressions:Science, Optics and You:Pioneers in Optics.
 HP; micro.magnet.fsu.edu/opics/timeline/people/index.html

第6章

日本ガラス工業史：杉江重誠，日本ガラス工業史編，（1950-1）
社史 旭硝子：旭硝子社史編纂室，旭硝子，（1967-12）
日本板硝子㈱五十年史：日本板硝子，（1968-11）
セントラル硝子三十五年史：セントラル硝子，（1972-7）
板ガラス文化史ノート：上松敏明，（1995-5）
板ガラス協会50年史：協会史編集委員会，板ガラス協会，（1997-9）
Lee, L.; Seddon, G. & Stephan, F. (1976). Stained Glass. *Crown Pub. Inc., N.Y. USA*
Hynd, W.C. (1984). Flat Glass Manufacturing Propcesses. *Glass Science and Technology, Vol, 2, Chapter 2. Academic Press*
Barker, T.C. (1994). Pilkigton An Age of Glass. *Boxtree Ltd. London. UK*
Royce-Roll, D. (1995). The colors of Romanesque stained glass.
 J.Glass Studies, 1995, 37, pp.71-80.
Wedepohl, K.H. (1997). Chemical composition of medieval glass from excavasion in West Germany. *Glastechnische Berichte, 1997, 70/8, pp.246-255.*
Kurinsky, Samuel. The Odyssey of a Jewish Glassmaker. *HP; hebrewhistory.org/*

第7章

果実飲料技術発展史：日本果汁協会，果汁技術研究部会，(1990-3)

びんの話：山本孝，日本能率協会，(1990-11)

世界食物百科：マグロンヌ・トゥーサン＝サマ／玉村豊男，原書房，(1998-3)

ワインの文化史：ジャン＝フランソワ・ゴーティエ／八木尚子，白水社，(1998-4)

20世紀乳加工技術史：林弘道，幸書房，(2001-10)

Turner, W.E.S. (1938). The Early Development of Bottle Making Machines in Europe. *J.S. of Glass Technology pp.250-258*

Meigh, E. (1960). The development of the automatic glass bottle machine. A story of some pioneers. *Glass Technology Vol.1, No.1. Feb. pp.25-50*

McNulty, R.H. (1971). Common beverage bottles:their production, use, and forms in 17th and 18th century Netherlands. Part 1. *J. of Glass Studies. Vol.13. pp.91-119*

McNulty, R.H. (1972). Common beverage bottles:their production, use, and forms in 17th and 18th century Netherlands. Part 2. *J. of Glass Studies. Vol.14. pp.141-148*

Cable, M. (1999). Machanization of Glass Manufacture. *J.Am. Ceram. Soc.82. [5] pp.1093-1112*

Antique Soda & Beer Bottles. (2002). Bottle Closures. *HP; worldlynx.net/sodasandbeers/closures.htm*

History of Glass Wine Bottle. (2003). *HP; thewinemerchantic.com*

Emhart Glass: (2004). An Industry Leader for more than 90 Years. *HP; emhartglass.com*

Beverage & Drinking Related History. (2004). *HP; artslynx.org/theatre/props2.htm*

第8章

光通信入門：中原昭次郎・音居久雄，啓学社，(1986-7)

光ファイバー通信：大越孝敬，岩波書店，(1993-1)

ガラス製造の現場技術：小川普永・上松敏明，日本硝子製品工業会，(1993-6)

光ファイバーの話：稲田浩一，裳華房，(1995-11)

電気ガラス工業の歩み 五十年史：電気硝子工業会，(1995-11)

光ファイバー通信：池田正宏，コロナ社，(1995-11)

ガラス産業技術戦略2025年 改訂版：ガラス産業連合会，(2002-3)

GMIC. (1996). Glass:For a Bright Future a Clear Vision.

GMIC. (1997). Glass Industry Technology Roadmap.

Goff, David R. (2002). A Brief History of Fiber Optic Technology. *HP:fiber-optics.info/*

Fertile Mind Spawns Fiber Glass (2002). *HP:pressroom.owenscorning.com/*

Glass Industry of the Future (2004). *HP:eere.energy.gov/industry/glass/*

図版出典一覧

サントリー美術館：図 1.10, 1.14, 1.15
中近東文化センター：図 1.8
箱根ガラスの森美術館：図 1.11
正倉院：図 1.7
大英博物館：図 1.2, 1.3, 1.4, 1.9
エジプト博物館：図 1.1
V&A美術館：図 1.12
マガディ・ソーダ社：図 2.2
ビード修道院美術館：図 6.1
ダムシュタット美術館：図 6.2
コーニング美術館：図 7.2
トリード美術館：図 7.3
ベルギー王立図書館：図 7.5
クライン 他/湊典子 他『ガラスの歴史』西村書店：図 1.5, 1.6
玉川新百科：図 2.1, 4.17, 4.18, 5.2, 5.3, 5.7, 5.9, 5.12, 5.19, 8.1, 8.2, 8.3, 8.4
Giegerich/Trierの著書：図 2.3, 6.18, 6.21, 7.11, 7.14, 7.16, 7.18, 7.19, 7.26
『ガラス製造の現場技術』日本硝子製品工業会：図 2.4, 2.5, 4.23, 6.30, 6.31
『フランス百科全書絵引』平凡社：図 2.7, 4.2, 4.10, 4.12, 4.13, 4.14, 4.15, 6.7, 6.9, 6.10, 6.11, 6.12, 6.13, 6.14
アグリコラ『デ・レ・メタリカ』岩崎学術出版社：図 3.2, 4.7
Steinerの論文：図 3.4, 5.16, 5.17
平田寛『図説科学・技術の歴史』浅倉書店：図 3.5, 5.4, 5.5, 5.10, 5.13, 5.14
Douglas/Frankの著書：図4.1, 4.8, 4.16, 4.21, 4.22, 4.26, 5.6, 5.11, 5.18, 6.17, 7.10, 7.13, 7.15, 7.20, 7.21, 7.25, 7.27
Charlestonの論文：図 4.5, 4.6
シンガー他編『技術の歴史』筑摩書房：図 4.9, 4.19, 6.29, 7.4, 7.17
Barkerの著書：図 4.11, 6.15, 6.19, 6.20
森谷太郎他『ガラス工学ハンドブック』浅倉書店：図 4.24, 4.25, 4.28
Tooleyのハンドブック：図 6.22, 6.23, 6.24, 6.25, 6.26, 6.27, 6.28
Bellangerの著書：図 7.6, 7.7, 7.8
ブリタニカ国際大百科事典：図 8.8, 8.9, 8.10
米国特許：図 2.6, 4.27, 7.9, 7.12, 7.22, 7.23, 8.6, 8.7

あとがき

　ガラスの技術・製造に携わって50年になります。これを機にガラスの技術・製造の歴史を纏めたいと先年から進めてきました。ガラスの歴史については、多くの優れた書籍があります。しかしそれらは主に工芸の立場から書かれています。製造・技術の観点から書かれたガラスの歴史書は国内にはほとんどありませんので、今回国内外の書籍、文献をもとに纏めてみました。

　この50年でガラスの技術・製造は科学技術の進歩とともに飛躍的な発展を遂げました。大手電器メーカーのガラス部門を担当した私の例でその発展の状況を述べます。初めて設計した機械はガラス管の高速外径選別機でした。ダンナー機からつくりだされる大量の細管を用途別に種別けする装置でした。苦心していろいろなタイプの機械をつくりましたが、現在ではガラスの温度、外径のコンピュータ制御により所要寸法の高精度のガラス管がつくれるようになり、全く不要のものとなりました。
　入社当時は真空管の全盛期で、これに使われる多くのガラス部品の製造機を開発しました。しかしこれらも半導体の出現により無用のものとなりました。
　この50年の間で技術革新に最も大きなインパクトを与えたのは半導体の出現です。そしてその技術の発展により多くの電子機器が開発され、パソコンがプロセス制御、データ解析、CAD/CAMなど身近な道具として使われるようになり、ガラスの製造技術が飛躍的に進歩しました。手動のタイガー計算機で設計計算していた入社当時を振り返ると隔世の感を禁じ得ません。

　本著を記すのに当って、関係する国内の書籍と海外の書籍、論文、特許など多くの文献を参考にして本書を纏めました。特にR.W.Douglass & Susan Frank著のA History of GlassmakingとW.E.S.Turnerの論文は参考

になりました。また中世のガラス製造技術の様子を知る上で、ディドローとダランベールのエンサイクロペディアはこの上ない貴重な文献でした。

現在はIT社会といわれていますが、今回の執筆に当りインターネットから多大の恩恵を得ることができました。居ながらにしてインターネットにより米国特許（uspto.gov）と欧州特許（ep.espacenet.com）を検索することができ、有効な特許情報を得ました。またホームページ（Google検索）から膨大な量の有益な情報を得ることができました。これらも参考に、ガラスの技術製造の発展に寄与した先人達の足跡をでき得る限り記そうと努めました。

現役を退いてから10年になります。日本ガラス工芸学会に加入して主にガラスの技術史を中心に研究・発表をしてきました。5年前に中世ヨーロッパでつくられていたヴァルトグラスについてそれまでの調査結果を纏め、『中世を彩るヴァルトグラス－組成からみたガラスの歴史と文明』と題して上梓しました。

同学会の研究会をとおして棚橋淳二前会長、谷一尚会長、井上暁子副会長、真道洋子理事をはじめ多くの先生方からのご助言と、真摯な研究の姿勢に大きな刺激を得られたことに深く感謝申し上げます。

原稿をご検討いただいた元東芝硝子の浅井孝夫氏、神谷牧男氏、元ショット日本の芦野豊氏、元旭硝子の上松敏明氏、東洋ガラス技術部の岩本正憲氏から種々のご助言を賜わりました。深く感謝申し上げます。

出版を推進いただいた工業会専務理事の小川普永氏、㈱アグネ技術センターの比留間柏子氏をはじめ編集部の方々に厚く御礼申し上げます。

この度の出版に当りまして、㈳日本硝子製品工業会（会長柴田保弘氏）からご懇篤なるご援助を頂きました。深く感謝申し上げます。

平成17年4月29日
黒川　高明

事項索引
(五十音順)

ア行

ICI 56,291
IS機 248,287-289,315
アイバンホー機 64,65
アウアー灯 101
青色ガラス 2,92,203
アグリコラの『鉱山学』 84,86,118
アクロマート 164,185
アシュリー機 268-270
厚板ガラス 126,213-217
アッベ数 165,181
アニーリング 187,191,192
油ランプ 62,115
アポクロマート 184,185
アメリカ光学ガラス工業 187,192,193
粗摺り 217,237
アラバスターガラス 71,72
アルカリ 6,14,40,51,87,175
アルカリ石灰ガラス 5,77,78,81,152,162
アルタール 18,31,214
アレキサンドリア 9,10,14,250
アンチモン(着色剤) 6,82,92
アンモニア・ソーダ法 54
EKガラス 195
鋳込み法 197,214,220,221,226,234
イスラムガラス 18,20,79
板ガラス 45,87,197,315
イリデッセントガラス(虹彩ガラス) 73,91
色ガラス 2,71,81,92,202,214
色消し二重レンズ系 164
色消しレンズ 152,164,165
色収差 99,152,159-162
陰極線 299,303
イングリッシュ鉛クリスタル 31,98
ヴァイキング 14,25
ヴァルトグラス 14,24-26,79,202,210,211
ウェザリング(風化) 34
ウェストレイク機 64
ヴェネツィア 24,45,116,213,306
ヴェネツィアングラス 26-31,33,79,295
ウラニウム 103
英国王立協会 35,39,169,173
英国王立研究所 62,169
エール 256
液晶パネル 242,245,295
X線回折 76,92,143,299
エジプト 3,6-9,78,93,247,295
エジプト製ルツボ 109
エナメリング 18,21,23
エングレービング 18,42
エンサイクロペディア 69,88,112,124-126,206,209,215
円筒法 32,197,207-209,213,222,227
横炎方式タンク炉 139-141
王冠栓 257,258
王室ガラス工場 126,214
黄色ガラス 2,83,204
凹レンズ 155,156,165
オーエンズ・コーニング社(OCFG) 307-309
オーエンズ・ボトル社 280,285,305,306
オーエンズ機 274-278,286,287
オカヒジキ(ソーダ灰製造用) 84
オパールガラス 72
温度計-華氏,摂氏,列氏 128,129

カ行

カーネギー研究所 108,187
化学の発展 49,103,104

科学革命　37,151
科学機器　76,151
科学研究室　176
鏡‐銀鏡法　218
鏡‐錫アマルガム法　27,213,218
撹拌　166,167,188
ガス灯　62
ガス発生炉　134
カッシウス紫　45
カメオ浮彫り（カメオカット）　15,73
カメラ　185,193,195
カラー・テレビジョン　303
ガラスの構造解析　299,300
ガラス研究所　297
ガラス繊維　305-310,315
カリ　25,40,50,77
カリ石灰ガラス　14,76,77,79
カリ鉛ガラス　98
ガリレオ式望遠鏡　156
カルシウム　77
カレット　6,203,215
間欠炉（デイタンク）　137
還元雰囲気　6,204
完全自動ボトル成形機　273
換熱式加熱　146,147
機械化（生産方式の）　11,49,50
被せガラス　92,202
稀土類　2,101,188,189,193
ギナンの光学ガラス製造法　166,174
牛乳瓶　282,283
球面鏡　163,164
球面収差　159,163-165
キュベット　215,216,226
共同開発　176,237
金彩　18,23
均質化　166,167
空気望遠鏡　160,161

屈折望遠鏡　157,160,163,165
屈折率　161,168,302
クーパー熱風炉　132
クラウンガラス　32,100,164,166,167,175,183
クラウン法　32,197,205,222
クラスター　78,79
クリスタッロ　28,29,38,213
クリスタル・パレス（水晶宮）　58,225,226
グレージング　199,242
ケージ・カップ　16
ケルプ（海藻灰）　53
ケプラー式望遠鏡　157
原ガラス　3,6
顕微鏡　37,151,178,179,183,295
研究所　49,296
コアガラス技法　4,7,8,93,247,249,295
光学ガラス　41,99,151,295
光学ガラスの連続溶解　191
光学機器　75,151,176
光学兵器　185
工芸ガラス　71,151
虹彩（銀化）　73,74,91
高歪点ガラス　243
コーニング社　63,81,102,243,297-299,304,305
古代オリエントガラス　79,96
国家標準局（NBS）　190,192
コバルト（着色剤）　6,92-94,204
ゴブ　248
ゴブ・フィーダー　279
ゴム（栓）　253,259
コルク（栓）　250,252,253,258
コルバーン法　232
混合アルカリ（効果）　168,304

サ 行

細菌学　185, 257
最古のフイゴ　7
最古の施釉品　4
最初の板ガラス　197
最初の窯炉　114
最初のガラス窯炉の記述　115
サクション・モールド　248, 273, 278
ササンガラス　18, 79
サルコルニア　84
酸化アンチモン　92-94
酸化還元反応　203, 204
酸化錫　92-94
酸化鉛　95, 96
酸化雰囲気　6, 204
産業革命　50, 295
サンゴバン　126, 214, 218, 220
サンルイ王室工場　47
仕上げ磨き　217, 237, 238
シーメンスの蓄熱式炉　135, 150
失透　233
シャーカット　248, 274
写真用レンズ　187, 195
シャモット　111
重フリントガラス　175
重力供給 (feeding)　248, 273
シュタッスフルト (カリ鉱床)　56, 186
シュペザートの協定　211
シュルツァーボトル　259
消色剤 (マンガン)　28, 86, 203
植物灰　75, 77, 79, 80, 86
植物灰ガラス　25, 77, 78
ショット・イエナ・ガラス研究所　182
ショットのサグ方式　182
ショット社　101, 175, 186
徐冷の理論　302
徐冷炉 (アニーラー)　216

シラー機　272
シリア　6, 9, 79, 295
シリカ　1, 6, 75
シルバーステイン　205
真空管　312, 315
真空吸込み　272
人造ソーダ　50, 56, 223
スタワーブリッジ　32, 110, 124, 143
ステイニング　21, 22
ステンドグラス　25, 79, 198, 204, 295
ストリーム・フィーダー　279, 280
ストロンチウム　2, 305
砂 (ガラスの原料)　75, 77, 175
スパンガラス　306
スリップキャスティング法　113
清澄　139, 215
青銅器　2, 7
清涼飲料用瓶　258
石英ガラス　313, 314
石炭　33, 100
石炭燃焼窯　57, 122, 220
石油　145
石灰 (ライム)　1, 76, 81, 87, 112
繊維ガラス　2, 75, 296, 306
セントヘレンズ　220
ソーダ　1, 40, 50, 77, 86
ソーダの合成法　26
ソーダ製造　50, 85
ソーダ石灰ガラス
　　1, 14, 41, 60, 75, 76, 85, 298, 301
ソルベー法　54, 55, 87

タ 行

耐火物　109, 111, 141
耐久性　36, 75, 87, 100
耐熱ガラス　2, 100
対物レンズ　156, 160

ダイヤモンドカッター 222
ダウンドロー法 243
種取り (gathering) 248
タングステン電球 297
タンク炉 50,114,137,139-141,144
炭酸ソーダ 52,77,96
ダンナー法 70
蓄熱式溶融炉 50,56-58,132-137
蓄熱室 133,135,150
着色剤 (発色剤) 6,44,79,86,92,94,202
チャンス・ブラザース社
　173-175,186,223,234
ヅクーガラス 6,82
デジタルカメラ 296
ディアトレッタ 16,18
デビトーズ 231
テル・エル・アマルナ 7,114
電球用バルブ 62,275,297,299
電鋳耐火物 144,299
天然ソーダ 14,50,77
ドイツのガラス工業 42,176
銅 3,44,75,92
ドシュガラス 83
トルコ石 2,92
とも竿法 10
トレドガラス社 232

ナ 行

ナトロン (天然ソーダ) 14,77-79
ナトロンガラス 77
鉛 92
鉛ガラス 41,60,76,96,298
鉛クリスタル 38,40,41,59,75
鉛硼酸ガラス 170
南部の窯 116-118
虹 154,159
二次スペクトル 183

二色性 95,96
乳白ガラス 45,71,72,92,94
ニュートンの反射望遠鏡 162
ニュートンリング法 (レンズ面検査) 168
ネック先端の口部 251,267
熱素 129
ネリの『ガラスの技術』 35,36,85,86
粘土 108-113
粘土板 6,81,97,115
燃焼論 103
ノーベル賞 45,297,299,300,303
延べ窯 209,211,222
ノルマンディ 32,45,206

ハ 行

ハーコートの光学ガラス研究 171
ハートフォード・Sフィーダー 285-287
ハートフォード社 281,285,287
ハートレイ社 226,227
パイレックス 102,298
パイロセラム 299
白熱電球 62,63
白金ルツボ 189
発生炉ガス 134
発泡ワイン 253
パドル・ニードル・フィーダー 284
パドル・フィーダー 282,283,286
パラ・モントア社 186,191
バリウム 2,41,171,305
パリソン 64,246,267,270,271
パリソンモールド 266-270
バリラ 34,37,51,53
万国大博覧会 175,227
半自動製瓶機 272,286
反射望遠鏡 152,162,165
半導体レーザー 312
半導体露光装置 193

事項索引　335

ビール　58, 247, 256
光通信　310, 311
光ファイバー　295, 310-315
引上げ法　230
ビシェルー法　235
PPG法　233
ビリングッチオの『火工術』　117
ピルキントン・ブラザース社
　221, 235, 237, 239
広口瓶　250, 262, 282, 283
ファイア・ポリッシュ　232
ファイアンス　5
ファセットカット　19
ファラデーの光学ガラス研究　171
ファラデー効果　170
フィニッシングモールド（仕上型）
　269-273, 276
フィラメント　63
フィラメント法　307
フォアハース　282
フォード・プロセス　236
フォード・モーター社　235, 237
吹きガラス　8, 10, 247, 250
吹き竿　10
複式顕微鏡　157
複ロール法　198, 234
蓋付ルツボ　124, 127
弗化物ガラス　92, 188
弗酸（ガラスの腐食加工）　73
物理光学　160, 178
物理特性（ガラスの）　302
ブナ（灰）　25, 85, 203, 210
フュージョン法　244
ブラウン管ガラス　2, 295, 303-305, 315
フラウンホーファー線　168
フラウンホーファーの光学ガラス製造法　167
プラズマ・ディスプレー　242, 295, 317

フラット・パネル・ディスプレー（FPD）
　242, 243, 295, 305
プランジャー　60, 267-272
フランス科学アカデミー　51, 52, 174, 214
フランスのガラス製造　42, 45-47, 213-218
フリーブロー　250
フリット　6, 85, 86, 125, 215
フリントガラス　98, 164, 167, 175, 183
フルコール法　231-233
プレス・アンド・ブロー　267, 268
プレスガラス　59-61, 248
ブロー・アンド・ブロー　268
フロート法　239-242, 295, 315, 318
ブローヘッド　271
雰囲気制御（色の決定）　203
分光分析法　76
分散と偏向　161, 162
分析・解析機器　316
ベイト　228
ペイラーの重力供給装置　281
平炉製鋼法　57
ペースト・モールド　64, 274
ヘヴェリウスの空気望遠鏡　161
ベルギー　231, 235, 238
ベルサイユ宮殿鏡の間　214
ベル研究所　303, 317
偏光　298
望遠鏡　37, 151, 295
硼珪酸ガラス　75, 98
硼珪酸クラウン　187
硼砂（borax）　99
硼酸　100
硼酸塩フリント　184
芒硝（硫酸ソーダ）　51, 53
硼素化合物　100
硼弗酸塩ガラス　189
放物面鏡　163, 164

ボエティウス式窯炉 127
ポートランド・ヴァース
　12,15,73,92,94,295
北部の窯 119-121
ボシュ・ロム社 186,188
ボヘミアンクリスタル 31,42,43
ボンタンの光学ガラス製造法 175
ポンテ（鉄）竿 32,69,207,209,252
ポンテ・フィーダー 281
ポンペイの遺跡 197

マ 行

マーブルガラス 306,307
マーベリング 8,249
マグネシア 25,77
摩擦 130
窓ガラス 25,198,227
マンガン（消色剤） 6,28,95,204
マンソンの『ガラスの技術』 117
磨き板ガラス 213,219,235,236
密封容器 250,257
ミネラルウォーター瓶 58,258
無アルカリガラス 99,243,245,306
無色ガラス 95,166,203,204
ムラノ島 27,29,31,86
眼鏡 37,151,185,193
メソポタミア 3,9,77,78,247,295
メリダ 11
木材（ガラス製造の燃料） 33
木材燃焼窯 125
モザイク 9,97

ヤ 行

融剤 1,2,51,75,79,96,99
溶融技術の向上 316
溶融金属 240

溶融室 139
溶融ポット 202
四元素説 88

ラ 行

ラスターリング 21,22
ラバース法 227-230
ラバヌス・マウラスの『宇宙』 83,116
ラピスラズリ 2,92
ラムネ瓶 259
ランタン 189
理化学用ガラス 100
リシアリン・ガラス 71
リチウムガラス 179
リビーガラス社 70,274,306
リボン機 66,67
燐酸塩クラウン 183
硫酸ソーダ 223,302
リュクルゴス・カップ 16,95,96
ルツボ 56,57,76,110,112,125,215,228,229
ルブラン法 51-53,87
冷却速度 302
レーザー技術 171
レーブンヘッド工場 220,222
レンズ 151-165
連続ルツボ炉 138,139
蝋 62,252
老眼補正用凸レンズ 27,154
労働条件（ガラス工業における）61,274
ロータリー機 67,287
ローマンガラス 10,13,115
ロレーヌ 32,45,123,197

ワ行

ワイン瓶 58,252

人名索引
(五十音順)

ア行

アーナル (Arnall, Josiah C.) 268
アウグストゥス帝 (Augustus) 11
アグリコラ (Agricola, Georgius)
　35,84-86,117,118
アシュリー (Ashley, Howard M.) 268-270
アダムス (Adams, L.H.) 302
アッシュルバニパル王 (Ashurbanipal) 81
アッターブリー (Atterbury, James S.) 266
アッベ (Abbe, Ernst)
　100,176-181,183-185,188
アペール (Appert, Nicholas, F.) 262
アメンヘテプ2世 (Amenhetep II) 94
アメンヘテプ4世 (Amen-hetep IV) 114
アリストテレス (Aristotele) 151,261
アルダシール1世 (Ardashir I) 18
アルボガスト (Arbogast, Philip) 265-268
アレキサンダー大王
　(Alexander the Great) 9
アンリ4世 (Henri IV) 46
イシドールス (Isidorus, Hispalensis) 83
イブン・アル・ハイサム別名アルハゼン
　(Ibn al Haithme ; Alhazen) 153,154
イングル (Ingle, Henry W.) 248,287,294
ヴィクトリア女王 (Queen Victoria) 224
ウィリアムソン (Williamson, E.D) 302
ウインドミル (Windmill, J.R.) 268
ウェーバー (Weber, A.R.) 265
ウェーバーヴァウアー (Weberbauer A.) 90
ヴェーラー (Wöhler, Friedrich) 105
ウェデポール (Wedepole, K.H.) 212
ヴェルスバハ
　(Welsbach, Carl Auer von) 101
ヴェルツェリーニ (Vervelini, Jacob) 32,33
ウォーマー (Wormer, J.V.) 292
ヴォシェ,クロード (Boucher, Claude) 272
ヴォルタ (Volta, Alessandro) 104
ウッズ (Woods, William J.) 64,67,68
ウッツシュナイダー
　(Utzschneider, Joseph von) 167,168,177
エアリー (Airy, George Biddell) 224
エーヴリー (Avery, C.W.) 236,237
エガーマン (Egermann, Friedrich) 71
エジソン (Edison, Thomas Alva) 63,298
エラクリウス (Heraclius) 203
エラトステネス (Eratosthenes) 153
エリザベス1世 (Elizabeth I) 32,122
オイラー (Euler, Leonhard) 165
オーエンズ (Owens, Michael Joseph)
　59,248,274-279,281
オッペンハイム (Oppenheim, A.Leo) 81,82
オルレアン公 (Orléans, Duc de) 52

カ行

カーター (Carter, Howerd) 114
カーダー (Carder, Frederick) 73
カヴェンディシュ (Cavendish, Henry) 258
カオ (Kao, Charles) 313
カッシーニ
　(Cassini, Giovanni Domenico) 160
カッシウス (Cassius, Andreas) 45
カドウ (Kadow, August) 64
カパリー (Kapary, Narinder) 312
ガリレオ・ガリレイ (Galireo Galilei)
　152,156
ガレ,エミール (Gallé, Emile) 72
カレ,ジェン (Carre, Jean) 32,123
カンニントン (Cannigton) 271

キィルナー（Kilner） 264
木内　重暁　122
ギナン，アンリ（Guinand, Henri） 168,174
ギナン，ピェール（Guinand, Pierre Louis）
　87,152,166,167,190
ギリンダー
　（Gillinder, William Thynne） 265
グーテンベルグ（Gutengerg, Johann） 151
クーリッジ（Coolige, Wiliam D.） 297
クーパー（Cowper, Edward Alfred） 132
クサのニコラス（Nicholas of Cusa） 155
クニッピング（Knipping, P） 299
クラーク（Clark, William） 230
クライスト（Kleist, Dale） 307
クライビッヒ（Kreybich, Georg Franz） 43
クラプロート（Klaproth, Martin Heinrich）
　75,103
クラリク（Kralik, Wilhelm） 71,72
グリーナル（Greenall, Peter） 221
クリューガー（Krueger, Gottfried） 293
クリンゲンシュティールナ
　（Klingenstierna, Samuel） 165
グレイ（Gray, Davy E.） 65
グレイグ（Greig） 108,143
クレグホーン（Cleghorn, W） 129
クレロー（Clairaut, Alexis-Claude） 165
グロー（Graux, Francis） 220
グローステスト（Grossteste, Robert） 154
クロード（Claudet, Antoine.） 174
グロデッキー（Grodecki, Louis） 205
クンケル（Kunckel, Johann） 36,44,45
ゲイルマン（Geilmann, v.W.） 79
ゲーリュサック（Gay-Lussac, J.L.） 99
ケプラー（Kepler, Johannes） 152,154,157
ゲラルド（Gerard of Cremona） 154
コッド（Codd, Hiram） 260
ゴッドイヤー（Goodyear, Charles） 259

ゴッブ（Gobb, Emile） 231
コッホ（Koch, Robert） 185
コペルニクス（Copernicus） 155
コルバーン（Colburn, Irving W.） 198,232
コルベール（Colbert, Jean, B.）
　46,126,214

サ行

サッチャー（Thatcher, H.D.） 260
ザビエル（Francisco de Xavier） 193
サリバン（Sullivan, Eugene C.）
　102,297,299
ジーグモンディ（Zsigmondey, Richard） 45
シーメンス，ウィリアム（Siemens,William）
　57,58,128,131,133,135
シーメンス，ヴェルナー（Siemens, Werner）
　57
シーメンス，ハンス（Siemens, Hans）
　137,138
シーメンス，フリードリヒ
　（Siemens, Friedrich） 50,57,128,131,
　133,135,137-139,141,182
シェイクス（Sykes） 271
ジェームス1世（James Ⅰ） 33
ジェセル王（Jessel King） 5
シェーレ（Scheele, Karl Wilhelm） 89
ジャーヴス（Jarves, Deming） 59
シャーボーン（Sherbourne, Robert） 220
ジャクソン（Jackson, C.M.） 7,115
シャルボーン（Sherbourne, Robert） 127
ジュール（Joule, James Prescott） 131,133
シュジェール（Suger） 201
シュライデン
　（Schleiden, Matthias Jacob） 178
ショート，ジェムス（Short, James） 164
ショット，オットー（Schott, Otto）
　88,100,176,179-182,188

ショット, シモン (Schott, Simon) *180*
シラー (Schiller, A.) *272,273*
ストークス (Stokes, Sir George) *173*
スノウ (Snow, Henry J.) *309*
スリンゲスビィ (Slingesby, William) *33*
スレーター (Slayter, Games) *309*
スワン (Swan, Joseph W.) *63*
聖ルッガー (St.Ludger) *199*
ゼーベック (Seebeck, Thomas Johann) *129*
セルシウス (Celcius, Anders) *129*
ソルベー (Solvey, Ernest) *50,54,55*

タ行

ダ・コスタ (da Costa) *38*
ターナー (Turner, W.E.S.) *79,91*
ダービー (Derby, Abraham) *33*
ダイムラー (Daimler, Gottlieb) *145*
タウンゼンド (Townshend, John) *262*
ダランベール (d'Alembert, Jean le Rond) *68,206*
ダル・ガロー (dal Gallo) *213*
ダンナー (Danner, Edward) *70*
チャールス2世 (Charles II) *37,253*
チャンス, ティミニス (Chance, James Timmins) *224*
チャンス, ウィリアム (Chance, William) *175*
チャンス, ルーカス (Chance, Lucas) *174,175,223,225*
チャンス, ロバート (Chance, Robert) *225*
チルンサイド (Chirnside, R.C.) *95*
ツァイス (Zeiss, Karl) *178,185*
ツヴォルキン (Zworykin, Vladimir K.) *303*
ディーゼル (Diesel, Rudolf) *145*
ディクソン (Dickson, J.T.) *291*
ティザック (Tyzack, Paul) *32,123,211*
ディスランド (Deslandes, P.D.) *87*

ディゼ (Dizé, J.M.) *52*
ティエトリー (Thiétry) *123,211*
ディドロー (Diderot, Denis) *68,206*
ティファニィ (Tiffany, Louis Comfort) *73*
ティベリウス帝 (Tiberius Claudius Nero C.) *11,75*
テイラー (Taylor, William C.) *102,298*
ティンダル (Tyndall, John) *312*
デーヴィ (Davy, Humphry) *62,99,105,130*
テオフィルス (Theophilus) *11,86,97,119,203,207,211*
デカルト (Descartes, René) *159*
テナール (Thénard, L.J) *99*
テナント (Tennant, Charles) *53*
デュアメル (Duamel du Monceau H.L.) *103*
デュマ (Dumas, Jean-Baptiste Andre) *87*
デ・ラ・ルー (De La Rue) *63*
トゥバール (Thevart, Abraham) *214*
トゥワイマン (Twyman, F) *187*
トーマス (Thomas, John H.) *307*
ドルトン (Dalton, John) *103,104*
ドッカティ (Dockerty, S. M.) *244*
ドッズワース (Dodsworth, Christopher) *219*
トトメス3世 (Tuthmes III) *7,8,94*
トトメス4世 (Tuthmes IV) *94*
ドルバック (d'Holbach) *44*
ドレーク (Drake, Edwin Laurentin) *145*
ドレーク (Drake, Francis) *262*
トロット (Trott, K.M.) *115*
ドロンド, ジョージ (Dolland, George) *169*
ドロンド, ジョン (Dolland, John) *164,165,176*
ドロンド, ピーター (Dollond, Peter) *165*
トンプソン (Thompson, Campbell) *81*

ナ行

ナポレオン1世(Napoleon I) 262
ナポレオン3世(Napoleon III) 52
ニコルソン(Nicholson, P.T.) 7,115
ニュートン(Newton, Issac) 130,152,159-163,176
ニュートン, R.G.(Newton, R.G.) 90
ヌウー(Nehou, Lucas de) 214
ネストリウス(Nestorius) 19
ネリ(Neri, Antonio) 35,36,85,86,97,98,110
ノゥウェル(Nowell, Alexander) 256
ノースウッド(Northwood, John) 73

ハ行

パークス(Parkes, Samuel) 105
ハーコート(Harcourt, William Vernon) 99,171-173,176
ハーシェル(Herscel, Sir John F.W.) 169
ハートマン(Hartmann, G.) 79
ハートレイ(Hartley, James) 226,227
ハーヴィー(Harvey, William) 157
バウアー(Bauer) 272
バグレリ(Bagley) 271
パスツール(Pasteur, Louis) 257
バッキンガム公爵(Buckingham, Duke) 37,40
パックストン(Paxton, Joseph) 225
ハトシェプスト女王(Hat-sepsut) 94
ハドレー(Hadley, John) 163
ハミルトン(Hamilton, William) 258
バラデルースミス (Barradel-Smith, Richard) 241
バロヴィエル(Barovier Angelo) 29
ハンクック(Hancock, Thomas) 259
ハンゼン(Hanssen, Theophil von) 72
ハンムラビ王(Hammurabi) 247
ビード(Bede) 199
ピートリー(Petrie, Flinders) 114
ビシェルー(Bicheroux, Emile) 198,235
ビッカースタフ(Bickerstaff, Kenneth) 240,246
ピプキン(Pipkin, Marvin) 297
ビリングッチオ(Biringuccio, Vanoccio) 35,84,86
ピルキントン, ハリー (Pilkington, Harry) 241
ピルキントン, ウインドル (Pilkington, Windle) 221
ピルキントン, アラステア (Pilkington, Alastair) 198,240,241,246
ピルキントン, ウィリアム (Pilkington, William) 221
ファーレンハイト (Fahrenheit, Gabriel D.) 128
ファラデー(Faraday, Michael) 99,169,170,176,224
フィンク(Fink, Colin G.) 297,298
フォード(Ford, Henry) 236,237
フック(Hooke, Robert) 157,158,219
ブリル(Brill, Robert H.) 77,79,81,91,93
プトレマイオス(Ptolemy, L.Claudius) 151,153,154
不破 橘三 297
ブラウン(Braun, Karl Ferdinand) 303
フラウンホーファー(Fraunhofer, Joseph von) 87,152,167-169,177,190
ブラッグ(Bragg, William Henry) 300
ブラッグ(Bragg, William Lawrence) 300
ブラック(Black, Joseph) 103,129
ブランナー(Brunner, John Tomlinson) 56
プリーストリ(Priestly, Joseph) 258
フリードリッヒ(Friedrich, W.) 299
フリスビー(Frisbie) 127
プリニウス(Gaius Plinius Secundus) 83,86

人名索引

ブルー（Blue, Charles E.） 268
ブルーク（Brooke, Homer） 279,280
フルコール（Fourcault, Emile）
　58,198,231,233
フルチャー（Fulcher, Girdon S.） 144
ブルンフォート（Burunfaut, G. de） 306
ブレインインガー（Bleininger, A.V.） 190
プレヒトル
　（Prechtl, Johann Josef von） 137
プロッフィト（Proffitt, P.M.C.） 95
ブンゼン（Bunsen, Robert Wilhelm） 101
ベアード（Baird, John L.） 303
ペイラー（Peiler, Karl Ernest）
　248,281-285,287
ベイリー（Bailey, W.A.） 286
ペインター（Painter, William） 257
ヘヴェリウス（Hevelius, Johannes）
　本名ヘーフェル（Hefel, Johan） 160,161
ベーコン（Bacon, Francis） 130
ベーコン（Bacon, Roger） 154
ベスナール（Besnard, Philip） 220
ベッセマー（Bessemer, Henry） 57,234,235
ヘネッツェル（Hennezel） 123,211
ヘラクリウス（Heraclius） 97
ベル（Bell, Alexander Graham） 310
ベルセーリウス（Berzelius, J. J.）
　104,105
ペロー（Perrot, Bernard） 46,197,214,215
ベンツ（Benz, Carl Friedrich） 145
ヘンリー3世（Henry III） 122
ホイヘンス（Huygens, Christiaan） 160
ボイル（Boyle, Robert） 89
ホインフィールド（Whinfield, J.R.） 291
ボエティウス（Boetius） 127
ボーエン（Bowen, Norman Levi）
　108,111,143
ホークス（Hawkes, Thomas G.） 73

ホーリー（Hawley Bishopp） 40
ホール（Hall, Chester Moore） 152,164,176
ボーロン（Bowron, James） 265
ホーン（Horne, Joshua） 273
ホニィス（Honiss, William.H.） 281
ボンタン（Bontemps, Georges）
　110-112,174,175,223

マ行

マウラー（Maurer, Robert） 313
マガウン（Magoun, Joseph） 60
マスプラット（Maspratt, James） 53
マック・ベイ（MacVay） 271
マックスウェル（Maxwell, James Clerk） 170
マルコーニ（Marconi, Guglielmo Marchese）
　303,311
マルタン（Martin, Piere E.） 57,58
マルピギー（Malpighi, Marcello） 157
マンセル卿（Mansell, Sir Robert） 33,40,51
マンソン（Månsson, Peder） 35,117
マンデヴィル卿（Mandeville, Sir John）
　35,119-122
三浦　順一 297
ミューラー（Muller, Michel） 43
ムーディ（Moody, B.E.） 40
メイマン（Maiman, Theodore） 312
メイン（Mein, Alexander） 264
メーソン（Mason, John Landis） 262
メレット（Merret, Christopher）
　35,39,98,110
モアサン（Moissan, Ferdinand Henri） 73
モールス（Morse, Samuel Finley Bress）
　311
モレー（Morey, G.W.） 102,152,188,189,195
モンド（Mond, Ludwig） 56

ヤ・ラ・ワ行

ヤンセン（Janssen, Zacherias） 155
ユークリッド（Euclid） 153,154
ライヘンバッハ（Reichenbach, Georg von） 167,177
ラウエ（Laue, Max von） 299,300
ラヴォアジェ
　（Lavoisier, Antoine-Laurent） 89
ラウジング（Rausing, Ruben） 292
ラバース（Lubbers, John） 58,198,227
ラバヌス・マウルス（Rabanus Maurus） 83,116
ラングミュア（Langmuir, Irving） 297
ランフォード伯
　（Rumford Count;Tompson, B.） 130
リービヒ（Liebig, Justus von） 49,51,218
リープヘル（Liebherr, Joseph） 167,177
リットルトン（Littleton, T.） 102
リパシー（Lippershey, Hans） 156
リビー（Libbey, Edward Drummond） 275
リボー（Libaude） 40
リリキスト（Lilyquist, C.） 93
リールケ（Lierke, R.） 15,17
ルイ・フィリップ（Louis-Philippe） 175
ルイ14世（Louis XIV） 46,51,126,160
ルイ15世（Louis XV） 46
ルヴォア（Louvois） 214
ルドルフ2世（Rudolf II） 42
ルブラン（Leblac, Nicolas） 50-52
ルボン（Lebon, Pillipe） 100
ルルボー（Lerebours, J.N.） 174
レイトン（Leighton, William） 61
レイランド（Ryland, Dan） 268
レーヴンスクロフト, G.
　（Ravenscroft, George） 38-40,98,164
レーヴンスクロフト, J.
　（Ravenscroft, James） 38
レーベンホク
　（Leeuwenhoek, Antony van） 158
レーマン（Leman, Casper） 43
レーレン（Rehren, Thilo.） 7,115
レオミュール（Reaumur, Rene A.F.de） 129
レントゲン
　（Röntogen, Wilhelm Conrad） 299
ロイス・ロル（Royce-Roll, Donald） 79,202
ロウ（Rowe, George） 294
ロブマイヤー, J.兄
　（Lobmeyr, Joseph II） 72
ロブマイヤー, J.父
　（Lobmeyr, Joseph） 72
ロブマイヤー, L.（Lobmeyr, Ludwig） 72
ロレンツ（Lorenz, William.A.） 281
ロレンツ（Lorenz, Carl） 132
ワット（Watt, James） 221

著者略歴

黒川　高明（くろかわ　たかあき）

- 1930 年　東京生まれ
- 1954 年　東京大学工学部卒業
　　　　　東京芝浦電気㈱入社。以後ガラスの技術・製造を担当
- 1978 年　東芝硝子㈱発足。取締役業務部長就任
- 1990 年　代表取締役社長に就任
- 1995 年　フランス・バラン県・インビレラー名誉市民
- 1995 年　社長退任。相談役就任。中世欧州のガラス研究に着手

主な著書

- 2000 年　『中世を彩るヴァルトグラス　組成から見たガラスの歴史と文明』（私家本）
- 2007 年　『電球バルブ100年の歩み』神谷牧男共著（日本電球工業会）
- 2007 年　『ラルテ・ヴェトラリア』日本ガラス工芸学会編・監訳（春風社）
- 2009 年　『ガラスの文明史』（春風社）
- 2010 年　『二人で訪ねた国宝建造物214』
- 2012 年　『二人で訪ねた国宝建造物216』

ガラスの技術史（ぎじゅつし）

2005 年 7 月 10 日	初版第 1 刷発行
2006 年 2 月 25 日	初版第 2 刷発行
2012 年 7 月 10 日	初版第 3 刷発行

著　　者　　黒川　高明 ©（くろかわ　たかあき）

発 行 者　　青木　豊松

発 行 所　　株式会社 アグネ技術センター
　　　　　　〒107-0062 東京都港区南青山5-1-25 北村ビル
　　　　　　TEL 03 (3409) 5329 / FAX 03 (3409) 8237

印刷・製本　株式会社 平河工業社

Printed in Japan, 2005, 2006, 2012

落丁本・乱丁本はお取り替えいたします。
定価の表示は表紙カバーにしてあります。

ISBN 978-4-901496-25-4 C3058